CSA® 云安全联盟丛书

零信任网络安全

软件定义边界 SDP 技术架构指南

陈本峰　李雨航　高　巍
CSA（大中华区）SDP 工作组 ｜ 编著

电子工业出版社
Publishing House of Electronics Industry
北京·BEIJING

内 容 简 介

本书介绍了零信任的基本概念及以零信任理念为基础的软件定义边界（SDP）的概念、主要功能、商业与技术优势，对技术架构、组件、工作原理和协议进行了深入分析，详细介绍了 SDP 架构部署模式，并梳理了其适用场景，指导技术人员做出选择。本书还梳理了 SDP 的应用领域，与现有技术实现方式进行了对比，并结合 SDP 的特点与优势，为企业安全上云给出具体应用场景。零信任在防御分布式拒绝服务攻击方面有天然优势，本书介绍了 DDoS 攻击定义、攻击向量，以及通过 SDP 防 DDoS 攻击的原理。结合国内网络安全法律法规要求，本书在等保 2.0 合规方面进行了完整梳理，包含安全通用要求、云计算安全扩展要求、移动互联安全扩展要求、物联网安全扩展要求、工业控制系统安全扩展要求，详细介绍了基于 SDP 满足各级等保 2.0 要求的方法。除了 SDP 架构，本书还详细介绍了其他零信任参考架构，包括 NIST 的零信任架构、Google 的 BeyondCorp、微软的零信任安全模型、Forrester 的零信任架构。本书通过介绍多个 SDP 和零信任案例，为读者提供了更具体的落地实施参考。

未经许可，不得以任何方式复制或抄袭本书之部分或全部内容。
版权所有，侵权必究。

图书在版编目（CIP）数据

零信任网络安全：软件定义边界 SDP 技术架构指南 / 陈本峰等编著. 一北京：电子工业出版社，2021.7
（云安全联盟丛书）
ISBN 978-7-121-41267-7

Ⅰ. ①零… Ⅱ. ①陈… Ⅲ. ①计算机网络－网络安全 Ⅳ. ①TP393.08

中国版本图书馆 CIP 数据核字（2021）第 098863 号

责任编辑：李　冰
文字编辑：冯　琦
印　　刷：北京七彩京通数码快印有限公司
装　　订：北京七彩京通数码快印有限公司
出版发行：电子工业出版社
　　　　　北京市海淀区万寿路 173 信箱　　邮编：100036
开　　本：787×1 092　1/16　印张：18.75　字数：390 千字
版　　次：2021 年 7 月第 1 版
印　　次：2022 年 10 月第 4 次印刷
定　　价：105.00 元

凡所购买电子工业出版社图书有缺损问题，请向购买书店调换。若书店售缺，请与本社发行部联系，联系及邮购电话：（010）88254888，88258888。
质量投诉请发邮件至 zlts@phei.com.cn，盗版侵权举报请发邮件至 dbqq@phei.com.cn。
本书咨询联系方式：libing@phei.com.cn。

编 委 会

主编

陈本峰　李雨航　高　巍

编委会成员（按姓氏音序排列，排名不分先后）

陈俊杰	陈晓民	陈智雨	程长高	崔泷跃	邓　辉	方　伟	高健凯	高轶峰
何国锋	靳明星	李　钠	刘德林	刘洪森	刘　鹏	卢　艺	鹿淑煜	马红杰
马韶华	莫展鹏	潘盛合	秦益飞	沈传宝	孙　刚	汪云林	王安宇	王贵宗
王永霞	魏琳琳	魏小强	吴　涛	薛永刚	闫龙川	杨庆华	杨喜龙	杨　洋
杨正权	姚　凯	于继万	于　乐	余　强	余晓光	于新宇	袁初成	张大海
张全伟	张泽洲	赵　锐	郑大义	周　杰				

序

软件定义边界（Software Defined Perimeter，SDP）是一种创新性较强的网络安全解决方案，又称零信任网络（Zero Trust Network，ZTN）。SDP 或 ZTN 是云安全联盟提出的理念，其用安全隐身衣取代安全防弹衣对目标进行保护，使攻击者在网络空间中看不到攻击目标，无法对其进行攻击，以保护企业或供应商的资源。

SDP 的灵感来自中央情报局情报社区和美国国防部高度安全网络设计，因此，聘请了美国中央情报局（CIA）原 CTO 为 SDP 工作组组长。ZTN 的最初实践者是美国微软公司，2007 年，比尔·盖茨在 RSA 大会上发布的微软 Anywhere Access 安全战略就是 ZTN 的实现，微软通过这项技术使员工甚至 Windows 使用者可以在互联网直接访问公司内网，摒弃了传统的网络边界、VPN、Firewall。

本书是贡献给业界的一本重磅白皮书合集，涵盖了 SDP 标准规范、设计指南与参考架构、迁移上云指南、SDP 防 DDoS 攻击，以及 SDP 实现等保 2.0 合规技术指南。SDP 适用于企业网络环境、IaaS 云环境、IoT 物联网环境、BYOD 移动互联网环境等，本书不仅对 SDP 的优势和价值进行了阐述，还给出了具体的技术设计指导。

感谢 CSA（大中华区）SDP 工作组中各位专家的无私奉献，特别是工作组组长陈本峰投入的大量精力及秘书处工作人员的辛勤组织和志愿者的支持。

李雨航

CSA（大中华区）主席兼研究院院长

前　言

近年来，国内信息与通信技术（ICT）发展迅速，各企业将新技术应用于商业环境，推动了其数字化应用与发展。与此同时，也出现了许多信息安全方面的问题，如用户信息泄露和盗用、病毒引起的数据丢失、外部攻击导致的业务停顿等，对企业和社会的发展产生了极大影响。确保企业日益复杂的 IT 系统能够长期、安全、可靠运转成为众多企业 IT 决策者面临的巨大挑战。另外，随着以《中华人民共和国网络安全法》颁布为标志的一系列法律法规及各类标准的推出，网络安全上升为重要国家战略。网络安全不仅是企业内部的问题，还是企业合法合规开展业务的重要内容。

随着云计算、大数据、移动互联网、物联网（IoT）、第五代移动通信（5G）等新技术的崛起，传统的网络安全架构难以适应时代发展需求，一场网络安全架构的技术革命正在悄然发生，其受到越来越多企业 IT 决策者的认可。

在传统安全理念中，企业的服务器和终端办公设备主要运行在内部网络中，因此，企业的网络安全主要围绕网络的"墙"建设，即基于边界防护。然而，物理安全边界有天然的局限性。随着云计算、大数据、移动互联网、物联网等技术的融入，企业不可能将数据局限在自己的内部网络中。例如，企业要上云，就不能将公有云装入自己的防火墙；企业要发展移动办公、物联网，防火墙却无法覆盖外部各角落；企业要拥抱大数据，就不可避免地要与合作伙伴进行数据交换。因此，传统安全边界模型在发展新技术的趋势下逐渐瓦解，在万物互联的新时代成为企业发展的障碍，企业需要建立新的网络安全模型。

在这样的时代背景下，基于零信任理念的新一代网络安全架构应运而生。它打破了传统安全边界，不再默认企业物理边界内的安全性，不再基于用户与设备在网络中的位置判断是否可信，而是始终验证用户的身份、设备的合法性及权限，即遵循"永不信任，始终校验（Never Trust，Always Verify）"的零信任理念。在零信任理念下，网络位置变得不再重要，其完全通过软件来定义企业的安全边界，"数据在哪里，安全就到哪里"。

SDP 依托自身优势成为解决新时代诸多安全问题的最佳选项，其安全性和易用性也通过大量企业的实践得到了验证。为了推进 SDP 技术在中国的落地，CSA（大中华区）于 2019 年成立 SDP 工作组。

本书基于 SDP 工作组的若干成果，对分散在不同文献中的理论与概念进行汇总和整理，自上而下地对 SDP 的完整架构进行详细介绍，并结合大量实践案例，为读者提供完整的软件定义边界技术架构指南。

1. 本书面向的读者

（1）企业信息安全决策者。本书为企业信息安全决策者设计基于 SDP 的企业信息安全战略提供完整的技术指导和案例参考。

（2）信息安全、企业架构或安全合规领域的专业人员。本书将指导他们对 SDP 解决方案进行评估、设计、部署和运营。

（3）解决方案供应商、服务供应商和技术供应商将从本书提供的信息中获益。

（4）安全领域的研究人员。

（5）对 SDP 有兴趣并有志从事安全领域工作的人。

2. 本书的主要内容

第 1 章对 SDP 的基本概念、主要功能等进行介绍。

第 2 章对 SDP 架构、工作原理、连接过程、访问控制及部署模式等进行介绍。

第 3 章对 SDP 架构的具体协议及日志进行介绍。

第 4 章对 SDP 架构部署模式及其适用场景进行介绍，为企业部署 SDP 架构做技术准备。

第 5 章对企业部署 SDP 需要考虑的问题、SDP 与企业信息安全要素集成及 SDP 的应用领域进行介绍。

第 6 章对技术原理和 IaaS 使用场景进行分析与介绍，指导企业安全上云。

第 7 章通过展示 SDP 对 DDoS 攻击的防御机制，加强读者对 SDP 的认识和理解。

第 8 章介绍 SDP 对等保 2.0 各级要求的适用情况。通过对等保 2.0 的深入解读，展示如何通过 SDP 满足企业的等保 2.0 合规要求。

第 9 章对 SDP 战略规划与部署迁移方法进行介绍，在战略规划和部署迁移层面为企业提供指导。

第 10 章对 NIST、Google、微软及 Forrester 的零信任架构与实现进行介绍。

第 11 章精选了国内主要的 SDP 和零信任实践案例，对其进行介绍。

3. 本书遵循的约定

（1）本书主要基于公有云的 IaaS 产品，如 Amazon Web Services、Microsoft Azure、Google Compute Engine 和 Rackspace Public Cloud 等。其相关用例和方法同样适用于私有化部署的 IaaS，如基于 VMware 或 OpenStack 的私有云等。

（2）按照 SDP 规范实现商业化的厂商与没有严格按照 SDP 规范进行产品开发的厂商，在构建产品的过程中，有不同架构、方法和能力。本书对厂商保持中立并避免涉及与头部厂商相关的能力。如果有因为厂商能力产生的差异化案例，本书尽量使用"也许、典型的、通常"等词语来解释这些差异，避免减弱本书的可读性。

（3）高可用性和负载均衡不在本书的讨论范围内。

（4）SDP 策略模型不在本书的讨论范围内。本书讨论的 SDP 用例和方法也适用于平台即服务（PaaS）。

（5）下列内容为引用文字。

> 零信任网络又称软件定义边界（SDP），是围绕某个应用或某组应用创建的基于身份和上下文的逻辑访问边界。应用是隐藏的，无法被发现，并且通过信任代理限制一组指定实体访问。在允许访问前，代理会验证指定访问者的身份、上下文和策略合规性。该机制将应用资源从公共视野中消除，从而显著缩小可攻击面。

（6）下列内容为数据包格式。

| IP | TCP | AID（32 位） | 密码（32 位） | 计数器（64 位） |

（7）标题带有"JSON 规范格式"字样的方框中的内容为 JSON 文件的标准格式。

```
JSON 规范格式
{
"sid": <256-bit IH Session ID>,
"seed":<32-bit SPA seed>,
"counter": <32-bit SPA counter>
[
"id":<32-bit Service ID>
]
}
```

4. 云安全联盟

云安全联盟（Cloud Security Alliance，CSA）是中立的非营利组织，致力于国际云计算安全的全面发展。云安全联盟"倡导使用最佳实践为云计算提供安全保障，并为云计算的正确使用提供教育以帮助确保所有其他计算平台的安全"。云安全联盟发起于 2008 年 12 月，并在当年的 RSA 大会上宣布成立。目前，云安全联盟已协助美国、欧盟、日本、澳大利亚、新加坡等国家开展网络安全战略、身份战略、云计算战略、云安全标准、政府云安全框架、安全技术等方面的研究工作。CSA（大中华区）是国际云安全联盟的全球联邦四大区之一（其他大区为美洲区、亚太区、欧非区），现有 100 多家机构会员和 7000 多名个人会员，并管理十多个地方分会。CSA GCR 与国际标准化组织（ISO）国际隐私专家协会（IAPP）、俄罗斯国家信息安全论坛（INFOFORUM）、东西研究所（EWI）等国际安全权威机构及联合国多个组织（国际电信联盟、社会经济理事会、科技发展委员会、工业发展组织、联合国大学、世界丝路论坛等）合作，引入标准、技术、课程等先进国际安全与隐私的优秀实践，并协助中国政产学研各界将国内安全政策和最佳实践介绍到国外，使安全技术在中国自主可控且能与国际接轨。CSA GCR 致力于发展成为具有国际影响力的产业与标准组织，为中国在国际平台上发声。

5. CSA（大中华区）SDP 工作组

为了加强 SDP 安全模型在中国的实践和创新，CSA（大中华区）于 2019 年 3 月成立了 SDP 工作组，阿里云、腾讯云、华为、京东云、Ucloud、华云数据、奇安信、360、深信服、启明星辰、绿盟科技、天融信、云深互联、中国移动、中国电信、中国联通、中数通、国家电网、IBM、安永、顺丰科技、竹云、金拱门、中孚信息、吉大正元、中宇万通、三未信安、有云信息、上元信安、安全狗、易安联、联软科技、上海云盾、缔盟云、缔安科技、齐治科技、世平信息等 50 多家行业内优秀企业参与，云深互联担任组长单位。

关于 SDP 工作组的更多问题，请联系邮箱：info@c-csa.cn。

陈本峰

CSA（大中华区）零信任 / SDP 工作组组长

云深互联（北京）科技有限公司创始人及董事长

本书的贡献者和编著者

1. 本书的贡献者

感谢 CSA（大中华区）的大力支持，尤其感谢李雨航主席的指导和帮助，以及 CSA（大中华区）秘书处许木娣、朱晓璐、高健凯的大力协作。

本书基于 CSA（大中华区）SDP 工作组编写与翻译的若干文献成果汇总整理而成：

（1）CSA《软件定义边界 SDP 标准规范 1.0》

（2）CSA《软件定义边界 SDP 架构指南》

（3）CSA《软件定义边界 SDP 帮助企业安全迁移上云 IaaS》

（4）CSA《软件定义边界 SDP 作为分布式拒绝服务（DDoS）攻击的防御机制》

（5）CSA《软件定义边界 SDP 实现等保 2.0 合规技术指南白皮书》

（6）CSA《软件定义边界 SDP 与零信任网络》

（7）NIST《零信任架构》特别出版物 800-207

（8）Google BeyondCorp 系列论文合集

特别感谢所有 CSA（大中华区）SDP 工作组成员在上述文档编写、翻译、审校工作中付出的努力，他们是（按姓氏音序排列，排名不分先后）：陈俊杰、陈晓民、陈智雨、程长高、崔泷跃、邓辉、方伟、高健凯、高轶峰、何国锋、靳明星、李钠、刘德林、刘洪森、刘鹏、卢艺、鹿淑煜、马红杰、马韶华、莫展鹏、潘盛合、秦益飞、沈传宝、孙刚、汪云林、王安宇、王贵宗、王永霞、魏琳琳、魏小强、吴涛、薛永刚、闫龙川、杨庆华、杨喜龙、杨洋、杨正权、姚凯、于继万、于乐、余强、余晓光、于新宇、袁初成、张大海、张全伟、张泽洲、赵锐、郑大义、周杰。

2. 本书的编著者

陈本峰——CSA（大中华区）零信任/SDP 工作组组长

云深互联（北京）科技有限公司创始人及董事长、零信任 SDP 国际标准作者之一（唯一华人作者）、国家级特聘专家、教授级高工、北京市海外高层次人才（"海聚人才"）、海淀区"海英人才"、中关村"十大海归新星"。曾就职于美国微软总部，专注于互联网基础技术标准研究十五年以上，参与了互联网基础协议 HTML5 以及零信任 SDP 的标准制定，就任国际互联网标准联盟 W3C 中国区 HTML5 布道官、云安全联盟 CSA 大中华区零信任工作组组长。获得了国内外多项发明专利，以及微软最有价值技术专家（MVP）、微软最佳产品贡献奖等荣誉。CSA《CZTP 零信任安全专家认证》教材课件主编。

李雨航——CSA（大中华区）主席兼研究院院长

中国科学院云计算安全首席科学家，西安交通大学 Fellow 教授，原华为首席网络安全专家，微软全球首席安全架构师，曾任 IBM 全球服务首席技术架构师、美国华盛顿大学博士生导师、美国政府 NIST 大数据顾问、印尼总统安全顾问。早年师从欧洲核子中心诺贝尔物理学奖获得者，曾在斯坦福大学、维多利亚大学、中国科技大学学习，是《云计算 360 度》《微软 360 度》《大数据革命》的主要作者之一。

高巍

企业 IT 战略规划与治理、信息安全、数据及隐私保护领域专家，专注企业信息化建设 20 多年。曾在某化工行业国际制造型企业担任亚太区云架构负责人，在某德系汽车企业担任中国区首席架构师。作为被若干国际组织（The Open Group、IAPP 等）认证的技术专家，参与过多家跨国企业的数字化转型规划并推动企业数字化转型在中国的实施。

目 录

第1章 软件定义边界（SDP）概述 ·································· 1
1.1 变化的边界 ·································· 1
1.2 零信任理念的起源与发展 ·································· 2
1.3 国家政策引导 ·································· 4
1.4 SDP 的基本概念 ·································· 5
1.5 SDP 的主要功能 ·································· 7
1.6 零信任网络和 SDP ·································· 8
1.6.1 为什么需要零信任网络和 SDP ·································· 8
1.6.2 零信任网络和 SDP 能解决的问题 ·································· 10
1.7 SDP 与十二大安全威胁 ·································· 11
1.8 SDP 的商业与技术优势 ·································· 13

第2章 SDP 架构 ·································· 15
2.1 SDP 架构的构成 ·································· 15
2.2 单包授权（SPA） ·································· 16
2.2.1 SPA 模型 ·································· 16
2.2.2 SPA 的优势 ·································· 17
2.2.3 SPA 的局限 ·································· 18
2.3 SDP 的工作原理 ·································· 18
2.4 请求与验证过程 ·································· 19
2.5 访问控制 ·································· 20
2.6 部署模式 ·································· 21

第3章 SDP 协议 ·································· 22
3.1 基本信息 ·································· 22

3.2 AH—控制器协议 ·· 24

3.3 IH—控制器协议 ·· 27

3.4 动态通道模式下的 IH—AH 协议 ·· 30

3.5 SDP 与 VPN 的差异 ·· 32

3.6 SDP 日志 ·· 33

第 4 章 SDP 架构部署模式 ·· 36

4.1 客户端—网关模式 ·· 36

4.2 客户端—服务器模式 ··· 37

4.3 服务器—服务器模式 ··· 39

4.4 客户端—服务器—客户端模式 ··· 40

4.5 客户端—网关—客户端模式 ·· 41

4.6 网关—网关模式 ··· 42

4.7 各模式适用场景 ··· 42

第 5 章 SDP 应用场景 ·· 45

5.1 部署 SDP 需要考虑的问题 ·· 45

5.2 SDP 与企业信息安全要素集成 ··· 46

5.3 SDP 的应用领域 ··· 56

    5.3.1 具有分支机构的企业 ·· 57

    5.3.2 多云企业 ··· 57

    5.3.3 具有外包服务人员和访客的企业 ·································· 58

    5.3.4 跨企业协作 ·· 59

    5.3.5 具有面向公众的服务的企业 ·· 60

    5.3.6 SDP 的适用场景 ··· 60

第 6 章 SDP 帮助企业安全上云 ··· 62

6.1 IaaS 安全概述 ·· 62

6.2 技术原理 ·· 63

		6.2.1 IaaS 参考架构	63

- 6.2.1 IaaS 参考架构 ··· 63
- 6.2.2 IaaS 的安全性更复杂 ··· 64
- 6.2.3 安全要求和传统安全工具 ··· 66
- 6.2.4 SDP 的作用 ··· 70
- 6.2.5 SDP 的优势 ··· 71

6.3 IaaS 应用场景 ··· 72
- 6.3.1 开发人员安全访问 IaaS 环境 ··· 72
- 6.3.2 业务人员安全访问在 IaaS 环境中运行的企业应用系统 ··· 76
- 6.3.3 安全管理面向公众的服务 ··· 81
- 6.3.4 在创建新的服务器实例时更新用户访问权限 ··· 83
- 6.3.5 访问服务供应商的硬件管理平台 ··· 86
- 6.3.6 通过多企业账号控制访问 ··· 88

6.4 混合云和多云环境 ··· 89

6.5 替代计算模型和 SDP ··· 89

6.6 容器和 SDP ··· 90

第 7 章 SDP 防分布式拒绝服务（DDoS）攻击 ··· 91

7.1 DDoS 和 DoS 攻击的定义 ··· 91

7.2 DDoS 攻击向量 ··· 92

7.3 SDP 是 DDoS 攻击的防御机制 ··· 95

7.4 HTTP 泛洪攻击与 SDP 防御 ··· 97

7.5 TCP SYN 泛洪攻击与 SDP 防御 ··· 98

7.6 UDP 反射攻击与 SDP 防御 ··· 99

7.7 网络层次结构与 DDoS 攻击 ··· 100
- 7.7.1 网络层次结构 ··· 100
- 7.7.2 针对 Memcached 的大规模攻击 ··· 102

第 8 章 SDP 满足等保 2.0 要求 ··· 104

8.1 等保 2.0 ··· 104

8.2 SDP 与等保 2.0 的五项要求 ·············· 105
　　8.2.1 安全通用要求 ·············· 105
　　8.2.2 云计算安全扩展要求 ·············· 106
　　8.2.3 移动互联安全扩展要求 ·············· 107
　　8.2.4 物联网安全扩展要求 ·············· 108
　　8.2.5 工业控制系统安全扩展要求 ·············· 109
8.3 SDP 满足等保 2.0 第一级要求 ·············· 111
8.4 SDP 满足等保 2.0 第二级要求 ·············· 112
8.5 SDP 满足等保 2.0 第三级要求 ·············· 124
8.6 SDP 满足等保 2.0 第四级要求 ·············· 141

第 9 章 SDP 战略规划与部署迁移 ·············· 160

9.1 安全综述 ·············· 160
　　9.1.1 战略意义 ·············· 160
　　9.1.2 确定战略的实施愿景 ·············· 163
9.2 制订战略行动计划 ·············· 165
　　9.2.1 规划先行的目的 ·············· 165
　　9.2.2 零信任成熟度模型 ·············· 166
9.3 战略实施方针和概念验证 ·············· 171
9.4 实施零信任战略 ·············· 176
9.5 部署迁移 ·············· 177

第 10 章 其他零信任架构 ·············· 180

10.1 NIST 的零信任架构 ·············· 180
　　10.1.1 零信任相关概念 ·············· 180
　　10.1.2 零信任架构及逻辑组件 ·············· 184
　　10.1.3 零信任架构的常见方案 ·············· 186
　　10.1.4 抽象架构的常见部署方式 ·············· 187
　　10.1.5 信任算法 ·············· 191

10.1.6　网络与环境组件 193
　　10.1.7　与零信任架构相关的威胁 194
　　10.1.8　零信任架构及与现有指引的相互作用 197
　　10.1.9　迁移到零信任架构 200
　　10.1.10　当前的零信任技术水平 204
10.2　Google 的 BeyondCorp 210
　　10.2.1　BeyondCorp 概述 210
　　10.2.2　802.1x 213
　　10.2.3　前端架构（访问代理） 214
　　10.2.4　部署 219
　　10.2.5　迁移 221
　　10.2.6　关注用户体验 226
　　10.2.7　挑战与经验 232
10.3　微软的零信任安全模型 235
　　10.3.1　微软的零信任安全模型 236
　　10.3.2　简化参考架构 237
　　10.3.3　零信任成熟度模型 237
　　10.3.4　零信任架构的部署 238
10.4　Forrester 的零信任架构 239

第 11 章　SDP 和零信任实践案例 241

11.1　奇安信：零信任安全解决方案在大数据中心的实践案例 241
　　11.1.1　安全挑战 241
　　11.1.2　部署 242
11.2　云深互联：SDP 在电信运营领域的实践案例 243
　　11.2.1　需求分析 243
　　11.2.2　深云 SDP 解决方案 244
　　11.2.3　部署 246
　　11.2.4　实施效果 246

11.3 深信服：基于零信任理念的精益信任安全访问架构 ······ 247
11.3.1 身份管理 ······ 247
11.3.2 优秀实践 ······ 248
11.4 360：SDP 在 360 安全大脑中的设计和考虑 ······ 251
11.4.1 360 安全大脑 ······ 252
11.4.2 SDP 如何在 360 安全大脑中落地 ······ 252
11.5 绿盟科技：零信任安全解决方案 ······ 253
11.5.1 企业数字化转型的安全挑战 ······ 253
11.5.2 零信任安全解决方案 ······ 253
11.5.3 解决方案组件 ······ 254
11.5.4 零信任安全解决方案的访问流程 ······ 255
11.5.5 零信任安全解决方案的实施效果 ······ 256
11.6 缔盟云：SDP 和零信任在防 DDoS 攻击方面的实践 ······ 256
11.6.1 遵循 SDP 和零信任原则 ······ 257
11.6.2 产品优势 ······ 258
11.7 上海云盾：基于 SDP 和零信任的云安全实践 ······ 258
11.7.1 核心模块 ······ 259
11.7.2 端安全加速的应用场景 ······ 260
11.8 缔安科技：SDP 解决方案在金融企业中的应用 ······ 261
11.8.1 客户需求 ······ 261
11.8.2 解决方案 ······ 262
11.9 安几科技：天域 SDP 解决方案 ······ 263
11.9.1 背景 ······ 263
11.9.2 描述 ······ 264

参考文献 ······ 266

附录 A　缩写 ······ 269

附录 B　术语 ······ 276

第1章
软件定义边界（SDP）概述

1.1 变化的边界

传统安全边界模型在发展新技术的趋势下逐渐瓦解，原因有两点：①内网很难保证100%安全。黑客可以轻松劫持边界内的设备（如进行网络钓鱼攻击），并从内部攻击企业应用。由于自带设备（BYOD）、外包工作人员和合作伙伴的存在，边界内部设备不断增加，漏洞不断增加。②越来越多的数据正在"走出"内网。除了传统数据中心，企业还利用外部云计算资源，如IaaS、PaaS、SaaS等。移动办公、物联网、大数据应用导致数据不再局限于内部网络。因此，安全边界网络设备在拓扑上并不能很好的保护企业的基础设施，传统安全边界模型逐渐瓦解，如图1-1所示。

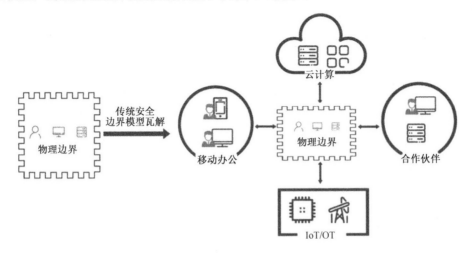

图1-1　传统安全边界模型逐渐瓦解

企业内部的设备数量不断增加，企业的应用程序不断向外部迁移，逐渐破坏企业使用的传统安全边界模型。现有解决方案涉及将用户请求回传到数据中心，以进行身份验证和数据包检查，无法很好地实现规模化。因此，需要一种新方法，使应用程序所有者能够保护公有云或私有云中的基础设施、数据中心的服务器甚至服务器内部。基于零信任理念的 SDP 架构逐渐替代传统 IT 架构的安全模型，成为满足企业需求的最佳方案。变化的网络安全边界如图 1-2 所示。

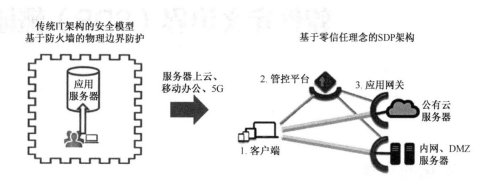

图 1-2　变化的网络安全边界

1.2　零信任理念的起源与发展

美国国防部（DoD）提出了全球信息网格（GIG）、网络运营（NetOps）、黑核（BlackCore）路由、寻址架构等概念，作为以网络为中心的服务策略的组成部分，这些概念成为零信任网络架构的基础。市场咨询公司 Forrester 指出，企业安全团队需要考虑零信任网络的问题。Forrester 的分析师观察到网络边界正在发生变化，推动了零信任架构在"跨位置和托管模型的网络安全隔离"的思想中诞生。Forrester 指出，在应对和消除当前安全策略中固有的信任假设挑战方面，零信任架构可以满足需求，应考虑使用各种基于自适应软件的新方法，但其并没有为"扩展的生态系统框架"确定新的方向。

从本质上讲，零信任理念是一种网络安全理念，其核心思想是企业不应自动信任传统边界内外的任何事物。应在授予访问权限前验证所有尝试连接到资产的事物，并在整个连接期间对会话进行持续评估。

什么是零信任理念？根据 Forrester 的研究得到下列 3 个要点。

（1）在网络中引入信任的概念，无论资源来自何处、由谁创建、在何位置、使用何种托管模型,无论在云上部署、私有部署还是混合部署,都要确保永远可以安全访问资源。

(2)根据最小权限原则进行访问控制,以消除用户越权窥探受限资源的行为。

(3)持续记录用户流量并分析检查是否存在可疑行为。

零信任理念为安全架构开辟了新的思路,不再默认信任物理边界内的事物,而是始终验证用户身份和设备的合理性、一致性、合规性,即"永不信任,始终校验(Never Trust, Always Verify)"。零信任理念在某种程度上打破了物理边界,使用户和服务器可以分布在任意位置。同时,这种基于身份的持续验证也能很好地应对内网被渗透带来的安全威胁。

除了零信任理念,企业还需要可实施的技术解决方案。近十年,各企业不断探索零信任安全的最佳实践方案。2011 年,Google 在内部启动的 BeyondCorp 项目,就是对零信任安全实践方案的探索。BeyondCorp 项目于 2011 年开始实施,2017 年宣布成功完成,目前广泛应用于大部分 Google 员工的日常办公。BeyondCorp 为业界提供了很好的零信任架构参考,Google 也在;login:杂志上发表了 6 篇关于 BeyondCorp 项目实践的论文。BeyondCorp 项目的落地和实施非常复杂,最初,Google 仅将其作为一个内部平台使用,经过了若干年的产品化,于 2020 年 4 月推出 BeyondCorp 商用产品。

2013 年,CSA 发布了《SDP 标准规范 1.0》。SDP 的安全理念和 ZTN 的安全理念完全一致:①无论用户和服务器资源在什么位置,都要确保所有的资源访问都是安全的;②记录和检查所有流量;③对所有授权实施 Need-to-Know 原则。

除此之外,SDP 还创新提出了网络隐身的安全理念。传统的安全理念更关注矛与盾的攻防关系,然而攻和防并不对等:对于攻击方来说,100 千米的防线只要攻破 1 千米就成功了;对于防守方来说,100 千米的防线必须全部守住。当企业的业务系统上云后,资源暴露在公网上,7×24 小时接受来自全球各地黑客的攻击,而且黑客的攻击技术日新月异,软硬件安全漏洞层出不穷,防不胜防。因此,云时代的企业安全应该转变思路,防守方从穿"安全防弹衣"被动防御到穿"安全隐身衣"主动隐藏。再高级的武器也无法攻击看不见的目标,网络隐身的安全理念更符合云时代的应用场景。

《SDP 标准规范 1.0》的发布在业界引发强烈反响,在美国和以色列涌现了一批创业公司,行业发展如火如荼。Zscaler 和 Okta 等比较有代表性的创业公司在纳斯达克上市,且市值在短时间内从 20 亿美元增至 100 亿美元,还有一些创业公司被传统的安全巨头公司以数亿美元的价格收购,如赛门铁克收购 Luminate、思科收购 Duo Security、Verizon 收购 Vidder 等。SDP 的快速发展充分说明了其技术的先进性,体现了市场的光明前景。基于 SDP 的成功,2017 年 2 月,CSA 发布了《SDP 帮助企业安全迁移上云》;2019 年

5月，发布了《SDP架构指南》；2019年10月，发布了《SDP作为DDoS攻击的防御机制》，描述了SDP的使用场景。

SDP和ZTN的市场认知度不断提高，越来越多的企业IT决策者开始积极寻找SDP和ZTN商业化产品及解决方案。因此，全球知名IT咨询机构Gartner于2019年4月发布了SDP的市场指南《零信任网络访问市场指南》（Market Guide for Zero Trust Network Access），做了下列定义。

> 零信任网络又称软件定义边界，是围绕某个应用或某组应用创建的基于身份和上下文的逻辑访问边界。应用是隐藏的，无法被发现，并且通过信任代理限制一组指定实体访问。在允许访问前，代理会验证指定访问者的身份、上下文和策略合规性。该机制将应用资源从公共视野中消除，从而显著缩小攻击面。

Gartner还对SDP市场进行了下列预测。

> 2020年，80%向生态圈合作伙伴开放的数字业务应用程序通过零信任网络访问。
> 2023年，60%的企业将淘汰大部分VPN，转而使用零信任网络。
> 2023年，40%的企业将把零信任网络用于报告中描述的其他使用场景。

1.3 国家政策引导

由于传统网络安全模型逐渐失效，零信任安全逐渐成为新时代下网络安全的新理念、新架构，甚至上升为美国的网络安全战略。2019年，美国国防部（DoD）发布《2019—2023年数字现代化战略》，将人工智能、零信任安全列为优先发展计划。2020年2月，美国国家标准与技术研究院（NIST）发布《零信任架构》标准草案白皮书第二版，对零信任安全理念和逻辑架构做了标准定义，并提出了实现零信任安全理念的三大技术方案，可以归纳为"SIM"组合：SDP，软件定义边界；IAM，身份识别与访问管理；MSG，微隔离。

2019年，工业和信息化部起草了《关于促进网络安全产业发展的指导意见（征求意见稿）》，将"着力突破网络安全关键技术"作为主要任务之一，并提到"零信任安全"。同年，中国信通院发布了《中国网络安全产业白皮书》，指出零信任已经从概念走向落地。零信任安全和5G、云安全等并列成为我国网络安全重点技术。软件定义边界定义如下。

> 软件定义边界凭借更细粒度的控制、更灵活的扩展、更高的可靠性，正在改变传统的远程连接方式。

1.4 SDP 的基本概念

SDP 能够为 OSI 模型提供安全防护，可以实现资产隐藏，并在允许连接到隐藏资产前使用单个数据包通过单独的控制与数据平面建立信任连接。使用 SDP 实现的零信任网络能够防御旧攻击方法的新变种，这些新变种攻击方法不断出现在现有的以网络和基础设施边界为中心的网络模型中。企业实施 SDP 可以改善其面临的攻击日益复杂的环境。

SDP 是零信任理念的最高级实现方案。CSA 倡导将 SDP 结构应用于网络连接，SDP 架构如图 1-3 所示。

（1）将建立信任的控制平面与传输实际数据的数据平面分离。

（2）使用 Deny-All 防火墙（不是完全拒绝，允许例外）隐藏基础设施（如使服务器变为"不可见"），丢弃所有未授权数据包并将它们用于记录和分析流量。

（3）在访问受保护的服务前，通过单包授权（SPA）协议进行用户与设备的身份验证和授权。

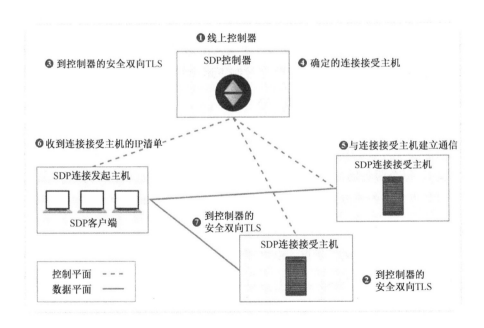

图 1-3　SDP 架构

SDP 对底层基于 IP 的基础设施透明，基于该基础设施保证所有连接安全，且其可以部署在 OSI 与 TCP/IP 模型中的网络层，不涉及传输层到应用层，因此它是采用零信任战略的最佳架构。这一点很重要，因为传输层可以为应用程序提供主机到主机的通信服务，而会话层是终端应用程序进程之间打开、关闭和管理会话的机制。两者都有已知的和未发现的弱点，如 TLS 漏洞和建立会话时的 TCP/IP SYN-ACK 攻击。将开放式系统互联（OSI）模型与互联网工程任务组（IETF）TCP/IP 模型关联，得到标准模型参考如表 1-1 所示。

表 1-1 标准模型参考

编号	OSI 模型	TCP/IP 模型	数据单元	描述
7	应用层	应用层	数据	网络进程到应用
6	表示层		数据	数据表示和加密
5	会话层		数据	主机间通信
4	传输层	传输层	段	端到端连接及可靠性
3	网络层	网络层	包	路径寻址
2	数据链路层	数据接入层	帧	物理寻址
1	物理层		字段	媒介、信号和二进制传输

SDP 使应用程序所有者能够在需要时部署安全边界，将服务与不安全的网络隔离。SDP 将物理设备替换为在应用程序所有者控制下运行的逻辑组件，在进行设备验证和身份验证后，才允许访问企业应用基础设施。

SDP 的原理并不是全新的。美国国防部和情报体系内的多个组织已经实施了类似的在网络访问前进行身份验证和授权的网络架构。通常在分类或高端网络中使用（由美国国防部定义），每个服务器都隐藏在远程访问网关后方，在授权服务可见且允许访问前，用户必须对其进行身份验证。SDP 采用分类网络中使用的逻辑模型，并将该模型整合到标准工作流中。

除了具备"权限最小化"优点，SDP 还避免了远程访问网关设备。在获得对受保护服务器的网络访问前，要求发起方进行身份验证并获得授权，然后在请求系统和应用程序基础设施之间实时创建加密连接。

SDP 由 3 部分构成：SDP 连接发起主机（Initiating Host，IH）、SDP 控制器、SDP 连接接受主机（Accept Host，AH）。

SDP 协议的设计目标是为 IPv4 和 IPv6 提供可交互操作的安全控制机制，包括 AH

第 1 章 软件定义边界（SDP）概述

使用隐藏和访问控制手段对控制器和服务进行保护，以及从 IH 到控制器再到 AH 的通信保密性和完整性保护。

通过将已验证的组件（如数据加密、远程验证、传输层安全、安全断言标记语言等）与其他技术结合，确保 SDP 可以与企业现有安全系统集成。

1.5 SDP 的主要功能

SDP 的设计至少包括 5 层安全性：①对设备进行身份验证和授权；②对用户进行身份验证和授权；③确保双向加密连接；④提供动态访问控制；⑤控制用户与服务之间的连接并将这些连接隐藏。这些安全性和其他组件的设计通常包含在 SDP 实现中，SDP 的主要功能如表 1-2 所示。

表 1-2 SDP 的主要功能

分类	SDP 架构组件	缓解或降低的安全威胁	额外效益
最小访问权限模型	取证简化	恶意数据包和恶意连接	对所有恶意数据包进行分析和跟踪，以便进行取证
	细粒度访问控制	来自未知外部用户设备的数据窃取	只允许授权用户和设备与服务器建立连接
	设备验证	来自未授权设备的威胁证书窃取	确认密钥由请求连接的适当合法设备持有
	保护系统免受被入侵设备的攻击	来自被入侵设备的"内网漫游"威胁	用户只能访问授权应用程序而非整个网络
应用层访问控制	取消广域网接入	攻击面最小化消除了恶意软件和恶意用户的端口和漏洞扫描	设备只能访问策略允许的特定主机和服务，不能越权访问网段和子网
	应用程序和服务访问控制	攻击面最小化恶意软件和恶意用户无法连接到资源	SDP 控制允许哪些设备和应用程序访问特定服务，如应用程序和系统服务
双向加密连接	验证用户和设备身份	来自未授权用户和设备的连接	所有主机之间的连接必须通过双向身份验证来验证设备和用户是否是 SDP 的授权成员
	不允许伪造证书	针对身份被盗的攻击	双向身份验证方案将证书固定到由 SDP 管理的已知且受信任的有效根目录
	不允许中间人攻击	中间人攻击	双向握手技术可以防止中间人在服务器证书吊销前利用在线证书状态协议（OCSP）的响应进行攻击

续表

分类	SDP 架构组件	缓解或降低的安全威胁	额外效益
动态访问控制	动态的、基于成员验证体系的安全隔离区	基于网络的攻击	通过动态创建和删除访问规则（出栈和入栈）启用对受保护资源的访问
隐藏信息、基础设施	服务器"变黑"	所有外部网络攻击和跨域攻击	SDP 组件（控制器、网关）在尝试访问的客户主机通过安全协议（如 SPA 协议等）进行身份验证授权前，不会响应任何连接请求
	减少拒绝服务（DoS）攻击	带宽和服务器 DoS 攻击（SDP 应通过 ISP 提供的上游反 DoS 服务增强）	面向 Internet 的服务通常位于 SDP 网关（充当网络防火墙）后方，因此能够抵御 DoS 攻击。SPA 可以使 SDP 网关免受 DoS 攻击
	检测错误包	快速检测所有外部网络和跨域攻击	从任何其他主机到 AH 的第一个数据包是 SPA 数据包（或类似的安全构造）。如果 AH 收到任何其他数据包，则将其视为攻击

1.6 零信任网络和 SDP

现有的防御机制只能解决部分问题。SDP 可以在 TCP/IP 和 TLS 之前执行，降低威胁参与者将易受攻击的协议作为攻击向量的可能。符合 CSA SDP 规范的软件定义边界实现了零信任，可以阻止常见的 DDoS 攻击、凭证盗用及 OWASP 发布的著名十大威胁等攻击。

SDP 架构是基于零信任理念的新一代网络安全架构。SDP 的基本原则是"ABCD"，即"A 不假设任何事，B 不相信任何人，C 检查所有内容，D 阻止威胁"。尽管零信任应用于 OSI 模型的第 3 层（网络层），但考虑常见的架构模式（如访问混合云服务的应用程序），在尽可能将零信任网络部署在接近域边界的位置时必须小心，需要确保其具有最佳性能并防止不必要的服务延迟。

1.6.1 为什么需要零信任网络和 SDP

现有的网络安全措施与建筑物的墙和门类似，攻击者会尝试破坏或绕过它们，可以为其强化"门锁"并进行严密监控，以确保攻击者不会闯入。我们可能想知道谁在"敲门",又想避免攻击者碰到锁。我们也可以将数字资产保护起来,通过持续的威胁诊断将未授权用户拒之门外。众所周知,攻击者的主要目标是渗透到网络中并横向移动,以访问具有更高特权凭证的系统。零信任架构可以防止未授权用户的越权行为,将访问限制在授权范围内。

下列内容对快速更改网络安全的实现提出了要求。

1. 不断变化的边界

在传统范式下,网络边界固定,受信任的内网受负载均衡和防火墙等网络设备的保护。传统范式已被虚拟网络取代,且过去的网络协议不是原生安全的。实际上,许多网络协议(如 IPSec 和 SSL 等)都存在已知漏洞。大量的移动设备和物联网设备给传统网络带来了挑战。

云计算的引入使网络安全环境发生变化,网络安全环境的变化与其他变化(如 BYOD 的要求、机器到机器的连接、远程访问的增加、网络钓鱼攻击的增加等)一同向传统安全手段提出了挑战。混合架构也在快速发展,在混合架构中,企业通过云平台提供联合办公设施。通过点到点(包括与第三方的互联)连接方式,重新定义了领域边界。

2. IP 地址挑战

当前,一切网络服务都依赖对 OSI 模型中 IP 地址的信任,这带来了一个问题:IP 地址缺乏用户信息,无法验证访问请求的完整性。其无法获取用户上下文信息,仅提供连接信息,且不对终端或用户的可信度提供指示。TCP 协议是 OSI 模型中第 4 层的双向通信协议,因此,当内部可信主机与外部不可信主机进行通信时,会接收到不可信信息。

IP 地址的任何更改都可能使配置更复杂,导致错误的设置在网络安全组和网络访问控制列表中蔓延。被遗忘的内部主机对陈旧协议(如 ICMP 网络支持)的默认设置可能为攻击者提供攻击入口。

IP 地址可以动态分配,当用户更换位置时 IP 地址会发生变化,因此,不应将其作为网络位置的基准。

3. 实施集成控制的挑战

网络连接的可见性和透明性对网络安全和安全工具的使用提出了挑战。当前,网络安全控制手段的集成通过收集多个系统的日志数据,并转发给安全信息与事件管理(Security Information and Event Management,SIEM)系统或安全编排和自动化响应(Security Orchestration, Automation Response,SOAR)系统进行技术分析来实现。

网络连接的单点信任很难实现。在允许访问请求通过防火墙前，集成身份管理是一项非常消耗资源的任务。对于大多数开发、运营团队来说，使用安全编码规范、应用防火墙和防 DDoS 攻击十分重要。

目前，为单个应用程序提供控制安全态势的能力仍然是一项巨大的挑战。改造应用程序和容器平台的安全性需要集成访问控制、身份管理、令牌管理、防火墙管理、代码、脚本、管道和图像扫描，并对其进行整体编排。

1.6.2 零信任网络和 SDP 能解决的问题

零信任网络和 SDP 能在以下方面发挥作用。

1. 先连接后验证

当前，网络连接的主要协议是传输控制协议（Transport Control Protocol，TCP）。当应用程序使用该协议进行连接时，先建立连接，再进行身份验证，通过身份验证后，即可交换数据。

先连接后验证允许未授权用户进入，这些用户在网络中且可以执行恶意活动。

为设备提供连接到互联网的 IP 地址时，完成以下工作。

（1）拒绝尝试连接的恶意用户，其主要通过威胁情报进行标识。

（2）通过漏洞、补丁和配置管理功能加固。但事实证明这种做法不可行。

（3）部署没有用户上下文的网络层防火墙设备。这些防火墙容易受到内部攻击或使用过时的静态配置。（注意：下一代防火墙 NGFW 虽然考虑了用户上下文、应用上下文和会话上下文，但仍然是基于 IP 地址的，受应用层漏洞影响，可能产生不确定的结果。）

这些技术都不能实现有效防护。零信任的实现要求对网络、主机和应用平台基础设施上的各层攻击免疫。

2. 端点监视需要消耗大量计算、网络和人力资源

目前，使用 AI 进行端点监视无法正确检测未授权访问。虽然受保护资源有各种虚拟隔离，但是随着时间的推移，攻击者可以通过捕获身份的详细信息来了解授权机制及伪造人员、角色和应用的身份验证凭证，从而进行破坏。

现有的人工智能模型是简单的行为模型，大多基于多重线性回归分析和专家系统，

或经过训练可检测模式的神经网络。如果有足够的时间序列数据，则可以将 AI 安全检测模型扩展到基于时间的事件。这些模型用于非进化系统，主要在事后检测入侵模式。AI 快速发展，需要检测和预防新的、不断发展的威胁。检测带有欺骗意图的全新入侵行为，需要结合性能、交易数据模式和安全专家的分析。仅进行端点监视仍然会使企业容易受到不可检测的攻击。

对于高度机密的数据来说，保证其安全性的最好方法是在攻击发生前进行防范。SDP 可以逐个分析数据包，发现非法的身份标识，从而拒绝存在风险的数据交换行为。

3. 缺乏用户上下文的数据包检查

网络数据包检查有其局限性，数据包"分析"发生在应用层，入侵可能在检测前发生。

传统的数据包检查是在防火墙上或防火墙附近使用入侵检测系统（IDS）在重要的战略监控区域完成。传统的防火墙通常基于源 IP 地址控制对网络资源的访问。检查数据包的根本挑战是根据源 IP 地址识别用户。虽然可以使用现有技术检测某些攻击（如 DDoS 攻击等），但是大多数攻击（如代码注入和凭证盗用）都发生在应用层，需要检查用户上下文。

SDP 可以通过数据包检查用户上下文，可以结合网络数据，在入侵前检测风险。

1.7 SDP 与十二大安全威胁

SDP 能够有效缩小攻击面，缓解或彻底消除威胁、风险和漏洞。十二大安全威胁及 SDP 的作用如表 1-3 所示。

表 1-3　十二大安全威胁及 SDP 的作用

编号	安全威胁	SDP 的作用
1	数据泄露	SDP 通过预验证和预授权来缩小攻击面，实现服务器和网络的最小访问权限模型，减少数据泄露 剩余风险：SDP 不适用于阻止网络钓鱼、错误配置等数据泄露攻击，无法直接阻止授权用户对授权资源的恶意访问

续表

编号	安全威胁	SDP 的作用
2	弱身份、密码与访问管理	企业 VPN 访问密码被盗往往导致企业数据丢失。VPN 通常允许用户对整个网络进行访问,成为弱身份、密码与访问管理中的薄弱环节 SDP 不允许对整个网络进行访问,并进行访问限制,使得安全体系结构对弱身份、证书和访问管理有很大的弹性。SDP 还可以在用户访问资源前进行强身份验证 剩余风险:企业必须积极调整 IAM 流程,并确保访问策略被正确定义。过于宽泛的准入政策会为企业带来风险
3	不安全的界面和 API	使用户界面不被未授权用户访问是 SDP 的核心能力。SDP 使未授权用户无法访问 UI,因此其无法利用任何漏洞 SDP 可以通过在用户设备上运行的进程来保护 API。目前,SDP 部署的主要焦点一直是保护用户对服务器的访问。服务器到服务器的访问还不是 SDP 的重点,但是将来会包含在 SDP 的保护范围内 剩余风险:目前,服务器到服务器 API 不会受到 SDP 的保护
4	系统和应用程序漏洞	SDP 能显著缩小攻击面,隐藏系统和应用程序漏洞,对未授权用户不可见 剩余风险:授权用户可以访问授权的资源,存在潜在风险,需采用其他安全系统(如 SIEM 系统或 IDS 等)来监控访问和网络活动
5	账号劫持	SDP 能够完全消除基于会话 cookie 的账号劫持。如果没有进行预验证和预授权并携带适当的 SPA 数据包,应用服务器会默认拒绝来自恶意终端的网络连接请求 剩余风险:SDP 无法阻止网络钓鱼攻击和消除密码窃取风险,但 SDP 可以通过执行强身份验证来降低风险,并基于地理位置等信息控制访问
6	内部恶意人员威胁	SDP 可以限制内部人员的安全威胁。适当配置的 SDP 系统可以使用户只能访问执行业务所需的资源,隐藏其他资源 剩余风险:SDP 不能阻止授权用户对授权资源的恶意访问
7	高级持续威胁攻击(APT)	APT 本质上是复杂的、多面的,任何单一安全防护无法阻止。SDP 通过限制受感染终端寻找网络目标的能力及在整个企业中实施多因子身份验证,有效缩小攻击面 剩余风险:预防和检测 APT 需要将多个安全系统结合
8	数据丢失	SDP 遵循最小权限原则,并使网络资源对未授权用户不可见,降低了数据丢失的可能性,还可以通过适当的 DLP 解决方案增强 剩余风险:SDP 不能阻止授权用户对授权资源的恶意访问
9	尽职调查不足	SDP 不适用
10	滥用和非法使用云服务	SDP 不直接适用,但 SDP 供应商的产品有能力检测和了解云服务使用状况
11	DDoS 攻击	SDP 架构中的 SPA 使 SDP 控制器和网关在防 DDoS 攻击方面更有弹性。与 TCP 相比,SPA 使用的资源更少,使服务器能大规模处理、丢弃恶意网络请求数据包。与 TCP 相比,SPA 提高了服务器的可用性 剩余风险:虽然 SPA 显著减轻了无效数据包带来的计算负担,但其仍然是非零的,SDP 系统仍然可能受到大规模 DDoS 攻击的影响
12	共享技术问题	云服务商可以使用 SDP,以确保管理员对硬件和虚拟化基础设施的访问管理 剩余风险:除了 SDP,云服务商还需要使用各种安全系统

1.8 SDP 的商业与技术优势

SDP 规范发布以来，SDP 在知名度和创新应用方面取得了巨大进展。IT 和安全专业人员对 SDP 的兴趣不断增加。

（1）5 个 SDP 工作组在其重点领域取得了重大进展，包括用于 IaaS 的 SDP、防 DDoS 攻击和汽车安全通信等。

（2）已有多个供应商提供了多种商业 SDP 产品，并在多个企业中得到了应用。

（3）SDP 的防 DDoS 攻击用例开源。

（4）已举办针对 SDP 的"黑客松"，且攻破成功率为零。

（5）行业分析报告开始纳入 SDP。

与传统的基于边界防护的安全架构相比，SDP 在商业领域具有巨大优势。SDP 的商业优势如表 1-4 所示。

表 1-4 SDP 的商业优势

优势	描述
节省成本及人力	使用 SDP 替换传统网络安全组件可以降低采购和支持成本 使用 SDP 部署并实施安全策略可以降低操作的复杂度，并减少对传统安全工具的依赖 SDP 可以通过减少或替换 MPLS 和租用线路利用率来降低成本（减少了专用主干网的使用） SDP 可以提高效率，减少人力需求
提高 IT 运维的灵活性	SDP 的实现可以由 IT 或 IAM 事件自动驱动，快速响应业务和安全需求
有利于 GRC 系统的应用	SDP 可以降低风险、缩小攻击面，防止基于网络的攻击和利用应用程序漏洞的攻击 SDP 可以响应 GRC 系统（如与 SIEM 系统集成），以简化系统和应用程序的合规活动
扩大合规范围及降低成本	通过集中控制用户到特定应用程序或服务的连接，SDP 可以改进合规数据收集、报告和审计过程 SDP 可以为在线业务提供额外的连接跟踪 SDP 提供的网络微隔离经常用于缩小合规范围，可能对合规工作产生重大影响
安全迁移上云	通过降低所需安全架构的成本和复杂度，支持公有云、私有云、数据中心和混合环境中的应用程序，SDP 可以帮助企业快速、可控、安全的应用云架构 可以快速部署安全性
业务的敏捷性和创新	SDP 使企业能够快速、安全的实施任务。例如：SDP 支持将呼叫中心从企业内部机构变为居家办公的工作人员；SDP 支持将非核心业务功能外包给专业的第三方；SDP 支持远程用户自助服务；SDP 支持将企业资产部署在客户站点，与客户集成并创造新的收入
加快业务转型	通过微隔离和权限控制实现物联网安全，可以连接到迁移工程且不影响现有业务，结合物联网和私有区块链打造下一代安全系统

SDP 在技术领域同样具有不可替代的优势。SDP 的技术优势如表 1-5 所示。

表 1-5　SDP 的技术优势

优势	描述
缩小攻击面	将控制平面与数据平面分离，隐藏应用，避免潜在的网络攻击，保护关键资产和基础设施
保护关键资产和基础设施	通过隐藏来增强对云应用的保护：使管理员集中管控、对所有的应用访问进行可视化管理、支持即时监控
应用隐藏	在用户和设备经过身份验证和被授权访问资产前，默认关闭端口，拒绝访问
降低管理成本	降低端点威胁预防、检测成本 降低事故响应成本 降低集成管理的复杂度
基于访问连接的安全架构	提供基于访问连接的安全架构。随着互联网和云应用的发展，传统的基于 IP 和边界的网络防护变得薄弱
可集成的安全架构	提供了可集成的安全架构，易于与现有安全产品（如 NAC 或反恶意软件等）集成。SDP 将分散的安全元素集成，如用户感知应用、客户端感知设备、防火墙和网关等网络感知元素
SPA	使用 SPA 确定连接，并启用身份验证和授权
连接预审查	基于用户、设备、应用、环境等因素制定预审查机制，控制所有连接
在允许访问资源前进行身份验证	将控制平面与数据平面分离，在 TLS 和 TCP 握手前进行身份验证并提供细粒度访问控制，进行双向加密通信
开放规范	针对审查机制建立社区，使更多参与者可以反馈规则问题，不断优化规则

第 2 章 SDP 架构

2.1 SDP 架构的构成

SDP 架构如图 2-1 所示,由 3 部分构成:SDP 连接发起主机(Initiating Host,IH)、SDP 控制器(SDP Controller)、SDP 连接接受主机(Accept Host,AH)。SDP 主机可以发起连接或接受连接,相关操作通过安全控制通道与 SDP 控制器交互,以进行管理。因此,SDP 架构将控制平面与数据平面分离,使系统完全可扩展,为便于扩展并保证正常使用,所有组件都可以是多个实例的。

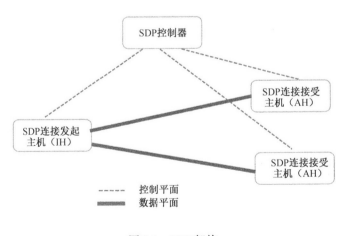

图 2-1　SDP 架构

(1)SDP 控制器确定哪些 SDP 主机可以通信。SDP 控制器可以将信息中继到外部验证服务,如验证地理位置或身份服务器等。

（2）SDP 连接发起主机与 SDP 控制器通信，以请求它们可以连接的 SDP 连接接受主机列表。在提供信息前，SDP 控制器可以向 SDP 连接发起主机请求硬件或软件清单等信息。

（3）SDP 连接接受主机默认拒绝来自除 SDP 控制器之外的所有主机的所有通信。只有在收到 SDP 控制器的指示后，SDP 连接接受主机才接受来自 SDP 连接发起主机的连接。

2.2 单包授权（SPA）

SDP 架构提供的协议在网络栈的所有层都对连接提供保护。通过在关键位置部署网关和控制器，能够使相关人员专注于保护最关键的连接，使其免受网络攻击和跨域攻击。

2.2.1 SPA 模型

SDP 强制实施"先验证后连接"，弥补了 TCP/IP 开放且不安全的缺陷，该内容通过 SPA 实现。SPA 是一种轻量级安全协议，在允许访问控制器或网关等相关系统组件所处的网络前，验证设备或用户身份。

各类应用与网络服务隐藏在防火墙后方，该防火墙默认丢弃所有收到的未经验证的 TCP 和 UDP 数据包，不响应那些连接尝试。因此，潜在的攻击者无法得知所请求的端口是否正被监听。在经过身份验证和授权后，用户才能访问所请求的服务。SPA 在客户端和控制器、网关和控制器、客户端和网关等的连接中应用。

SPA 的实现可能存在一些差别，但其均应满足以下原则。

（1）必须对数据包进行加密和验证。

（2）数据包必须包含所有必要信息；单独的数据包头不被信任。

（3）生成和发送数据包必须不依赖管理员或底层访问权限；不允许篡改原始数据包。

（4）服务器必须尽可能无声地接收和处理数据包；不回复或发送确认信息。

在 SDP 架构部署模式中，SPA 对连接的保护如图 2-2 所示。

第 2 章 SDP 架构

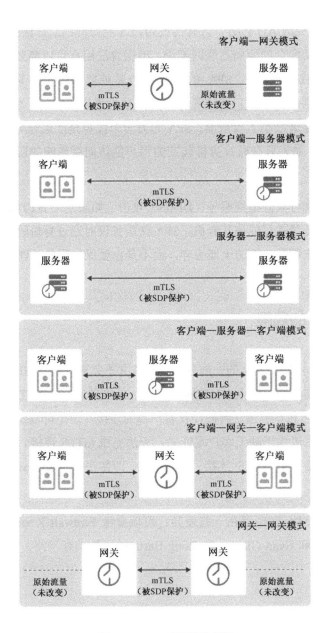

图 2-2　SPA 对连接的保护

2.2.2　SPA 的优势

SPA 在 SDP 中有重要作用。SDP 的目标之一是弥补 TCP/IP 开放和不安全的缺陷，TCP/IP 允许先连接后验证。在当前网络安全面临威胁的形势下，不允许恶意用户扫描并连接到企业系统。SPA 通过两种方式解决这一问题，一是将使用 SDP 架构的应用隐藏在 SDP 网关或 AH 后方，只有授权用户才能访问；二是保护 SDP 组件，如控制器和网关等，使其安全的面向互联网部署，确保合法用户可以高效、可靠的访问，未授权用户则看不到这些服务。SPA 的一个优势是能隐藏服务。防火墙的默认丢弃（Default-Drop）规则缓解了端口扫描和相关侦查技术带来的威胁，使得 SPA 组件对未授权用户不可见，显著缩小了攻击面；SPA 的另一个优势是能进行零日（Zero-Day）保护。当发现漏洞时，如果只有通过身份验证的用户能访问受影响的服务，则该漏洞的破坏性显著降低。

SPA 也可以抵御分布式拒绝服务（DDoS）攻击。如果一个 HTTPS 服务暴露在公共互联网中，较少的流量就可能使其宕机。SPA 使服务仅对通过身份验证的用户可见，因此，所有 DDoS 攻击都默认被防火墙丢弃，而不是由受保护服务处理。

2.2.3　SPA 的局限

SPA 只是 SDP 多层次安全的一部分，其自身并不完整。虽然 SPA 的实现能够抵御重放攻击，但其可能面对中间人（MITM）攻击。具体来说，当 MITM 攻击捕获并修改 SPA 数据包时，虽然其不能建立到被授权客户端的连接，但是可以建立到控制器或 AH 的连接。此时，攻击者由于缺乏客户端证书，无法完成 mTLS 连接。因此，应通过控制器或 AH 拒绝该连接并关闭 TCP 连接。由此可见，即使在面对 MITM 攻击时，SPA 也远比标准 TCP 安全。

不同供应商的 SPA 实现存在一些差异。可以参考 Firewall Knock Operator 项目提供的开源 SPA 实现和 Evan Gilman 和 Doug Barth 的《零信任网络》中第 8 章 "建立流量信任"。

2.3　SDP 的工作原理

由 IH 上的 SDP 客户端软件发起到 SDP 的连接。

（1）IH 设备包括笔记本电脑、平板电脑和智能手机等，其面向用户。SDP 软件在设备上运行，IH 设备可以部署在企业网络的控制范围外。

（2）AH 设备接受来自 IH 的连接，并提供由 SDP 保护的服务。AH 设备通常部署在企业网络的控制范围外。

（3）SDP 网关为授权用户和设备提供对受保护程序和服务的访问，还可以对其进行监控、记录和报告。

（4）SDP 控制器可以是设备或程序，其确保用户经过身份验证和授权、设备经过验证、通信安全、网络中的用户流量和管理流量独立，并确保对隔离服务的安全访问。

（5）AH 和 SDP 控制器使用 SPA 进行保护，使未授权用户和设备无法感知或访问。

2.4 请求与验证过程

SDP 架构的请求与验证过程如下。

（1）一个或多个 SDP 控制器上线并连接至适当的可选验证和授权服务。例如，PKI 提供证书验证、设备验证、地理定位、SAML、OpenID、OAuth、LDAP、Kerberos、多因子身份验证等服务。

（2）一个或多个 AH 上线，其与 SDP 控制器连接并进行身份验证，但不应答来自任何其他主机的通信，也不响应非预分配请求。

（3）每个上线的 IH 都与 SDP 控制器连接并进行身份验证。

（4）IH 通过验证后，SDP 控制器确定允许 IH 连接的 AH 列表。

（5）SDP 控制器通知 AH 接受 IH 的连接，并加密所需的所有可选安全策略。

（6）SDP 控制器向 IH 发送可接受连接的 AH 列表及可选安全策略。

（7）IH 向每个可接受连接的 AH 发起 SPA，创建双向加密连接。

（8）使用双向加密数据通道与目标系统通信。

SDP 架构的请求与验证过程如图 2-3 所示（图中未描述最后一步）。

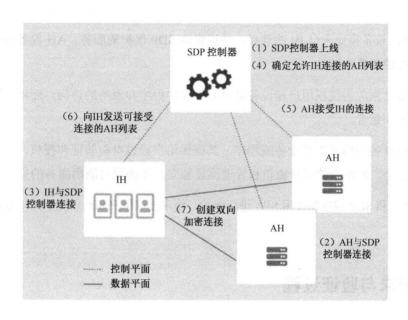

图 2-3　SDP 架构的请求与验证过程

2.5　访问控制

　　作为新兴架构，SDP 加强了访问控制管理，并为实施用户访问管理、网络访问管理和系统验证控制等设定了标准。SDP 可以通过阻止来自未授权用户和设备的网络层访问来实施访问控制。SDP 部署了 Deny-All 防火墙，可以控制网络数据包在 IH 和 AH 之间的流动。SDP 使企业能够定义和控制自己的访问策略，决定哪些个体能够从哪些被批准的设备访问哪些网络服务。

　　SDP 不尝试替代已有的身份和访问管理方案，其对用户的访问控制进行加强。SDP 通过将身份验证和授权与其他安全组件集成，显著缩小了攻击面。例如，用户 Jane 可能没有企业财务管理服务器的登录密码，但该服务器只要在网络上对 Jane 的设备可见，就存在风险。如果 Jane 所在的企业部署了 SDP 架构，则财务管理服务器对 Jane 的设备隐藏，即使攻击者入侵 Jane 的设备，SDP 也能阻止其从该设备连接到财务管理服务器。如果 Jane 有财务管理服务器的登录密码,在她的设备上安装 SDP 客户端也可以提供保护，攻击者会被多因子身份验证和强身份验证拒之门外。

2.6 部署模式

虽然所有 SDP 实施方案都具有相同的工作过程，但是不同的应用场景在实现方式上存在差异。几种主要的部署模式如下。

1. 客户端—网关模式

在客户端—网关模式下，AH 充当客户端与受保护服务器之间的网关。可以在企业网络中应用该模式，以弱化常见的横向移动攻击，如操作系统和应用程序漏洞攻击、中间人攻击、传递散列攻击等；也可以在互联网中应用该模式，将受保护服务器与未授权用户隔离，以弱化拒绝服务（DoS）攻击、数据库注入（SQL Injection）攻击、操作系统和应用程序漏洞攻击、中间人攻击、跨站脚本（XSS）攻击、跨站请求伪造（CSRF）攻击等。

2. 客户端—服务器模式

客户端—服务器模式的功能和优势与客户端—网关模式类似。但在该模式下，AH 运行在受保护服务器上，而不是运行在位于服务器前面的网关上。通常基于受保护服务器的数量、负载均衡方法、服务器的弹性等因素在客户端—服务器模式与客户端—网关模式之间进行选择。

3. 服务器—服务器模式

在服务器—服务器模式下，可以保护提供表述性状态传递（Representational State Transfer，REST）、简单对象访问协议（Simple Object Access Protocol，SOAP）、远程过程调用（Remote Procedure Call，RPC）服务器或应用程序编程接口（Application Programming Interface，API）服务器，使其免受网络上所有未授权主机的攻击。例如，对于 REST 服务来说，启动 REST 服务的服务器为 IH，提供 REST 服务的服务器为 AH。部署 SDP 可以显著减小负载并弱化攻击。

4. 客户端—服务器—客户端模式

客户端—服务器—客户端模式可以用于 IP 电话、聊天和视频会议等应用程序。在这些情况下，SDP 会混淆连接客户端的 IP 地址。如果用户也希望隐藏应用服务器，那么用户也可以进行客户端到客户端的配置。

除了上述部署模式，还有客户端—网关—客户端模式及网关—网关模式。将在第 4 章中详细介绍。

第 3 章
SDP 协议

3.1 基本信息

1. 服务启动

一个或多个 SDP 控制器、IH、AH 的服务启动方法不在本章讨论范围内,典型方法是通过 CHEF、PUPPET 或其他主机托管服务(如 RightScale、AWS CloudFormation 等)启动。

2. SPA

SPA 用于在下列情况下启动通信:AH—控制器、IH—控制器和 IH—AH。SPA 提供下列安全防护。

(1)保护服务器:在提供真正的 SPA 前,服务器不会响应来自任何客户端的任何连接。

(2)缓解对 TLS 的拒绝服务攻击:面向互联网运行 HTTPS 的服务器极易受到拒绝服务攻击。SPA 允许服务器在进行 TLS 握手前丢弃拒绝服务攻击数据包,以弱化此类攻击的威胁。

(3)攻击检测:从任何其他主机发送到 AH 的第一个数据包必须是 SPA。如果 AH 接收到其他数据包,则应将其视为攻击。因此,SPA 使 SDP 可以根据恶意数据包检测攻击。

3. 基于 RFC 4226（HOTP）标准的参数

（1）客户端：指 SPA 数据包的生成器，在 SDP 架构中，客户端为 IH 或 AH。

（2）服务器：指 SPA 数据包的验证者，在 SDP 架构中，服务器为 SDP 控制器或 AH。

（3）种子：指通信双方（即 AH—控制器、IH—控制器和 IH—AH）共享的 32 位无符号整型数值，种子必须保密。

（4）计数器：是一个 64 位无符号整型数值，通信双方必须同步。在 RFC4226 中，通过"提前窗口"完成同步（因为 RFC4226 的典型用例是硬件 OTP 令牌）。但是，对于 SDP 协议来说，计数器可以在 SDP 数据包中发送，减少对提前窗口的需求及避免通信双方不同步。计数器不需要保密。

（5）密码：指由 RFC4226 加密算法生成的 HOTP。

（6）密码长度：密码长度固定为 8 个字符。

对于 SPA 来说，当单个数据包从客户端发送到服务器时，服务器不需要回复。数据包格式如表 3-1 所示。

表 3-1　数据包格式

IP	TCP	AID（32 位）	密码（32 位）	计数器（64 位）

收到数据包后，服务器必须允许客户端通过 443 端口的双向 TLS 连接，连接密文与明文如表 3-2 所示。

表 3-2　连接密文与明文

密文	Nonce 临时随机数	防止接收过期的 SPA 数据包
	Timestamp 时间戳	最常见的：服务访问请求
	Message Type 信息类型	可能弃用：访问请求、NAT 请求、网关命令信息
	Message String 信息字符串	允许的源 IP 地址，打开的目标服务 ID
	Optional Fields 可选字段	注意：网关知道打开哪个端口，是否转发和向哪里转发连接
	Digest 摘要	注意：可能用于请求服务流量通道
明文	HMAC	在加密前，SHA256 哈希是在信息的密文部分上计算的，由服务器成功解密信息后，用于验证信息的完整性

对该规范的改进意见是可以增加一个明文客户端 ID，以高效处理数据包。当前，正在设计二进制 SPA 格式，将创建描述该格式的 RFC 文档。

4. 双向 TLS 或 IKE

在做进一步用户与设备身份验证前，需要保证所有主机之间的连接使用带有身份验证的 TLS 或 IKE，以将该设备验证为 SDP 的授权设备。必须禁止所有弱密码套件和不支持双向身份验证的套件。

TLS 客户端和服务器的根证书必须与已知的合法根证书绑定，且不应由被大多数用户浏览器信任的数百个根证书组成，以避免伪装者攻击（即攻击者可以通过被攻陷的证书颁发机构 CA 伪造证书）。将根证书安装到 IH、AH 和 SDP 控制器的方法不在本书讨论范围内。

TLS 服务器应使用 IETF 工作草案《X.509v3 扩展：OCSP 连接所需的 draft-hallambaker-muststaple-00》中定义的 OCSP 响应连接（OCSP response stapling），该草案引用了 RFC 4366《传输层安全性（TLS）扩展》中的连接实现。OCSP 响应连接可以减少对 OCSP 响应的 DoS 攻击，还可以有效防止服务器证书吊销前，OCSP 响应过时导致的中间人攻击。

5. 设备验证

双向 TLS 或 IKE 证明了请求访问 SDP 的设备具有未过期且未被吊销的私钥，但它不证明该密钥未被窃取。设备验证的目的是证明有需要的设备拥有私钥，且在设备上运行的软件是可信的。默认信任 SDP 控制器（因为 SDP 控制器处于最受控制的环境中），但 IH 和 AH 必须经过验证。设备验证弱化了用户密码被盗导致的伪装者攻击威胁。

3.2 AH—控制器协议

下面定义了在 AH 和控制器之间传递的各种信息及其格式。AH—控制器协议的基本格式如表 3-3 所示。

表 3-3 AH—控制器协议的基本格式

命令（8 位）	具体命令数据（命令具体长度）

1. 登录请求信息

AH 将登录请求信息发送至控制器，表示 AH 可用，能够接受来自控制器的其他信息。AH—控制器协议的登录请求信息格式如表 3-4 所示。

表 3-4　AH—控制器协议的登录请求信息格式

0x00	无具体命令数据

2. 登录响应信息

控制器将登录响应信息发送至 AH，确定登录请求是否成功，如果成功则提供 AH 会话 ID。AH—控制器协议的登录响应信息格式如表 3-5 所示。

表 3-5　AH—控制器协议的登录响应信息格式

0x01	状态码（16 位）	AH 会话 ID（256 位）

3. 登出请求信息

AH 将登出请求信息发送至控制器，表示 AH 不再提供服务，不再接收来自控制器的其他信息。该信息无须响应。AH—控制器协议的登出请求信息格式如表 3-6 所示。

表 3-6　AH—控制器协议的登出请求信息格式

0x02	无具体命令数据

4. Keep-Alive 保活信息

AH 或控制器发出 Keep-Alive 保活信息，表示其仍处于激活状态。AH—控制器协议的 Keep-Alive 保活信息格式如表 3-7 所示。

表 3-7　AH—控制器协议的 Keep-Alive 保活信息格式

0x03	无具体命令数据

5. AH 服务信息

控制器将 AH 服务信息发送至 AH，用于通知 AH 需要保护的服务列表。AH 服务信息格式如表 3-8 所示。

表 3-8　AH 服务信息格式

0x04	JSON 格式的服务数组

AH 服务信息的 JSON 规范格式如表 3-9 所示。

表 3-9　AH 服务信息的 JSON 规范格式

JSON 规范格式	实例
{"services": 　[　　"port":　　<Server port>, 　　"id": <32-bit Service ID>, 　　"address": <Server IP>, 　　"name": <service name> 　] }	{"services": 　[　　"port": "443", 　　"id": "12345678", 　　"address": "100.10.5.81", 　　"name": "SharePoint" 　] }

6. 验证完成信息

验证完成信息由控制器发送至 AH，通知 AH 新的 IH 已经验证通过，AH 应允许 IH 访问指定的服务。验证完成信息格式如表 3-10 所示。

表 3-10　验证完成信息格式

0x05	JSON 格式的 IH 信息数组

验证完成信息的 JSON 规范格式如表 3-11 所示。

表 3-11　验证完成信息的 JSON 规范格式

JSON 规范格式

{
"sid": <256-bit IH Session ID>,
"seed":<32-bit SPA seed>,
"counter": <32-bit SPA counter>
　[
　　"id":<32-bit Service ID>
　]
}

7. 自定义信息

命令（0xff）保留 AH 和控制器之间的任意非标准信息。AH—控制器协议的自定义信息格式如表 3-12 所示。

表 3-12 AH—控制器协议的自定义信息格式

0xff	用户自定义

8. AH 连接至控制器的时序图

AH 连接至控制器的时序图如图 3-1 所示。

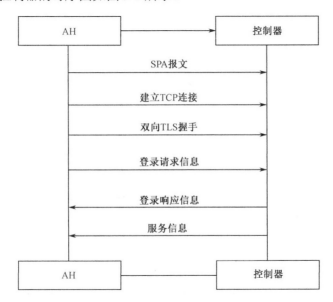

图 3-1 AH 连接至控制器的时序图

3.3 IH—控制器协议

下面定义了在 IH 和控制器之间传递的各种信息及其格式，IH—控制器协议的基本格式如表 3-13 所示。

表 3-13 IH—控制器协议的基本格式

命令（8 位）	具体命令数据（命令具体长度）

1. 登录请求信息

IH 将登录请求信息发送至控制器,表示 IH 服务已经就绪并希望加入 SDP。IH—控制器协议的登录请求信息格式如表 3-14 所示。

表 3-14 IH—控制器协议的登录请求信息格式

0x00	无具体命令数据

2. 登录响应信息

控制器将登录响应信息发送至 IH,确定登录请求是否成功,如果成功则提供 IH 会话 ID。IH—控制器协议的登录响应信息格式如表 3-15 所示。

表 3-15 IH—控制器协议的登录响应信息格式

0x01	状态码(16 位)	IH 会话 ID(256 位)

3. 登出请求信息

IH 将登出请求信息发送至控制器,表示 IH 将退出 SDP。该信息无须响应。IH—控制器协议的登出请求信息格式如表 3-16 所示。

表 3-16 IH—控制器协议的登出请求信息格式

0x02	无具体命令数据

4. Keep-Alive 保活信息

IH 或控制器发出 Keep-Alive 保活信息,表示其仍处于激活状态。IH—控制器协议的 Keep-Alive 保活信息格式如表 3-17 所示。

表 3-17 IH—控制器协议的 Keep-Alive 保活信息格式

0x03	无具体命令数据

5. IH 服务信息

控制器将 IH 服务信息发送至 IH，用于通知 IH 可用的服务列表及保护的 IP 地址列表。IH 服务信息格式如表 3-18 所示。

表 3-18 IH 服务信息格式

0x06	JSON 格式的服务数组

IH 服务信息的 JSON 规范格式如表 3-19 所示。

表 3-19 IH 服务信息的 JSON 规范格式

JSON 规范格式	示例

{"services":
[
  {
    "address":\<AH IP\>,
    "id":\<32-bit Service ID\>,
    "name":\<service name\>,
    "type":\<service type\>
  }
]
}
	{"services":
	[
	  {
	    "address":"20.14.5.11",
	    "id":"12345678",
	    "name":"SharePoint",
	    "type":"https"
	  }
	]
	}

6. 自定义信息

命令（0xff）保留 IH 和控制器之间的任意非标准信息。IH—控制器协议的自定义信息格式如表 3-20 所示。

表 3-20 IH—控制器协议的自定义信息格式

0xff	用户自定义

7. IH 连接至控制器和 AH 的时序图

IH 连接至控制器和 AH 的时序图如图 3-2 所示。

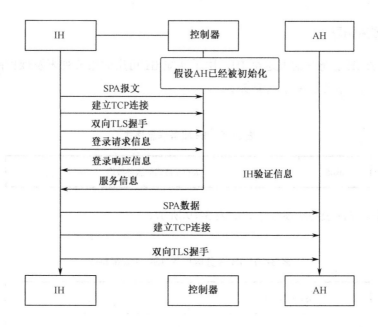

图 3-2　IH 连接至控制器和 AH 的时序图

3.4　动态通道模式下的 IH—AH 协议

下面定义了动态通道模式下在 IH 和 AH 之间传递的信息及其格式，IH—AH 协议的基本格式如表 3-21 所示。

表 3-21　IH—AH 协议的基本格式

命令（8 位）	具体命令数据（命令具体长度）

1. Keep-Alive 保活信息

IH 或 AH 发出 Keep-Alive 保活信息，表示其仍处于激活状态。IH—AH 协议的 Keep-Alive 保活信息格式如表 3-22 所示。

表 3-22　IH—AH 协议的 Keep-Alive 保活信息格式

0x03	无具体命令数据

2. 建立连接请求信息

IH 向 AH 发出建立连接请求信息，表示将建立特定服务的连接。建立连接请求信息格式如表 3-23 所示。

表 3-23　建立连接请求信息格式

0x07	Mux ID（64 位）

3. 建立连接响应信息

AH 向 IH 发出建立连接响应信息，以确定建立连接请求是否成功。建立连接响应信息格式如表 3-24 所示。

表 3-24　建立连接响应信息格式

0x08	状态码（16 位）	Mux ID（64 位）

4. 数据信息

IH 或 AH 发出数据信息，在打开的连接上推送数据，该信息无须响应。数据信息格式如表 3-25 所示。

表 3-25　数据信息格式

0x09	数据长度（16 位）	Mux ID（64 位）

5. 连接关闭信息

AH 发出连接关闭信息表示 AH 已经关闭连接，IH 发出连接关闭信息表示请求关闭连接，该信息无须响应。连接关闭信息格式如表 3-26 所示。

表 3-26　连接关闭信息格式

0x0A	Mux ID（64 位）

6. 自定义信息

命令（0xff）保留 IH 和 AH 之间的任意非标准信息。IH—AH 协议的自定义信息格式如表 3-27 所示。

表 3-27 IH 和 AH 协议的自定义信息格式

0xff	用户自定义

7. IH 连接至 AH 的时序图

IH 连接至 AH 的时序图如图 3-3 所示，该图仅描述与初始登录相关的信息序列。

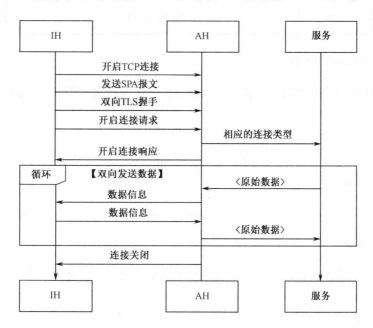

图 3-3 IH 连接至 AH 的时序图

8. 控制器确定 IH 可连接的 AH 列表

控制器确定 IH 可连接的 AH 列表的方法不在初始协议范围内。在物联网应用中，列表可能是静态的或基于连接到 SDP 的软件类型确定；在服务器到服务器应用程序中，列表可能来自受保护的数据库服务器；在客户端或服务器应用程序中，列表可能来自 LDAP 服务器。

3.5 SDP 与 VPN 的差异

SDP 可以使用 IKE、IPSec 和 TLS 等协议在 IH 和 AH 之间创建 VPN。SDP 与 VPN 的差异如下。

第 3 章 SDP 协议

（1）创建受 VPN 网关保护的服务器与创建受 SDP 保护的服务器的工作量不同。SDP 控制器上线后，用户可以通过软件设置，根据需要创建尽可能多的受保护服务器，并且可以通过 LDAP 关联区分授权用户和未授权用户。

（2）与 SDP 相比，设置 VPN 网关以保护单个服务器的运营成本更高。SDP 架构可以部署在云环境中。

（3）SDP 可以同时用于安全和远程访问，但 VPN 网关不可以。如果尝试在企业内部使用 VPN 客户端和 VPN 网关保护某服务器，则用户无法通过远程访问 VPN 来访问服务器（因为 VPN 客户端已连接至远程访问 VPN 网关），但 SDP 可以通过远程访问 VPN 来访问服务器。

（4）SDP 可以防 DDoS 攻击，但 VPN 网关不可以。AH 可以与受保护服务器部署在不同位置，从而对授权用户隐藏真实位置。

3.6 SDP 日志

所有系统都要通过创建日志来确定服务的可用性和性能，以及服务器的安全性。

1. 日志信息字段

日志信息字段及含义如表 3-28 所示。

表 3-28 日志信息字段及含义

字段	含义
时间	日志记录发生的时间
名称	事件的可读名称。注意：不包括任何可变的数据段，如用户名、IP 地址、主机名等。日志记录的额外字段已经包含了这些信息
严重程度	从 Debug 到 Critical 的严重程度
设备地址	创建日志记录的设备的 IP 地址

2. 操作

记录日志的操作用例及活动清单如表 3-29 所示。

表 3-29 记录日志的操作用例及活动清单

活动	签名符	需要记录的数据和信息
组件启动、关闭、重启（如控制器启动、主机重启等）	Ops:Startup Ops:Shutdown Ops:Restart	说明重启或关闭组件的原因，说明哪个组件受影响
组件（控制器、IH、AH、第三方组件、DB）上线、下线、重新连接	Ops:Conn:Up Ops:Conn:Down Ops:Conn:Reconnect	Src：连接源地址，报告主体可见的 IP 地址 Dst：连接目的地址，报告主体可见的 IP 地址 Reconnect_Count：记录有多少次连接尝试 说明沟通中断的原因

签名符（Signature_ID）是标识符，能够确定事件的类型。第三列包含需要记录特定日志信息的额外字段。

简单描述完整故障发生时的日志条目记录情况。例如，控制器关机。

（1）控制器下线，没有日志，失效组件不能记录日志。

（2）IH 多次尝试连接控制器，记录 Ops:Conn:Reconnect 日志信息。

（3）在进行多次尝试后，客户端称到控制器的连接中断，并寻找新的控制器记录 Ops:Conn:Down 日志信息，严重程度是 Error。

（4）IH 连接新的控制器，记录 Ops:Conn:Up 日志信息。

（5）如果没有其他控制器，记录 Ops:Conn:Down 日志信息，严重程度是 Critical。

（6）类似情况是一个客户端掉线且没有发出警报（如计算机关机）。在这种情况下，控制器和 AH 都检测到连接中断。每个设备都将记录 Ops:Conn:Down 日志信息，严重程度是 Error。

3. 安全性

安全日志是 SDP 的核心，对于检测更广泛的大规模基础设施攻击来说至关重要。因此，当将这些日志发送到 SIEM 系统时，它们的价值会变得极高。

签名符（Signature_ID）是标识符，用于标识不同的事件类型。安全日志签名符如表 3-30 所示。

表 3-30 安全日志签名符

活动	签名符	需要记录的数据和信息
AH 登录成功	Sec:Login	Src：AH 的控制器可见的 IP 地址 AH Session ID：AH 的会话 ID
AH 登录失败	无	无
IH 登录成功	Sec:Login	Src：IH 的控制器可见的 IP 地址 IH Session ID：IH 的会话 ID
IH 登录失败	无	无
组件验证（如 IH->控制器）	无	无
拒绝接入请求	Sec:Fw:Denied	Src：尝试连接的源地址 Dst：尝试连接的目的地址

完整的用户登录过程日志如下（IH 向 AH 发起连接）。

（1）IH 向控制器请求连接，记录 Ops:Conn:Up 日志信息。

（2）IH 和控制器双向验证，记录 Sec:Auth 日志信息。

（3）IH 向 AH 请求连接，记录 Ops:Conn:Up 日志信息。

（4）IH 和控制器双向验证，记录 Sec:Auth 日志信息。

4. 性能

性能差异通常不适合采用传统的日志方式记录。大量指标可能使日志系统崩溃死机，而且设计分析系统并不是为了处理类似信息。因此，应设计独立的性能日志处理系统。

5. 合规性

如果日志规范遵守得当，则所有的合规要求都会变得简单，如 PCI-DSS（第三方支付行业数据安全标准）、SOX（萨班斯法案）等。SOX 要求记录所有针对财务系统的特权访问，甚至记录任何可能对财务系统状态或结果造成影响的行为。当覆盖了关于"安全"的所有用例时，就覆盖了登录用例的合规性。

6. 安全信息与事件管理（SIEM）系统的集成性

建议将所有安全事件推送到指定的 SIEM 系统中，以帮助 SIEM 系统生成网络安全态势的整体情况。作为其组成部分，SDP 安全日志使环境的可感知性增强。操作日志记录可以用于管理产品的可用性和性能，其在 SDP 环境外作用不大，但是我们建议用户将相关日志纪录转发到中央控制台（如 SIEM 系统）。

第 4 章 SDP 架构部署模式

在 CSA 的 SDP 标准规范中定义了下列 SDP 架构部署模式。

（1）客户端—网关模式。

（2）客户端—服务器模式。

（3）服务器—服务器模式。

（4）客户端—服务器—客户端模式。

（5）客户端—网关—客户端模式。

（6）网关—网关模式。

本章详细介绍这 6 种部署模式及其适用场景。

4.1 客户端—网关模式

当一个或多个服务器必须被 SDP 网关保护时，无论底层网络拓扑如何，客户端与网关之间的连接都是安全的。网关既可以位于客户端的同一网络位置，又可以跨区域分布。

在客户端—网关模式下，客户端通过 mTLS 直接连接至网关，且 mTLS 在网关处终止。如果要确保网关与服务器连接的安全性，必须采用其他预防措施。SDP 控制器可以位于云端或受保护服务器附近，因此，控制器和服务器使用相同的网关。

客户端—网关模式如图 4-1 所示，在图中，作为 AH 的服务器被 SDP 网关保护。如果要确保网关与服务器连接的安全性，服务器环境应由运行 SDP 的企业控制。

第 4 章 SDP 架构部署模式

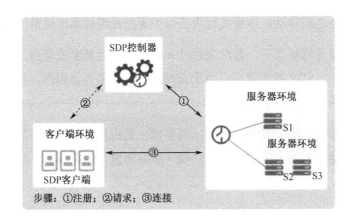

图 4-1 客户端—网关模式

SPA 采用"默认丢弃"防火墙为网关和控制器提供保护,服务器是不可访问的,除非通信来自授权客户端。因此,对于未授权用户和潜在攻击者来说,这些服务器不可见且不可访问。

受保护服务器可以包含在 SDP 中,无须对服务器进行任何更改。但需要将它们所在的网络配置为仅允许从网关到受保护服务器的入栈连接,以防止未授权客户端绕过网关。

在客户端—网关模式下,可以在 SDP 网关和受保护服务器之间部署安全组件,以保留使用现有网络安全组件(如 IDS、IPS)的能力,并监控通过 mTLS 传输的客户端到网关的流量。

客户端既可以是终端设备,又可以是服务器(请参考 4.3 节)。

客户端—网关模式适用于将应用程序迁移到云的企业。无论服务器位于何处(云、本地或附近),企业都必须确保网关与应用程序之间的数据安全。该模式还适用于保护本地遗留应用程序,因为 IH 不需要进行任何更改。

4.2 客户端—服务器模式

当企业将应用程序迁移至 IaaS 环境并提供端到端的保护连接时,客户端—服务器模式将服务器和网关组合在一个主机中。客户端可以位于与服务器相同的位置,也可以是分布式的。无论在哪种情况下,客户端和服务器之间的连接都是端到端的。

客户端—服务器模式使企业具有极高的灵活性,因为服务器和网关组合可以根据需要在多个云服务商之间移动。该模式适用于保护无法升级的本地遗留应用程序。

在客户端—服务器模式下，客户端通过 mTLS 直接连接至安全服务器，且 mTLS 在安全服务器处终止。SDP 控制器可以位于云端或受保护服务器附近，因此，控制器和服务器使用相同的网关。

作为 AH 的服务器受 SDP 网关保护。服务器上的应用程序或服务的所有者可以完全控制网关与服务器之间的安全连接。客户端—服务器模式如图 4-2 所示。

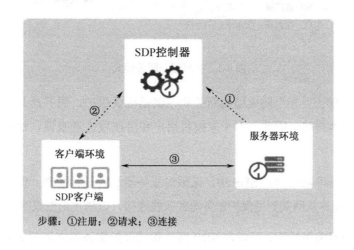

图 4-2　客户端—服务器模式

SPA 采用"默认丢弃"防火墙为网关和控制器提供保护，服务器是不可访问的，除非通信来自授权客户端。因此，对于未授权用户和潜在攻击者来说，这些服务器不可见且不可访问。

在客户端—服务器模式下，受保护服务器需要配备网关，不需要将受保护服务器所在的网络配置为限制入栈连接，这些服务器上的网关执行点使用 SPA 防止未授权连接。

在客户端—服务器模式下，可以轻松使用现有网络安全组件，如 IDS、IPS 或 SIEM 系统。可以通过分析来自 SDP 网关或受保护服务器的丢弃数据包来监控流量，以保留客户端与服务器之间的 mTLS 连接。

客户端既可以是终端设备，又可以是服务器。

客户端—服务器模式适用于将应用程序迁移到云的企业。无论服务器位于何处（云或本地），企业都可以完全控制与应用程序的连接。

4.3 服务器—服务器模式

服务器—服务器模式适用于物联网（IoT）和虚拟机（VM）环境，无论底层网络或基础结构如何，都确保服务器之间的所有连接加密。服务器—服务器模式还确保企业的 SDP 白名单策略明确允许通信。不受信任的网络和服务器之间的通信是安全的，且服务器通过轻量级 SPA 协议对所有未授权连接隐藏。

服务器—服务器模式与客户端—服务器模式类似。IH 服务器除了作为连接发起主机，还可以充当连接接受主机。另外，要求在每个服务器上安装 SDP 网关或类似的轻量级技术，使所有服务器—服务器模式的流量对环境中的其他元素不可见。

基于网络的 IDS、IPS 需要配置 SDP 网关，而不是从外部获取数据包。服务器—服务器模式如图 4-3 所示。

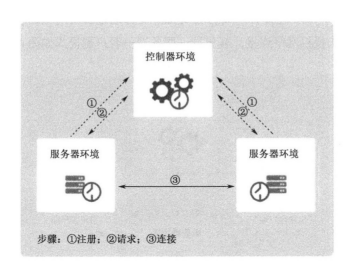

图 4-3 服务器—服务器模式

SDP 控制器可以位于云端，也可以位于服务器上，使控制器和服务器使用相同的 SDP 网关。作为 AH 的服务器受 SDP 网关保护。网关与服务器之间的安全连接默认由服务器上的应用程序或服务的所有者控制。

SPA 采用"默认丢弃"防火墙为网关和控制器提供保护，服务器是不可访问的，除非通信来自其他白名单服务器。因此，对于未授权用户和潜在攻击者来说，这些服务器不可见且不可访问。

在服务器—服务器模式下，受保护服务器需要配备网关或轻量级 SPA 协议，不需要将受保护服务器所在的网络配置为限制入栈连接。这些服务器上的网关执行点使用 SPA 防止未授权连接。

在服务器—服务器模式下，可以轻松使用现有网络安全组件，如 IDS、IPS 或 SIEM 系统。可以通过分析来自 SDP 网关或受保护服务器的丢弃数据包来监控流量，以保留客户端与服务器之间的 mTLS 连接。

服务器—服务器模式适用于将物联网和 VM 环境迁移到云的企业。无论服务器位于何处（云或本地），企业都可以完全控制与云的连接。

4.4　客户端—服务器—客户端模式

在某些情况下，需要通过中介服务器进行点对点通信，如 IP 电话、聊天和视频会议等。在这些情况下，SDP 连接客户端的 IP 地址，组件通过加密网络连接，并通过 SPA 保护服务器，避免未授权网络连接。客户端—服务器—客户端模式如图 4-4 所示。

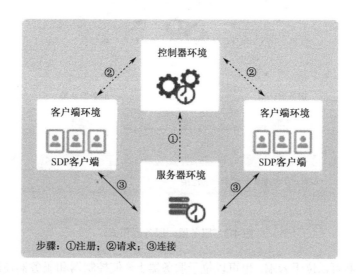

图 4-4　客户端—服务器—客户端模式

SDP 控制器可以位于云端，也可以位于服务器上，使控制器和服务器使用相同的 SDP 网关，作为 AH 的服务器受 SDP 网关保护。网关与服务器之间的安全连接默认由服务器上的应用程序或服务的所有者控制。

第 4 章　SDP 架构部署模式

SPA 采用"默认丢弃"防火墙为网关和控制器提供保护，服务器是不可访问的，除非通信来自授权客户端。因此，对于未授权用户和潜在攻击者来说，这些服务器不可见且不可访问。

在客户端—服务器—客户端模式下，受保护服务器需要配备网关或轻量级 SPA 协议，不需要将受保护服务器所在的网络配置为限制入栈连接。这些服务器上的网关执行点使用 SPA 防止未授权连接。

在客户端—服务器—客户端模式下，可以轻松使用现有网络安全组件，如 IDS、IPS 或 SIEM 系统。可以通过分析来自 SDP 网关或受保护服务器的丢弃数据包来监控流量，以保留客户端与服务器之间的 mTLS 连接。

客户端—服务器—客户端模式适用于将应用程序迁移到云的企业。无论服务器位于何处（云或本地），企业都可以完全控制与客户端的连接。

4.5　客户端—网关—客户端模式

客户端—网关—客户端模式是客户端—服务器—客户端模式的变形，该模式支持对等网络协议，要求客户端在执行 SDP 访问策略时直接进行连接。客户端—网关—客户端模式如图 4-5 所示。

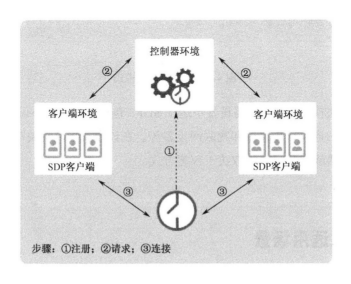

图 4-5　客户端—网关—客户端模式

客户端—网关—客户端模式实现了客户端之间的逻辑连接，客户端充当 IH 或 AH 取决于应用程序协议。应用程序协议将决定客户端如何进行连接，SDP 网关充当客户端之间的防火墙。

4.6 网关—网关模式

网关—网关模式适用于某些物联网环境。在网关—网关模式下，一个或多个服务器位于 AH 后方，因此 AH 充当客户端和服务器之间的网关；一个或多个客户端位于 IH 后方，因此 IH 也充当网关。网关—网关模式如图 4-6 所示。

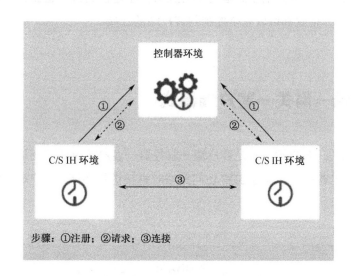

图 4-6　网关—网关模式

在网关—网关模式下，客户端设备不运行 SDP，包括不需要或不可能安装 SDP 的设备，如打印机、扫描仪、传感器和物联网设备等。在该模式下，网关可以作为防火墙，也可以作为路由器或代理，具体取决于部署方式。

4.7 各模式适用场景

各模式适用场景如表 4-1 所示。通过表 4-1 可以清晰了解哪些 SDP 架构部署模式适用于哪种场景，不同模式有不同的安全连接。

第 4 章 SDP 架构部署模式

表 4-1 各模式适用场景

场景	客户端—网关模式	客户端—服务器模式	服务器—服务器模式	客户端—服务器—客户端模式	客户端—网关—客户端模式	网关—网关模式
基于身份的网络访问控制	Y	Y*	Y	Y	Y	Y**
所有模式都支持基于身份的网络访问控制 * 表示此模式提供网关与服务器的安全连接 ** 表示在此模式下，SDP 识别设备的程度取决于特定的 SDP 实现设备识别和验证的方式。例如，MAC 地址提供的身份验证比 802.1x 弱						
网络微隔离	Y*	Y**	Y***	Y	Y	Y
所有模式都通过保护单个连接来提供网络微隔离 * 表示此模式通过保护客户端和网关之间的连接来提供网络微隔离，但不提供到网关后的服务器的网络微隔离 ** 表示该模式通过保护到服务器的所有连接来提供网络微隔离，且承载网关的服务器是隐藏的 *** 表示该模式通过保护到指定服务器的所有连接来提供网络微隔离，且承载网关的服务器是隐藏的						
安全的远程访问（替代 VPN）	Y	Y	Y	Y	Y	Y
SDP 是传统 VPN 的替代品，控制器和网关的 SPA 启动连接必须能够被远程设备访问						
第三方访问	Y	Y	Y*	Y	Y	Y
SDP 支持所有场景下的第三方用户访问，具体取决于需要保护的连接方式。第三方用户可以通过远程访问、本地连接或使用独立的身份提供程序对其进行身份验证 * 表示在此模式下，SDP 保护所有第三方应用访问内部应用的连接，第三方应用为客户端						
特权用户的安全访问	Y	Y	N	Y	Y	N
SDP 保护来自客户端特权用户的访问连接。特权用户访问一般指访问服务器的客户端（身份或权限），但可以应用于大多数模式，具体取决于涉及的应用程序						
高价值应用的安全访问	Y	Y	Y	Y	Y	N
除了网关—网关模式，其他模式都提供高价值应用的安全访问						
托管服务器的安全访问	Y	Y*	Y	Y	N	Y
服务器可以完全由网关隐藏，或者在托管服务环境中，只有管理界面由网关隐藏 * 表示在此模式下，SDP 软件部署在服务器上。该服务器被隐藏，由 MSSP 检测和控制服务的连接						
简化网络集成	Y	Y*	Y*	Y	Y	Y
所有模式都支持简化网络集成，不同模式有不同的安全连接 * 表示服务器上的服务可以通过网关隐藏						
安全迁移到 IaaS 云环境	Y	Y	Y	Y	Y	Y

续表

场景	客户端—网关模式	客户端—服务器模式	服务器—服务器模式	客户端—服务器—客户端模式	客户端—网关—客户端模式	网关—网关模式
所有模式都支持将服务安全迁移到 IaaS 云环境						
强化身份验证方案	Y	Y	Y*	Y	Y	Y
所有模式都能强化身份验证方案，通常进行多因子身份验证 * 表示在此模式下没有用户，无法提示输入一次性密码。但其支持多因子身份验证，如使用 PKI 或基于服务器的 HSM。身份管理系统可以且应该用于系统或设备的身份管理，而不仅针对用户						
简化企业合规性控制和报告	Y	Y	Y	Y	Y	Y
所有模式都通过集成控制方式简化企业合规性控制和报告						
防 DDoS 攻击	Y	Y	Y	Y	Y	Y
所有模式都在网关中使用 SPA，提高了面对 DDoS 攻击的恢复能力。在不使用 Deny-All 配置网关的情况下，与内部托管服务相比，面向互联网的服务更容易受到 DDoS 攻击						

第 5 章 SDP 应用场景

企业信息安全架构复杂，存在安全风险，但无论底层 IP 基础设施如何，SDP 都能确保安全连接。作为企业安全架构的基础，SDP 具有以下特点。

（1）在允许连接前授权用户并验证设备。

（2）双向加密通信。

（3）具有 Deny-All 防火墙动态规则和服务器隐身功能。

（4）集成应用上下文和细粒度访问控制。

5.1 部署 SDP 需要考虑的问题

1. SDP 的部署如何适应现有网络技术

架构师必须决定使用哪个 SDP 架构部署模式，且必须理解在某些模式下，网关可能代表一个额外的在线网络组件。这可能会影响其网络架构，如需要对防火墙或路由进行一些更改，确保受保护服务器不可见且只能通过 SDP 网关访问。

2. SDP 如何影响监控和日志系统

因为 SDP 在 IH 和 AH 之间使用 mTLS 协议，所以网络流量对于可能用于安全、性能或可靠性监控的中介服务不透明。架构师必须了解哪些系统正在运行，以及 SDP 对网络流量的更改如何影响这些系统。

SDP 通常为用户提供更丰富的、以身份为中心的日志记录，可以用于补充和增强现有监控系统。此外，所有 SDP 网关和控制器丢弃的数据包都可以被记录到安全信息和事件平台并进一步分析，收集信息更容易。

3. 软件定义边界如何影响应用程序开发运维一体化（DevOps）流程和工具集及API集成

许多企业都采用 DevOps 或 CI/CD 等快速应用程序发布流程，需要考虑这些流程及其支持的自动化框架与安全系统的集成方法。SDP 可以有效保护授权用户，使其在应用 DevOps 时与开发环境连接；SDP 还可以在操作期间保护连接，包括授权用户与受保护服务器和应用程序的连接。

架构师必须理解部署模式及其与 DevOps 的集成方式。因为与 API 集成通常是 DevOps 工具集集成的需求，所以安全团队应该了解其 SDP 实现所支持的 API。

4. SDP 如何影响用户，尤其是业务用户

安全团队往往尽可能使其解决方案对用户透明，在遵循最小权限原则时，用户可以满足其访问需要且不会收到不必要的拒绝访问信息。安全架构师应与 IT 部门协作，对用户体验、客户端软件分发和设备安装过程进行规划。

5.2 SDP 与企业信息安全要素集成

企业安全架构的主要元素如图 5-1 所示。

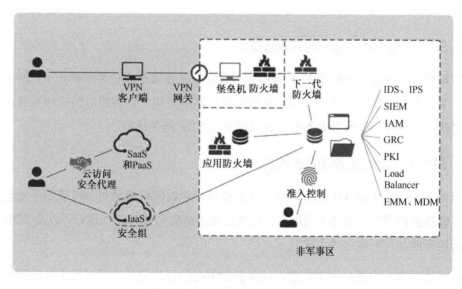

图 5-1 企业安全架构的主要元素

第 5 章　SDP 应用场景

企业安全架构由内部资源和基于云的资源（IaaS、PaaS、SaaS）组成，包括标准安全组件、IT 组件和合规性组件。

1. 安全信息与事件管理（SIEM）系统

SIEM 系统能对应用程序和网络组件生成的日志信息和安全警报进行分析，其集中存储并解析日志，支持实时分析，使安全人员能快速采取防御措施。SIEM 系统还提供了合规所需的自动化集中报告。SIEM 系统与 SDP 的关系如图 5-2 所示。

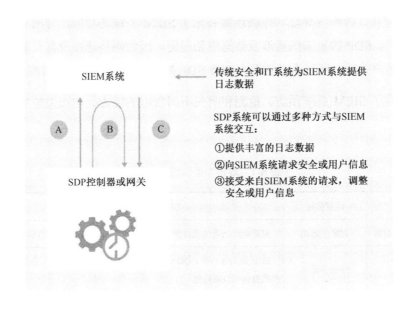

图 5-2　SIEM 系统与 SDP 的关系

SIEM 系统无论部署在内网还是在托管在云中，都是安全和 IT 系统的重要组成部分。虽然商业化 SDP 解决方案通常提供内部日志记录功能，但当 SDP 日志被定向到从多个来源聚合信息的 SIEM 系统时，其价值会被放大。企业系统可能直接从分布式 SDP 组件接收反馈，也可能以分层方式部署多个收集代理。SIEM 系统通过将预定义和定制的事件转发到集中管理控制台或通过以电子邮件向指定人发送警报的形式执行检查并标记异常。

SDP 以审查身份和设备的方式控制访问，因此，与典型的网络和应用程序监控工具相比，SDP 能够为 SIEM 系统提供更丰富的信息。SDP 通过实时提供"谁、什么、在哪里"等信息，提高了 SIEM 系统的价值。当前，安全分析人员必须将多个日志中的信息拼凑在一起，以识别未授权用户是"谁"。识别从"什么"到"哪里"的未授权连接较为困难，但如果 SDP 客户端安装在用户设备上，就可以从设备收集特定信息，存储 SDP 网关丢弃的数据包，以便进一步分析攻击者的意图或评估消耗。

SDP 还提高了 SIEM 系统关联跨多个设备发生的用户活动的能力。如果没有 SDP，则很难关联用户活动，随着自带办公设备和移动设备的出现，关联用户活动变得更加困难。

将 SIEM 系统与 SDP 集成有助于将安全操作从被动变为主动。为了控制风险，现有 SIEM 系统除了作为 SDP 日志信息的接收器，还是重要的信息源。SIEM 系统可以通过断开用户连接、禁止来自未验证设备或某些主机的连接、删除可疑连接等来控制风险。例如，当 SIEM 系统指示风险高于正常风险级别，且指示未授权用户活动时，SDP 将断开用户的所有连接，直到可以执行进一步分析。

SDP 通过在几秒钟内寻址和控制连接补充了 SIEM 系统的功能。与所有生成日志信息的系统相同，SDP 的日志信息涉及数据隐私问题。因为网络连接及其元数据可能与日志中的特定用户关联，所以企业需要在部署 SDP 期间采取相应的预防措施。

SDP 提高了 SIEM 系统预防、检测和响应不同攻击的能力。攻击类型和缓解措施如表 5-1 所示。

表 5-1 攻击类型和缓解措施

攻击类型	缓解措施	如何将 SDP 与 SIEM 系统集成
端口扫描或网络侦察	封锁并通知	SDP 阻止所有未授权网络活动并记录所有连接请求，以供 SIEM 系统使用
DDoS 攻击	封锁并通知	SDP 受 SPA 保护，DDoS 攻击在很大程度上无效。SPA 会丢弃坏数据包，这些数据包可以被存储
恶意使用授权资源	检测和定位	SDP 允许授权用户访问授权资源，SIEM 系统可以分析用户活动是否存在异常，SDP 可以禁止授权用户访问，直到可以执行进一步分析
使用被盗凭证	封锁并通知	在 SDP 连接前需要进行多因子身份验证，使攻击者无法通过盗取密码获得访问权限

2. 传统防火墙

传统防火墙基于 OSI 模型，按照一组规则监控网络流量，其遵循五元组方法，基于源 IP 地址、目的 IP 地址和端口过滤网络数据，并定义流经连接的网络协议。防火墙还可以支持其他功能，如网络地址转换（NAT）和端口地址转换（PAT）等。

几十年来，防火墙一直是企业网络安全的支柱。但其只是安全基础设施的一部分，并且只在五元组中运行，因此存在诸多限制。传统防火墙一般只能表示静态规则集，不能基于身份信息表示或执行规则。

SDP 使用防火墙或通过类似的网络流量强制功能，显著改善了企业使用防火墙的方式。SDP可以实现许多网络访问控制，企业可以通过SDP大大减少防火墙规则集。

SDP可以抛开五元组的约束，对以身份为中心的访问控制进行建模，以对访问控制进行更准确的表示和执行。除了减少在复杂环境中编写、测试、调试和部署防火墙规则所需的工作量，SDP还支持更丰富和更精确的访问控制机制。传统防火墙的设置如图5-3所示。

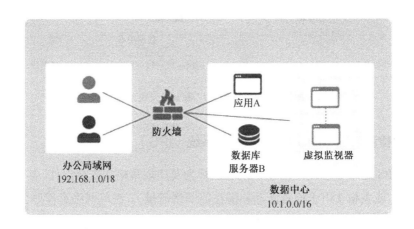

图5-3 传统防火墙的设置

图5-3描述了在传统办公局域网环境下实现安全访问的难度，在该环境中通过单独的防火墙控制从用户子网到本地数据中心子网的连接。由于办公局域网中的用户仅通过IP地址标识，防火墙不能对其进行区分，且很多用户定期连接或断开计算机，IP地址会频繁变化。

一个典型的数据中心承载着大量负载，包括测试和生产系统。虽然一些应用长期使用静态IP地址，但是部分应用部署在虚拟机上，这些应用经常会被创建和销毁，因此其IP地址不可预测。虽然用户不需要访问数据中心所有的服务器和服务器上所有的端口，但是防火墙会强制放行在办公局域网内的所有IP地址，使其可以访问数据中心网络中的所有IP地址。可以应用SDP架构的客户端—网关模式提高安全性，如图5-4所示。为了清晰，这里忽略了控制器，其他模式与其类似。

在图5-4中，防火墙被SDP代替。因为SDP基于明确的用户身份和他们使用的设备信息，所以SDP网关可以实现对数据中心的细粒度访问控制。这个开放的扁平网络表示攻击面已经最小化了。通过在数据中心服务器附近增加更多SDP网关，可以实现对特定服务的细粒度访问控制。

在实际部署中，防火墙仍在相应位置，但是只设定最小权限规则集。例如，只允许办公局域网的流量到达SDP网关，SDP网关强制用户使用特定设备连接特定服务。

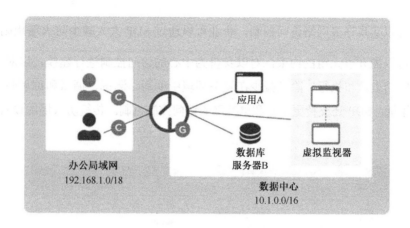

图 5-4　应用 SDP 架构的客户端—网关模式提高安全性

3. 入侵检测系统（IDS）和入侵防御系统（IPS）

IDS 和 IPS 是用于检测网络或系统恶意行为及违规策略的安全组件，其基于网络（用于检查流量）或主机（用于检查活动和潜在的网络流量）。在单网络远程办公室等小型运营环境中，可以不部署 IDS 和 IPS，以降低成本。因为 SDP 采用 mTLS 技术加密客户端和网关之间的通信，所以对于 IDS 来说，网络流量不透明。IDS 可以采用引入证书的方式代理 TLS 数据流，但这会带来扩大攻击面的副作用。因为 SDP 基于 mTLS 通信且可以反弹 IDS 的中间人攻击，所以一般不会扩大攻击面。

逻辑连接通过 SDP 证书加密，这些连接的 mTLS 分段对外部系统不透明，试图进行流量分析的系统不能访问这些连接。这一情况对中间安全和网络监控系统有一定的影响，特定场景不再适用，与从 TLS 1.2 升级到 TLS 1.3 类似。

SDP 支持将未加密的网络数据流（如被丢弃的数据包）推送到远端 IDS 设备。基于本地部署的 IDS 比基于网络部署的 IDS 安全。将应用程序迁移到云使基于云部署的 IDS 更有效。

虽然部署 SDP 可能需要对 IDS 进行一定的变更，但是阻止未验证的网络流量有助于减少系统噪声，以使 IDS 及其操作团队更关注授权应用的网络流量，并将资源有效倾斜到内部威胁检测方面。

SDP 可以简化"蜜罐"系统的创建过程并提高其有效性。所有的受保护系统对于攻击者来说都是不可见的，SDP 提高了恶意攻击者发现和攻击"蜜罐"系统的可能性，基于 SDP 的"蜜罐"系统可以快速定位网络中的恶意攻击行为。

4. 虚拟专用网

虚拟专用网（VPN）可以跨越不可信的公用网络，构建安全的访问连接。VPN 通常用于远程访问、安全的内部通信及在不同企业之间通信。VPN 通常采用 TLS 或 IPSec。

虽然可以使用 VPN 封装和加密网络流量，但是使用 VPN 也会遇到一些限制，SDP 可以解决这一问题。虽然 VPN 的授权成本可能很低，但是其运维需要投入大量人力。VPN 通常提供广泛的、过于宽松的网络访问，其典型使用方式是只提供基于子网范围的基本访问控制能力。这些限制会带来安全和合规方面的风险。在分布式网络环境中，VPN 可能会将大量不必要的流量导入企业的数据中心，提高企业的带宽成本，造成网络延迟。VPN 服务器暴露在公共互联网中，容易被攻击。

VPN 给用户带来了较大的负担和较差的体验。用户需要记住哪些应用使用 VPN 访问，哪些不使用。另外，用户需要手动连接和断开 VPN。对于需要登录多个远程地点的用户来说，VPN 无法支持同时连接。只要涉及云业务迁移，VPN 的管理就变得十分复杂，IT 管理员需要在不同物理节点之间配置和同步 VPN 及防火墙访问策略，使得消除过期的访问权限更加困难。

替代 VPN 是 SDP 最基本的目标。与 VPN 类似，SDP 也要在客户端设备上部署一个客户端。企业可以为远程用户、内部用户、移动设备用户提供一套访问控制平台。部署在互联网的 SDP 设备可以通过 SPA 技术和动态防火墙技术抵御更多攻击。

5. 下一代防火墙

一般来说，下一代防火墙（NGFW）具备传统防火墙的能力，且添加了额外的属性。NGFW 基于预定义的规则策略控制访问并检测网络数据包，并用 OSI 模型第 2、3、4 层的数据信息过滤数据包，用第 5、6、7 层增加额外功能。

NGFW 一般具有下列能力，不同供应商会存在一些差异。

（1）应用识别：根据应用决定进行何种攻击扫描。

（2）入侵检测：监控网络的安全状态。

（3）入侵防范：为了防止出现安全漏洞而拒绝通信。

（4）身份识别（用户和组控制）：管理用户可以访问的资源。

（5）虚拟专用网（VPN）：NGFW 可以提供在不信任网络上的远程用户访问能力。

虽然与传统防火墙相比，NGFW 更有效，但与 SDP 相比仍然存在一定的限制。

(1)延迟：与 IDS、IPS 相同，会使网络流量出现额外延迟，尤其在进行文件审查时。

(2)可扩展性：需要很多硬件资源进行弹性扩展。

(3)规则复杂：一些 NGFW 厂家提供了与用户和分组属性等相关的身份识别能力，但是这些能力的配置很复杂。

SDP 是对 NGFW 的补充。企业可以使用 SDP 确保用户访问策略，使用 NGFW 进行核心防火墙保护，使用 IDS、IPS 进行流量监测。

将 SDP 与 NGFW 集成可以强制实现不可见，并使 NGFW 的动态性更强。虽然将 NGFW 与 IAM、AD 集成也可以强化用户访问策略，但是 SDP 可以提供可控的、安全的连接。

在某些情况下，NGFW 与 SDP 存在竞争和重叠。近年来，NGFW 厂商已经成功解决了一些与 SDP 有关的问题。通过组合使用 NGFW 和 VPN 并与用户和应用识别配合，企业可以在一定程度上实现许多 SDP 的目标。但是，在架构设计实现方面，NGFW 和 SDP 不同，NGFW 是基于 IP 地址的，而 SDP 是基于连接的。NGFW 提供有限的身份验证和以应用为中心的功能，其使用典型的粗粒度访问模型，为用户提供更广泛的访问能力。与 NGFW 相比，SDP 提供了更多针对外部系统的访问决策动态管理能力。例如，SDP 可以只允许开发人员在经过批准的变更管理窗口期访问开发服务器。SDP 有强化逐步验证的能力，NGFW 通常不具有该能力。

NGFW 属于防火墙，其工作在传统的以边界为中心的体系架构下点到点连接的场景中。SDP 的部署通常支持更分散和灵活的网络，具备灵活的网络分段能力，而且可以屏蔽未授权用户和未授权设备的未授权访问。SDP 使用 SPA 和动态防火墙技术保护和隐藏验证的连接，而 NGFW 则在一个高度暴露的环境中进行相关操作。

6. 身份识别与访问管理

身份识别与访问管理（IAM）系统为用户和设备提供了身份验证机制，并存储了关于这些身份的管理属性和成员关系。SDP 与现有的企业 IAM 提供者集成，如 LDAP、活动目录（Active Directory）和安全断言标记语言（SAML）等。

SDP 的控制访问通常基于 IAM 属性和组成员关系及用于连接的设备属性等因素。用户和设备授权的组合有助于建立细粒度访问规则，确保只有授权设备上的授权用户才能对授权应用程序进行访问。

SDP 与 IAM 集成不仅用于初始用户身份验证，还用于强身份验证。IAM 系统可以通过 API 调用 SDP 进行通信，响应身份的生命周期行为，如禁用账号、更改组成员、删除用户连接或更改用户角色等。在 SDP 中使用 IAM 对用户进行身份验证，为 SDP 提供用于做出授权决策的信息,并为用户从注册设备发出的所有授权访问提供丰富的审计日志。将应用程序(而非网络访问)与用户(而非 IP 地址)绑定,为日志记录提供有用的连接信息,并在出于安全或合规原因需要审计历史访问记录时显著降低 IT 成本。

IAM 工具通常关注维护身份生命周期的业务流程,并对如何使用身份信息控制对资源的访问进行标准化。例如,授予用户访问的机制通常是手动和自动流程的组合。因此,这些流程依赖由 IAM 工具管理的身份属性和组成员关系,SDP 支持这些流程。当用户属性或组成员关系发生更改时,SDP 会自动检测这些更改,并在不更改 IAM 流程的情况下更改用户访问权限。

SDP 可以与 SAML 集成。在 SDP 的部署中,IAM 提供者可以充当用户属性的身份提供者和身份验证提供者(如多因子身份验证)。除了 SAML,还有许多开放的身份验证协议,如 OAuth、OpenID Connect、W3C 的 Web 身份验证(WebAuthn)、FIDO Alliance 的 Client to-Authenticator Protocol(CTAP)。

7. 网络访问控制(NAC)

NAC 解决方案通常控制哪些设备可以连接到网络,以及哪些网络主体可以被访问。NAC 解决方案通常使用基于 802.1x 的硬件和软件验证设备,并授予设备访问网络的权限,这些操作在 OSI 模型的第 2 层完成。

当设备首次在网络中出现时,NAC 进行设备验证,并将设备分配给 VLAN。大多数企业只有少量网络,如"访客网络""员工网络""生产网络"。NAC 运行在 OSI 模型的第 2 层,通常需要特定的网络设备,既不能运行在云环境中,也不能远程使用。

SDP 是集成了用户和设备访问的 NAC 现代化解决方案。然而,打印机、复印机、固定电话和安全摄像头等硬件设备通常内置 802.1x,不支持安装 SDP 客户端。可以使用 SDP 架构的网关—网关模式对这些设备进行保护并控制用户的访问。

8. 终端管理

终端管理系统分为企业移动管理(EMM)、移动设备管理(MDM)和统一端点管理(UEM)系统。这些系统是企业 IT 和安全管理的重要元素。

终端管理系统可用于跨用户设备自动化分发和安装 SDP 客户端,其通常使用与 SDP 相同的 IAM 系统,因此可以紧密协调部署以简化用户体验。终端管理系统通常还提供丰富的设备自检和配置评估功能。SDP 可以对设备管理平台进行 API 调用,以获取特定设备的信息,并根据这些信息做出动态访问决策。没有部署终端管理系统的企业可以直接利用 SDP 管理和控制设备。

9. Web 应用防火墙

Web 应用防火墙（WAF）用于过滤、监控和阻止 Web 应用的 HTTP Web 流量。其能够阻止应用安全漏洞攻击，如数据库注入攻击、跨站脚本（XSS）攻击等。虽然 Web 应用防火墙通常在用户和应用程序之间以与 IDS、IPS 类似的方式联机运行，但其不是网络访问控制或网络安全解决方案。

Web 应用防火墙是 SDP 的补充。例如，在客户端—网关模式下，Web 应用防火墙部署在 SDP 网关后方，在从 mTLS 中提取本地 Web 流量后，对流量进行操作；在客户端—服务器和服务器—服务器模式下，Web 应用防火墙与服务器上的 SDP 网关集成，以对 HTTP 流量进行分布式控制。

10. 负载均衡

负载均衡是许多网络和应用架构的组成部分。负载均衡包括基于 DNS 和基于网络的解决方案，架构师需要在部署 SDP 时了解企业如何使用它们。例如，基于网络的负载均衡通常联机部署在网络上，与 WAF 类似，位于客户端和服务器之间，可能无法检查 SDP 组件之间的 mTLS 连接。需要仔细分析负载均衡细节，以确保能最大限度地部署 SDP。

11. 云访问安全代理

云访问安全代理（CASB）位于云服务用户和云应用程序之间，监控与安全策略执行相关的所有活动。CASB 能够提供各种服务，包括监控用户活动、提醒管理员潜在危险、强化安全策略合规性和自动阻止恶意软件等。CASB 能通过 SaaS API 方式部署在 SaaS 系统内部，具体取决于供应商和 SaaS 平台对 API 的支持水平。

CASB 功能通常不与 SDP 功能重叠，因为 CASB 通常在第 7 层（应用层），用于检查应用程序流量。CASB 通常不提供网络安全或访问控制，但可以通过 SDP 进行数据保护和用户行为分析，以简化运维。

12. 基础设施即服务

基础设施即服务（IaaS）平台的安全性基于责任共享模型构建，云服务商负责保障云安全，企业负责保障其自身在云中的安全。企业使用云网络安全组控制对云资源的访问，将网络安全组作为简单的防火墙进行配置和使用，可以与 SDP 集成，以创造更健全的安全环境。

13. 平台即服务

与标准硬件或基于 IaaS 的系统相比，平台即服务（PaaS）允许企业以更小成本构建和部署应用程序。与 IaaS 和 SaaS 不同，对 PaaS 系统的网络访问控制及与 SDP 的相关程度，取决于 PaaS 提供者提供的功能及启用外部访问控制的方式。

然而，主要的 PaaS 提供者的 PaaS 和 IaaS 平台支持相同的网络安全模型。例如，微软 Azure PaaS 安全模型通过 Azure 网络安全组支持源 IP 地址限制；Google 云平台 App Engine 和亚马逊 Elastic Beanstalk 可以部署不同的 SDP 模型，取决于 PaaS 应用程序及需要保护的连接。

14. 软件即服务

Salesforce.com 和 Office 365 等 SaaS 应用程序是多租户的，而且可以在公共互联网上公开访问。当前的目标不是防止未授权用户进行网络级访问，而是在使用 SaaS 应用程序时提高安全性。

（1）确保只有使用授权设备的授权用户才能访问该特定企业租用的 SaaS。

（2）确保 SaaS 应用程序使用管理的企业 IAM 身份凭证进行身份验证。

（3）确保用户访问 SaaS 应用程序时强制进行多因子身份验证。

（4）确保访问 SaaS 应用程序的所有行为都能被识别和记录。

越来越多的 SaaS 供应商开始启用"限制源 IP 地址和设备"功能。这些功能与 SDP 和 VPN 同样有效，使 SaaS 客户能够限制用户通过特定的 IP 地址访问（登录和使用）他们的域（租用的服务）。对于 SDP 来说，源 IP 地址是系统网关的重要元素，用户流量通过它进行路由和访问控制。

15. 治理、风险及合规（GRC）系统

GRC 系统通常是企业整体安全框架的组成部分，有助于企业实现安全目标。GRC 系统通常通过 GRC 软件实现，通过标准和指南（如 SOX、PCI DSS 等）定义并强化对系统的控制。

SDP 可以通过强制执行和记录 GRC 系统所需的访问控制方式，与 GRC 系统交互并支持 GRC 系统。例如，GRC 系统可能要求生产系统与非生产系统隔离，并记录所有用户对生产系统的访问。SDP 可以实现隔离，并为 GRC 系统提供用于验证的审计日志。

16. 公钥基础设施（PKI）

PKI 是创建、管理、分发、使用、存储和吊销数字证书，以及管理用于加密、解密、散列和签名的私有和公共密钥所需的一组角色、策略和过程。SDP 可以使用 PKI 生成

TLS 证书和安全连接。即使不存在公钥基础设施，SDP 也可以提供 TLS 证书保护连接。现有的 PKI 是 SDP 的自然集成点，可以用于生成证书及进行用户身份验证。

17. 软件定义网络（SDN）

SDN 通过 API 驱动 IT 网络基础设施，用于协调 IT 网络内的网络路由。SDN 支持高效的网络配置，以提高性能和监测能力。SDN 的重点是流量效率，而不是安全性和授权。运行良好的 SDN 系统为企业提供可靠、高效的自适应网络带宽。

不管底层网络基础设施如何，SDP 都能协调网络上的连接。SDP 可以与 SDN 集成，这种集成不是必需的。SDN 还可以为加密的、非透明的 mTLS 提供 QoS。

18. 无服务器计算模型

随着计算模型的发展，安全工具和体系结构也发展起来，如"无服务器"计算模型的发展。云服务商提供了在"函数即服务"模型中运行自定义代码或在"无服务器数据库"中预构建代码集的能力。

"函数即服务"模型可以向整个互联网公开节点，并使用 API 密钥控制身份验证和授权。在这种情况下，SDP 模型不再适用。然而，其他服务或其他云服务商可能选择遵循不同的安全模型，并由专用接入点实现"作为服务"功能，可以使用 SDP 网关保护专用接入点的安全。

19. 架构关注点

虽然 SDP 可以涵盖大量网络访问场景，但它并不能解决所有安全问题。例如，保护或控制对公共网络服务的访问（如不需要身份验证的网站），SDP 更适合为特定群体提供会员制服务、终端防护、特别的网络连接拓扑等。

5.3　SDP 的应用领域

任何企业环境都可以基于 SDP 进行设计和规划。大多数企业的基础设施中都存在一些 SDP 元素，并通过实施信息安全和弹性政策及最佳实践等逐渐部署 SDP，从 SDP 中受益。

下面的例子没有明确要求应用 SDP，因为企业可能同时拥有基于边界的基础设施和

SDP 基础设施，一个企业在某时期可能同时运行 SDP 基础设施和基于边界的基础设施。

5.3.1 具有分支机构的企业

最常见的类型是有一个总部和一个或多个分支机构的企业，企业的物理网络（内网）无法把他们连接一起。具有分支机构的企业如图 5-5 所示。在外地可能没有完整的企业网络，但外地员工为了执行工作任务需要访问企业资源。可以通过多协议标签交换（MPLS）连接到总部网络，但可能没有足够的带宽以满足所有流量或可能不希望基于云的应用和服务的流量穿越总部网络。此外，员工可能远程使用企业资源，在这种情况下，企业希望授予员工日程、电子邮件等资源的访问权限，但拒绝其访问或限制其操作更敏感的资源，如人力资源数据库等。

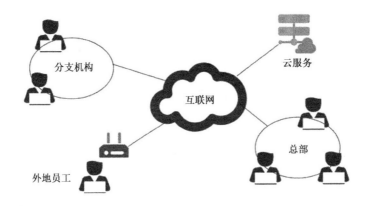

图 5-5　具有分支机构的企业

在具有分支机构的企业中，PE 和 PA 通常作为托管的云服务（可用性较高且外地员工不需要依靠企业基础设施访问云资源），企业设备资产可以安装 Agent 代理程序或通过门户网站访问资源。在企业内部网络托管 PE 和 PA 可能不是最有效的方法，因为远程工作人员必须将所有流量发送回企业内部网络才能访问由云服务托管的应用程序。

5.3.2 多云企业

多云企业如图 5-6 所示。在这种情况下，企业使用两个或多个云服务商托管应用程序和数据，有时将应用程序托管在与数据源分离的云服务上。为了方便管理，云服务商 A 托管的应用程序应该能直接连接云服务商 B 托管的数据源，而不应强制应用程序通过企业网络连接。

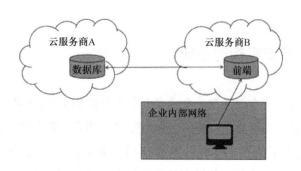

图 5-6　多云企业

该功能通过服务器—服务器模式实现。随着企业云托管应用程序和服务的增加，传统的通过企业边界实现安全的方式成为一种负担。在零信任理念中，企业拥有和运营的网络基础设施应该与任何其他服务供应商拥有和运营的基础设施没有任何区别。多云企业的零信任方案将 PEP 放在每个应用程序和数据源的访问点。PE 和 PA 通常位于云中或作为第三方供应商托管的云服务。客户端可以通过门户或本地安装的 Agent 代理程序直接访问 PEP。即使资源托管在企业外部，企业也可以管理对资源的访问。不同的云服务商通过不同的方式实现类似功能，架构师需要了解如何在每个云服务商中实施零信任方案。

5.3.3　具有外包服务人员和访客的企业

具有外包服务人员和访客的企业如图 5-7 所示，外包服务人员和访客需要对企业资源进行有限访问。部署 SDP 有助于企业在允许外包服务人员和访客访问互联网时隐藏企业资源。

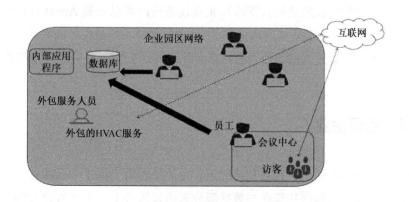

图 5-7　具有外包服务人员和访客的企业

第 5 章　SDP 应用场景

在图 5-7 中，企业还有一个用于访客和员工交互的会议中心。访客可以访问互联网，但无法访问企业内部资源，甚至可能无法通过网络扫描发现企业服务（可以防止主动网络侦察或东西向移动攻击）。

PE 和 PA 可以作为托管的云服务或部署在局域网中（假设很少使用甚至不使用云托管服务）。企业设备资产可以安装 Agent 代理程序或通过门户网站访问资源。PA 确保所有非企业设备资产（没有安装 Agent 代理程序或无法连接到门户网站的资产）不能访问本地资源，但可以访问互联网。

5.3.4　跨企业协作

跨企业协作如图 5-8 所示。假设一个项目涉及企业 A 和企业 B 的员工。两家企业可能是独立的行政机关，也可能是行政机关和企业。企业 A 必须允许企业 B 中的某些成员访问项目运维数据库，企业 A 可以为其设置可以访问所需数据库的特定账号并拒绝这些账号访问其他资源，但这种方法会导致难以管理。如果企业 A 和企业 B 都使用联盟 ID 管理系统则可以快速实现协作，前提是企业 A 和企业 B 的 PEP 都可以在联盟 ID 社区中对请求主体进行身份验证。

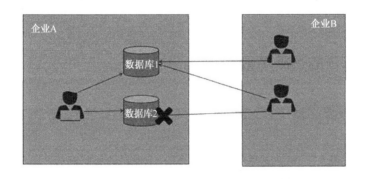

图 5-8　跨企业协作

企业 A 和企业 B 的员工可能都不在各自企业的网络基础设施上，他们需要访问的资源可能在企业环境中也可能托管在云中。这意味着无须通过复杂的防火墙规则或企业范围的访问控制列表来允许某些属于企业 B 的 IP 地址访问企业 A 的资源。与具有分支机构的企业类似，作为托管的云服务，PE 和 PA 可以向各方提供可访问性，无须建立 VPN。企业 B 的员工可能要求在其资产上安装软件代理程序或通过 Web 网关访问必要的数据资源。

5.3.5 具有面向公众的服务的企业

许多企业都具有面向公众的服务，如用户注册，即创建用户并获得登录凭证，其可以服务于一般用户、具有业务关系的客户或特殊的非企业用户（如员工家属）等。在一些情况下，请求的设备资产可能不归企业所有，因此，企业可以实施的内部网络安全策略有限。

对于不需要登录凭证即可访问的面向公众的通用资源（如公共网页）来说，零信任理念通常不直接适用。企业不能严格控制请求设备资产的状态且公共资源不需要凭证即可访问。

企业可以为具有业务关系的客户和特殊的非企业用户制定政策。如果用户需要创建或获得登录凭证，企业可以制定与密码长度、生命周期及其他信息有关的政策，并提供多因子身份验证。然而，企业为此类用户制定的政策可能受限。与请求有关的信息可能有助于确定公共服务状态，以及发现伪装成合法用户的潜在攻击。例如，一个需要注册的用户往往由已注册用户使用常用的 Web 浏览器进行访问，如果来自未知浏览器或已知过时版本的访问请求突然增加，表示其正遭受某种自动攻击，企业可以采取措施对其进行限制，并了解与收集和记录请求用户和设备资产有关的法律和法规。

5.3.6 SDP 的适用场景

SDP 的适用场景、现有技术的局限性及 SDP 的优势如表 5-2 所示。

表 5-2 SDP 的适用场景、现有技术的局限性及 SDP 的优势

适用场景	现有技术的局限性	SDP 的优势
基于身份的网络访问控制	传统的网络解决方案仅提供粗粒度网络隔离，并以 IP 地址为导向。即使使用 SDN 平台，企业也难以及时实现以身份为中心的精确用户访问控制	SDP 允许创建与企业相关的以身份为中心的访问控制，且访问控制在网络层实施。例如，SDP 可以仅允许财务用户在企业允许的受控设备上通过 Web 访问财务管理系统，还可以仅允许 IT 用户安全访问 IT 系统（SSH）
网络微隔离	传统的网络安全工具使用网络微隔离提高网络安全性，是一种劳动密集型工作	SDP 能够实现基于用户自定义控制的网络微隔离。可以通过 SDP 自动控制特定服务的网络访问，从而消除手动配置

第 5 章 SDP 应用场景

续表

适用场景	现有技术的局限性	SDP 的优势
安全的远程访问（替代VPN）	VPN 为用户提供安全的远程访问，但范围和功能有限。其不保护本地用户，且通常仅提供粗粒度访问控制（访问整个网段或子网），违背最小权限原则	SDP 可以保护远程用户和本地用户。企业可以将 SDP 作为整体解决方案，不采用 VPN。SDP 专为细粒度访问控制设计。用户无法访问所有未授权资源，符合最小权限原则
第三方访问	安全团队通常尝试通过 VPN、NAC 和 VLAN 的组合来控制第三方访问。这些解决方案通常是孤岛式的，无法在复杂环境中提供全面的或细粒度访问控制	控制第三方访问能够推动企业创新。例如，用户可以居家办公以降低成本，且某些功能可以安全地外包给第三方。SDP 可以轻松控制和保护第三方用户的本地访问
特权用户的安全访问	特权用户（通常是管理员）的访问通常需要通过安全性和合规性检查。一般特权访问管理（PAM）解决方案通过凭证加密存储来管理访问，但凭证加密存储不提供网络安全访问、远程访问或敏感内容访问	对特权服务的访问可以设置为在网络层保护授权用户，并向未授权用户隐藏特权服务，从而限制攻击范围。SDP 确保仅在满足特定条件时（如在定义的维护窗口期或从特定设备访问）允许访问，记录访问日志以进行合规报告
高价值应用的安全访问	目前，对具有敏感数据的高价值应用程序提供细粒度授权可能需要对多个功能层进行复杂且耗时的更改（如应用程序、数据的外部访问等）	可以通过集成身份感知、网络感知和设备感知，在不暴露完整网络的情况下限制对应用程序的访问，并依靠应用程序或应用程序网关进行访问控制。SDP 还可以促进应用程序升级，实现测试和部署，并为 DevOps 或 CI/CD 提供所需的安全框架
托管服务器的安全访问	在安全托管服务供应商（MSSP）和大型 IT 环境中，管理员可能需要定期在 IP 地址范围重叠的网络上对托管服务器进行网络访问。这一点通过传统的网络和安全工具很难实现，且要求烦琐的合规报告	可以通过业务流程来控制对托管服务器的访问。SDP 可以覆盖复杂的网络拓扑，简化访问并记录用户活动，以满足合规要求
简化网络集成	要求企业定期快速集成变化的网络，如并购或灾难恢复	借助 SDP，网络可以实现快速无中断互联，且无须进行大规模更改
安全迁移到 IaaS 云环境	采用基础设施即服务（IaaS）的企业快速增加，但许多安全问题尚未解决。例如，IaaS 访问控制可能无法与企业原有的访问控制衔接，范围仅限于云服务商内部	SDP 提高了 IaaS 的安全性。不仅将应用程序隐藏在默认防火墙外，还对流量进行加密，并可以跨异构企业定义用户访问策略
强化身份验证方案	在非网络应用和不易更改的程序上很难实现	SDP 需要在对特定应用程序授予访问权限前添加 2FA，并通过部署多因子身份验证来改善用户体验，提高遗留应用程序的安全性
简化企业合规控制和报告	合规报告需要团队付出大量时间和成本	SDP 缩小了合规范围（通过网络微隔离），并自动执行合规报告任务（以身份为中心的日志记录和访问报告）
防 DDoS 攻击	传统的远程访问解决方案将主机和端口暴露在网络中，并受到 DDoS 攻击。所有完整的数据包都被丢弃，且低带宽 DDoS 攻击绕过了传统的 DDoS 安全控制	SDP 可以使服务器对未授权用户不可见，并通过使用 Default-Drop 防火墙，仅允许合规数据包通过

第 6 章
SDP 帮助企业安全上云

如今，IT 和安全管理者已深刻认识到，企业和云服务商应共同面对 IaaS 安全挑战。IaaS 与传统内网的用户访问需求和安全需求不同，且 IaaS 在某些方面更具挑战性。然而，传统安全工具或 IaaS 供应商提供的安全架构不能完全满足用户访问需求和安全需求。例如，企业往往需要限制用户对网络资源的访问，但传统的网络访问控制（NAC）和虚拟局域网（VLAN）解决方案在 IaaS 环境中并不适用；在 IaaS 环境中，所有用户都需要对云资源进行"远程访问"，目前最成熟的方法是使用 VPN。但是随着移动办公、跨企业协作和动态云环境的发展，通过管理 IP 地址和端口实现访问控制的 VPN 并不适用。企业越来越需要建立以用户为中心的安全访问模型。

企业用户可以通过 SDP 安全访问 IaaS 资源，SDP 可以成为改变企业网络安全实践的催化剂（无论在内网还是在公有云环境中）。通过 SDP，企业可以建立集中管控并由策略驱动的网络安全平台，以覆盖其基础设施和用户群体。目前，许多企业都通过 SDP 增强网络安全、缩小网络攻击面、提高生产力、减轻合规负担、降低成本。

6.1 IaaS 安全概述

如果部署恰当，在云中部署比在内部部署更安全。但是，在云中部署与在内部部署的安全模型不同，这些不同可能在无意间导致安全性降低。因此，向云端迁移业务系统不会自动使其更安全，云服务商和企业需要谨慎考量和行动。

云服务商通常会创建责任共享模型，该模型规定云服务商负责保障云安全，企业负责保障其自身在云中的安全。责任共享模型如图 6-1 所示。

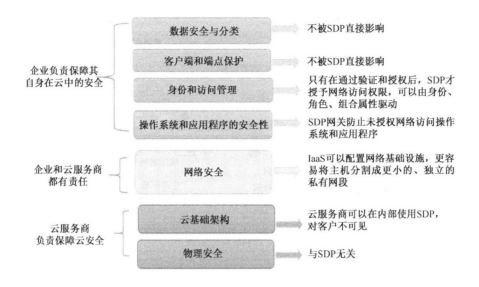

图 6-1　责任共享模型

许多企业尝试实现责任共享，尤其在云服务商自行创建工具的情况下，这些工具倾向于基于静态 IP 地址而非基于用户或身份，企业不能通过其有效管理基于用户云资源的访问。因此，企业通过应用级身份验证来管理对相关资源的访问，使内网中的所有人都可对云进行访问。该方式自然存在相应的风险，有许多可以被未经身份验证的攻击者利用的弱点，还有一个合规问题：企业经常要在敏感和受控环境中报告"谁访问了什么"。

SDP 在责任共享模型中有重要作用。通过 SDP，企业可以采用更有效的安全控制方式。

6.2　技术原理

6.2.1　IaaS 参考架构

IaaS 参考架构如图 6-2 所示，其对公有云和私有云部署都适用。

图 6-2 中包含两组 IaaS 资源（虚拟机），分成两个私有云网络，对应不同的账号或云中不同的私有区域，如 AWS 虚拟私有云等。从网络访问的角度来看，这些私有云网络受云防火墙保护，云防火墙在逻辑上控制这些网络的访问。这里忽略路由表、网关或 NACLs 等构件的复杂问题，聚焦管理用户访问 IaaS 资源面临的挑战。云安全性和网络术语如表 6-1 所示。

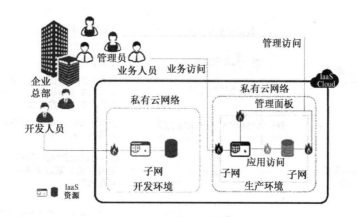

图 6-2　IaaS 参考架构

表 6-1　云安全性和网络术语

术语	描述	示例
云防火墙	控制云环境中网络流量的安全组件。通过将服务器实例分配给云防火墙来进行管理	AWS: Security Group Azure: Network Security Group
私有云网络	云环境中由单个账号控制的独立网络区域,可能包括多个子网,可以被企业中的许多人访问	AWS: Virtual Private Cloud Azure: Virtual Network
标签	IaaS 系统支持为服务器实例指派 name-value 键值对。这些标签在 IaaS 系统中没有语义含义,但可以作为 SDP 系统进行访问策略决策的基础	AWS Tags Azure Tags
直接连接	IaaS 供应商与电信运营商合作,提供从企业内部到 IaaS 环境的专用网络连接(通常使用 MPLS)。其具有专用带宽且可靠性强,通常可以将其细分为多个虚拟网络	AWS Direct Connect Azure Express Route

6.2.2　IaaS 的安全性更复杂

IaaS 访问的安全性存在较大挑战。作为责任共享模型的组成部分,网络安全直接依赖企业。将私有云资源公开到公共互联网将仅通过身份验证进行保护,显然不符合安全和合规要求。因此,企业需要在网络层弥补这一缺陷。

IaaS 的安全性更复杂,原因有以下几点。

1. 位置只是需要考虑的因素之一

不同开发人员需要不同类型的网络,以访问不同资源。例如,Sally 是数据库管理员,需要访问所有运行数据库的服务器的 3306 端口;Joe 坐在 Sally 旁边,管理 Purple 项目的应用程序代码,并需要使用 SSH 连接运行 Purple 项目的应用服务器;Chris 和其他人不一样,他远程工作,是 Purple 项目的应用程序开发员,尽管相隔千里也要求与 Joe 有相同的访问。

在 IaaS 中,位置只是访问策略需要考虑的因素之一,而在传统网络环境中,其为网络层的主要驱动因素。

2. 唯一不变的是变化

在 IaaS 中,计算资源是高度动态的,服务器实例不断被创建和销毁。对其进行手动管理和跟踪几乎不可能。开发者也是动态的,他们可能同时在不同项目中担任不同角色。

该问题在 DevOps 环境中被放大,开发、QA、发布和运维角色混合在一个团队中,对"生产环境"资源的访问可以迅速变化。

3. IP 地址难题

不仅用户的 IP 地址定期更改,用户和 IP 地址之间也没有一一对应关系。访问规则完全由 IP 地址驱动的原理如图 6-3 所示。

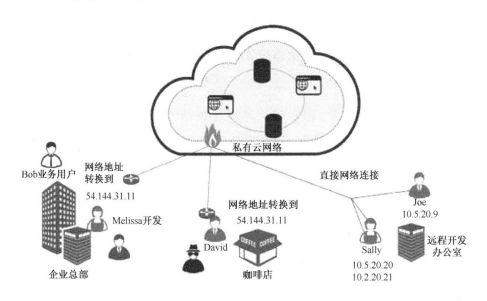

图 6-3 访问规则完全由 IP 地址驱动的原理

在不同位置访问的安全隐患如表 6-2 所示。

表 6-2 在不同位置访问的安全隐患

位置	网络设置	安全隐患
企业总部	所有用户都映射到单个 IP 地址。在此位置有许多用户需要具有广泛访问网络的能力	网络安全组无法区分用户且必须授予其对所有资源的完全访问权限。这意味着恶意用户、攻击者或恶意软件可以不受阻碍地从本地到达云网络
远程开发办公室	直接网络连接会保留每个用户的 IP 地址	IP 地址是动态分配的且经常更改,用户可以从多个设备访问云 IT 运营团队不断更新安全组的规则(增加业务延迟)或完全对云开放(降低安全性)
咖啡店	个别用户需要从不同位置远程访问,可以采用 NAT	来自不同位置的网络访问将向同一网络上的任何恶意用户同步开放。IT 管理员很难根据用户的位置和访问需求的变化手动调整网络访问策略

6.2.3 安全要求和传统安全工具

1. 安全要求

从根本上讲,有两个问题需要解决:安全的远程访问、用户访问的可见性和可控性。

安全人员普遍认为向公网开放敏感服务不是一个好主意,并希望使用某种方法保护敏感服务。

1)安全的远程访问

当前,所有云用户都是远程的,这意味着无论网络连接是公共互联网连接还是专用的直接连接,与云的通信都在网络连接上发生。

企业通常通过 VPN 解决这一问题,建立点到点的 VPN 或将用户设备通过 VPN 集中器直接连接到云。也可以将二者结合,通过 VPN 将用户设备连接到企业网络,再通过点到点的 VPN 连接到云。

VPN 为用户设备与云的网络通信提供了安全、加密的通道。但如果所有用户流量都需要先访问企业网络再访问云,会产生额外延迟,造成单点故障,并可能提高带宽成本和 VPN 授权的购买成本。通过 VPN 直接从用户设备连接到云有助于解决一些问题,但可能会与通过 VPN 同时进入企业网络的需求发生冲突,如访问内部开发资源等。

如果 VPN 上的应用程序通信协议是加密的,如 HTTPS 和 SSH,则不会提高保密性和完整性,可以确保被 VPN 保护的资源不公开可见,防 DDoS 攻击。

2）用户访问的可见性和可控性

无论用户是否通过 VPN 进入 IaaS 环境，安全团队都需要监控和报告在 IaaS 环境中哪些用户可以访问哪些资源。IaaS 平台提供了内置工具，如 AWS 中的安全组和 Azure 中的网络安全组（这里称为云防火墙），其基于 IP 地址控制对服务器的访问。

IaaS 平台提供的简单 IP 地址规则如表 6-3 所示。

表 6-3　IaaS 平台提供的简单 IP 地址规则

类型	协议	端口范围	源地址
HTTP	TCP	80	173.76.247.254/32
HTTP	TCP	80	50.255.155.113/32
HTTP	TCP	80	73.68.25.221/32
HTTP	TCP	80	98.217.113.192/32
HTTP	TCP	80	209.64.11.88/32
HTTP	TCP	80	172.85.50.162/32
HTTP	TCP	80	68.190.210.117/32
RDP	TCP	3389	173.76.247.254/32
RDP	TCP	3389	110.142.238.207/32
RDP	TCP	3389	50.255.155.113/32
RDP	TCP	3389	73.68.25.221/32
RDP	TCP	3389	98.217.113.192/32
RDP	TCP	3389	209.64.11.88/32

所有被分配到此云防火墙的虚拟机实例都将继承规则集，允许网络访问特定端口。该方法存在以下问题。

（1）提供对此云防火墙中所有服务器的粗粒度访问控制。

（2）IP 地址不能与用户对应。

（3）没有任何策略的概念，也没有解释为什么指定的源 IP 地址会在表 6-3 中。因此，根据用户访问控制策略实现任何复杂的访问控制都十分困难和耗时。

（4）表 6-3 是静态的，不能根据用户位置和权限的变化而变化。

（5）上述方法没有考虑信任的概念，如身份验证强度、设备配置文件或客户端行为、访问权限调整等。

（6）任何更改都需要对 IaaS 账号进行访问管理，可能需要集中处理或需要对更多用户设置管理员访问权限，导致出现安全、合规和操作问题。

在 IaaS 环境下，所有用户都可以远程访问。因此，安全团队需要关心所有用户对资源的访问，而不只关心用户的一个子集。也就是说，必须重视安全的远程访问控制，使其成为企业整体策略的一部分。

除了将多个源 IP 地址添加到单个云防火墙，还可以创建多个云防火墙（如针对每个用户的 IP 创建一个云防火墙）或使每个云服务器实例关联多个云防火墙。但是这种方法会带来额外开销，且其为静态解决方案。

2. 传统安全工具

1）跳板机

跳板机又称跳转服务器或跳转主机，允许在不安全区域的用户访问，跳板机访问机制如图 6-4 所示。

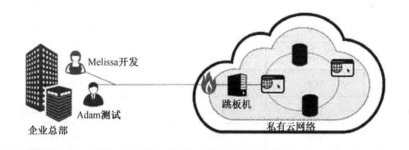

图 6-4 跳板机访问机制

在安全区域，可以使用跳板机代理访问云服务器。

跳板机的网络访问可以是公开的，通过直接连接或 VPN 进行访问。访问跳板机桌面需要进行身份验证。跳板机通过对受管理的服务的强制单点访问来控制对云资源的访问。然而，下列限制使得跳板机不适用于海量云资源的访问控制。

（1）跳板机不是典型的多用户系统，适用于单用户访问受保护服务器的情况。

（2）跳板机为特殊场合的访问控制设计（如系统管理员访问），不为持续的访问控制设计。

（3）跳板机只能对其网络中的所有服务器一刀切地提供"要么全有，要么全无"的网络访问控制。

（4）一旦攻破一个跳板机或一台可以访问跳板机的用户设备，就对攻击者开放了整个网络。

（5）跳板机难以跟踪用户访问以实现合规性检查。

显然，跳板机不是适合云系统用户实现网络访问控制的解决方案。

2）虚拟私有网络

虚拟私有网络（VPN）广泛应用于远程用户访问控制，其为远程用户提供对虚拟局域网或网段的安全访问。将其与多因子身份验证结合对于具有传统边界的企业及静态用户和服务器资源来说效果很好，但 Gartner 的调研报告指出：

> DMZ 和传统 VPN 是为 20 世纪 90 年代的网络设计的，由于缺乏保护数字业务所需的敏捷性而过时。

VPN 具有两个缺点。

（1）VPN 对网络提供粗粒度访问控制，所有用户都可以对整个虚拟局域网进行访问。VPN 难以为不同用户提供不同级别的访问，也不易适应网络或服务器集群的变化，VPN 无法满足企业的动态发展需要。

（2）即使 VPN 提供的控制级别能够满足企业需求，也只是一种控制远程用户的竖井式解决方案。VPN 不保护本地用户，企业需要其他技术和策略，以控制本地用户的访问。协调和匹配这两种解决方案所需的工作量成倍增加。随着企业对混合计算模型和云计算模型的应用，VPN 很难得到有效应用。

3）虚拟桌面基础设施

虚拟桌面基础设施（VDI）可以使企业在数据中心的集中式服务器集群中托管大量桌面操作系统实例。这些实例可以是桌面操作系统的虚拟化实例，也可以是许多用户并发登录的桌面操作系统的多用户版本。VDI 是企业远程访问其网络和应用程序的重要机制。

VDI 具有一些缺点。第一，远程桌面的用户体验往往在小型移动设备上表现不佳，其不以响应的方式呈现且难以使用，会阻碍生产力；第二，很多基于桌面的客户端/服务器（C/S）应用程序被重新编写为 Web 应用程序，降低了 VDI 的价值；第三，VDI 集群的采购成本很高，随着越来越多的业务系统转移到云上，企业意识到 VDI 不能解决远程应用程序的用户访问控制问题。

事实上，VDI 通过对从客户端设备到 VDI 服务器的流量进行加密，解决了部分远程访问控制问题，但它不能解决核心的用户访问控制问题，即控制特定用户可以访问的网络资源。在某些情况下，VDI 使多个用户出现在一个多用户操作系统中，无法通过传统的网络安全解决方案进行访问控制。

6.2.4 SDP 的作用

SDP 可以为企业提供对 IaaS 环境的安全远程访问，并实现细粒度访问控制。

SDP 使企业的云资源对未授权用户完全不可见，消除了许多攻击方式，包括暴力攻击、网络流量攻击、TLS 漏洞攻击（如著名的 Heartbleed 漏洞和 Poodle 漏洞）等。SDP 通过在企业服务器周围建立一张"暗网"，使其为云计算安全负责。

预验证和预授权是 SDP 的两个支柱。通过在单数据包到达目标服务器前对用户和设备进行身份验证和授权，SDP 可以在网络层执行最小权限原则，显著缩小攻击面。

下面回顾 SDP 的基本概念和特性。SDP 架构如图 6-5 所示。

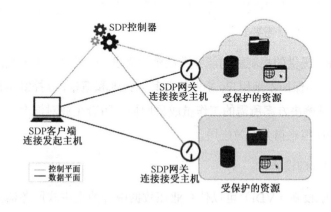

图 6-5 SDP 架构

SDP 架构的主要组件如表 6-4 所示。

表 6-4 SDP 架构的主要组件

组件	介绍
客户端	在每个用户设备上运行的客户端
控制器	用户身份验证组件（可选择与用户身份管理系统集成），并在授予每个用户个性化网络权限前对其进行验证
网关	网关代理访问受保护的资源。客户端的流量通过加密通道发送到网关，网关将其解密并发送到适当的应用程序（受保护的资源）。SDP 支持多个分布式网关，每个网关保护一组应用程序或系统资源

在 SDP 架构中，客户端（用户设备）指连接发起主机，网关指连接接受主机。在通过控制器进行身份验证后，客户端为每个网关建立加密通道。图 6-5 显示了两个分布式网关，每个网关保护一组资源，由单个控制器管理。

SPA 使客户端基于共享密钥创建基于 HMAC 的一次性口令，并将其提交给 SDP 控制器和网关，作为连接建立过程中发送的第一个网络数据包，其也用于建立网关与控制器的连接。

因为 SDP 控制器和网关拒绝可能来自未授权用户的无效数据包，所以它们可以防止与未授权用户或设备建立 TCP 连接。非法客户端可以通过分析单个数据包进行区分，因此，SDP 控制器和网关产生的计算负载最小，大大降低了 DDoS 攻击的有效性，并使 SDP 服务可以在面向公众的网络中更安全、更可靠的部署。

SDP 系统以用户为中心，其在允许访问前，先验证用户和设备。因此，SDP 允许企业基于用户属性创建访问策略。通过使用目录组成员、IAM 分配的属性和角色等，企业可以以一种对于业务、安全和合规团队来说更有意义的方式定义和控制对云资源的访问。

与 SDP 相比，传统的网络安全系统完全基于 IP 地址，不考虑用户。

6.2.5 SDP 的优势

1. 提高运维效率

与传统的安全工具相比，SDP 的自动访问策略显著提高了运维效率。

2. 简化合规工作

由于网关对所有客户端网络流量进行日志记录和控制，SDP 可以提供每个用户访问权限和活动的详细记录。因此，SDP 可以根据这些记录提供合规报告。

而且，由于 SDP 支持对用户的细粒度访问控制，企业通过将网络分割成更小的、良好隔离的部分来缩小合规范围。

3. 降低成本

SDP 的自动访问策略减少了为响应用户或服务器更改而手动更新和测试防火墙规则的需求，从而减少了工作量，提高了业务人员和技术人员的工作效率，降低了成本。简化的合规工作可以缩短准备和执行审计的时间、节省精力。SDP 还可以为企业提供替代其他技术的方案，以降低成本。例如，一些企业在考虑升级传统 NAC 的网络交换机时选择了 SDP，节省了数十万美元。

4. SDP 与 IAM 互补

SDP 与 IAM 在很多方面是互补的。首先，SDP 能对已部署的 IAM 系统进行身份验证，加速了 SDP 的上线。这种身份验证可以通过连接到本地 LDAP 或 AD 服务器，以及使用 SAML 等来实现。

其次，SDP 产品通常将 IAM 用户属性作为 SDP 策略的元素，如目录组成员、目录属性或角色。例如，SDP 策略可能会定义为"目录组中的所有销售用户都可以在 443 端口上访问销售门户的服务器"。其说明 SDP 系统如何为现有 IAM 系统增值并扩展能力。

最后，SDP 系统可以包含在由 IAM 系统管理的身份生命周期中。通常为"加入、移动、离开"流程，IAM 系统管理与用户账号和访问权限相关的业务和技术流程。部署 SDP 的企业应该将 SDP 管理的网络权限包含在 IAM 系统中。例如，当 IAM 系统在应用程序 X 中为 Sally Smith 创建一个新账号时，SDP 系统应该同时创建相应的网络权限。

综上所述，这种集成能够很好地支持第三方用户访问 SDP 系统。SDP 控制器信任第三方 IAM 系统提供的身份验证和用户身份生命周期的所有权管理。因此，当第三方用户在它们的 IAM 系统中被禁用时（在企业的用户禁用流程中非常关键），用户将无法访问 SDP 保护的资源，因为他们不能通过关联进行身份验证。

6.3 IaaS 应用场景

6.3.1 开发人员安全访问 IaaS 环境

开发人员需要安全访问 IaaS 环境，以完成开发、测试和部署工作。用户需要访问各种协议和端口，以及不断变化的 IaaS 资源。

开发人员可能会处理敏感数据,在 DevOps 环境的生产系统中工作。因此,在安全和合规要求下,系统访问行为必须可视且可控。

1. 不使用 SDP 访问

不使用 SDP 访问如图 6-6 所示。开发人员需要访问两个私有云网络,其具有不同访问要求且处于不同位置。云防火墙是网络流量的唯一控制点,其实质是包含所有授权连接的简单表格,表格包含源 IP 地址到目标服务器和端口的映射。

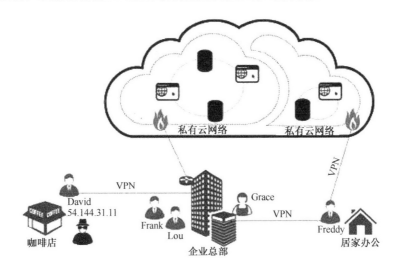

图 6-6　不使用 SDP 访问

2. 使用 SDP 访问

使用 SDP 访问如图 6-7 所示。控制器在所有用户均可访问的位置运行,可能在云端的公共可访问位置运行,也可能在总部的隔离区运行。访问控制器受 SPA 保护,因此,将其暴露在互联网中不会显著提高风险。

用户通过 SDP 控制器正确验证身份后,通过 SDP 网关访问私有云网络中的资源。网关也受 SPA 保护,所有用户流量都通过互联网中的加密通道传输。网关对每个用户执行访问控制策略,以满足最小权限原则。网关位于每个私有云网络的入口,并控制所有入栈流量。

1)访问后端服务器端口

需求:Grace、Lou 和 Frank 在总部工作,需要通过应用程序协作,在多个服务器上访问端口 22(SSH)、443(HTTPS)、3306(MySQL)和 3389(RDP)。

挑战:总部中所有系统的地址都转换为单个 IP 地址 216.58.219.228。

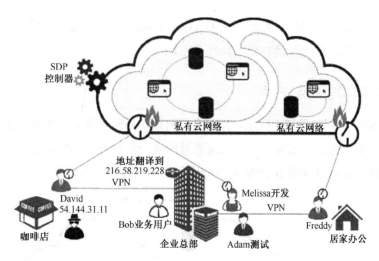

图 6-7 使用 SDP 访问

不使用 SDP 与使用 SDP 访问后端服务器端口的区别如表 6-5 所示。

表 6-5 不使用 SDP 与使用 SDP 访问后端服务器端口的区别

	不使用 SDP	使用 SDP
方法	必须将防火墙配置为允许从 216.58.219.228 到私有云网络中的所有服务器上的所有端口的流量通过。应为这些服务器分配可公开访问的 IP 地址	每个用户都建立一个从 IH 到 SDP 网关的通道，通过网关连接到云中的目标资源。云防火墙配置更简单：①SDP 网关对互联网的所有流量开放。因为它只允许通过 SPA 连接，所以可以在一定程度上弱化 DDoS 等攻击；②受保护资源在位于 SDP 网关后方的私有 IP 地址上，无法从互联网访问。云防火墙配置为只接受来自网关 IP 地址的访问连接
效果	企业网络中的所有用户和系统都可以完全访问私有云网络，违背了最小权限原则，扩大了攻击面。云网络可以被扫描和攻击。服务器访问仅受身份验证保护，不受网络级别的保护。密钥管理可能成为开发人员的负担。合规性检查更加困难，因为所有用户都可以访问所有系统	每个用户到SDP网关的连接都是单独建立的且经过高强度验证，与源 IP 地址是否经过 NAT 无关。SDP 网关可以对每个用户实施对云资源的细粒度访问控制。企业可以定义与用户、设备和角色相关的策略

2）远程访问企业网络和云中的目标资源

需求：David 是一名远程开发人员，他需要定期通过不安全的网络（如咖啡店）访问云中的多个服务器，他还需要访问企业网络中的开发资源。访问这些服务器和资源需要使用多个协议和端口（如 22、443、3389）。

挑战：咖啡店网络地址转换为单个 IP 地址 54.144.131.11。

不使用 SDP 与使用 SDP 远程访问企业网络和云中的目标资源的区别如表 6-6 所示。

第 6 章 SDP 帮助企业安全上云

表 6-6 不使用 SDP 与使用 SDP 远程访问企业网络和云中的目标资源的区别

	不使用 SDP	使用 SDP
方法	开放云防火墙使其面向整个互联网访问及允许来自 54.144.131.11 的所有流量都具有较大风险。因此，David 先将 VPN 连接到办公网络，再像访问云网络那样访问企业局域网	David 的设备向 SDP 控制器进行身份验证，授予其访问受 SDP 网关保护的资源的权限。David 不需要 VPN 即可进入办公网络，增强了网络性能，降低了网络带宽的使用成本
效果	David 需要通过 VPN 连接到企业网络（他需要访问本地资源），所有流量必须回到企业网络，增加了延迟和带宽成本。需要使企业网络中的所有用户和设备具有对云的访问权限	流量从 David 的设备加密到网关，因此，其使用公共无线网络或公共互联网也没有太大风险。无须改变云防火墙的配置：①网关对互联网开放（但受 SPA 保护），无论 David 身在何处都可以高效工作，且无论安全基础设施位于何处都能始终如一的工作

3）访问私有云网络及企业网络中的开发资源

需求：Freddy 是一位居家办公的开发人员，他需要访问与其团队其他成员分开的私有云网络。网络环境中包含敏感的、受管制的信息，因此，他建立了一个 VPN 以进行访问。他还需要访问企业网络中的开发资源。

挑战：Freddy 的位置不变，但他需要持续安全地访问私有云网络及企业网络中的开发资源，但他不能在同一台机器上同时运行两个 VPN。

不使用 SDP 与使用 SDP 访问私有云网络及企业网络中的开发资源的区别如表 6-7 所示。

表 6-7 不使用 SDP 与使用 SDP 访问私有云网络及企业网络中的开发资源的区别

	不使用 SDP	使用 SDP
方法	Freddy 通过虚拟机进入私有云网络，并通过运行 VPN 访问企业网络	Freddy 建立到 SDP 网关的安全连接，以访问受保护的私有云网络资源
效果	这种方法会影响 Freddy 的工作效率，因为他需要从同一系统访问私有云网络和企业网络 因为 Freddy 是目前唯一访问私有云网络和企业网络的人，所以合规和审计报告不成问题。但他知道，几个星期后，随着其他团队成员加入该项目，他将面临跟踪和报告所有人的访问行为及管理这些访问权限的问题。他还不知道他将如何启用这种访问。他应该向办公室的每个人开放云防火墙吗？那么远程开发人员呢？他需要管理每个人的 VPN 吗？	Freddy 可以同时使用自己的 VPN 连接到办公室网络，与访问云资源没有冲突，因为 SDP 连接看起来像常规网络连接，不像 VPN，所以 Freddy 的工作效率较高 Freddy 可以通过他设计的一系列策略轻松控制和报告对这些资源的访问行为。提供对新用户的访问只需编辑其访问策略和用户属性，使其能够进行细粒度访问控制

3. 在该场景下 SDP 的优势

（1）无论位置如何，都能满足开发者的访问需求。

（2）通过服务和端口精确控制每个开发人员可以访问的服务。

（3）使合规报告更简单。

（4）使安全策略配置更方便。

（5）使开发人员的生产力更高。

6.3.2 业务人员安全访问在 IaaS 环境中运行的企业应用系统

业务人员需要安全访问在 IaaS 环境中运行的企业应用系统，可能是供应商提供的应用系统，可能是开发人员开发的应用系统，也可能是处在生产环境或测试环境中的应用系统。

业务人员通常不需要考虑网络或计算机的底层访问协议（如 SSH 和 RDP 等）。

1. 不使用 SDP 访问

向业务人员提供应用系统的远程安全访问有 3 种常见方式：直接连接、VPN 和 VDI。

（1）直接连接：企业应用系统通常是 Web 应用程序，在公共互联网环境下配置，不考虑访问限制。在这种情况下，企业应用系统会暴露在各种安全威胁下，容易受到各种形式的攻击。直接连接访问场景如图 6-8 所示。

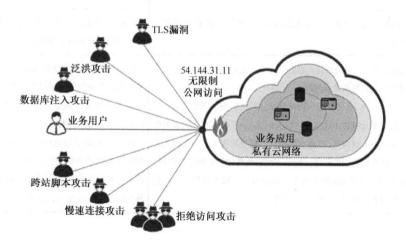

图 6-8 直接连接访问场景

（2）VPN：通过 VPN，企业网络及网络中的所有资源都对该业务人员的设备开放。VPN 访问场景如图 6-9 所示。

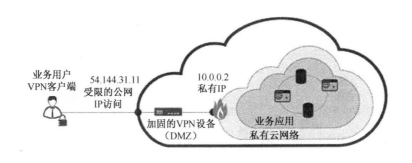

图 6-9　VPN 访问场景

（3）VDI：通过 VDI，业务人员可以操作虚拟机（通常是 Windows 操作系统），将其作为企业应用系统的启动平台。业务应用系统通常需要"胖客户端"（在客户端及服务器端的运算较多，通信连接较少）。VDI 访问场景如图 6-10 所示。

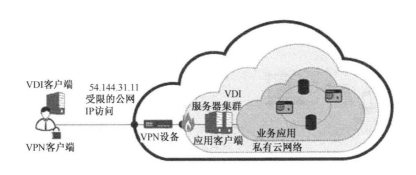

图 6-10　VDI 访问场景

2. 使用 SDP 访问

通过 SDP 解决方案，只有授权用户才能访问企业应用系统。实际上，未授权用户甚至无法访问 SDP 网关。因为其受 SPA 保护，所以对攻击者来说完全不可见。使用 SDP 的直接连接访问场景如图 6-11 所示。

1）远程访问企业云平台

需求：Grace 在销售部门工作。她需要通过新开发的销售报告系统访问重点客户销售报告。她经常拜访不同地方的客户，需要远程运行报告，且该系统托管在公有云平台上。

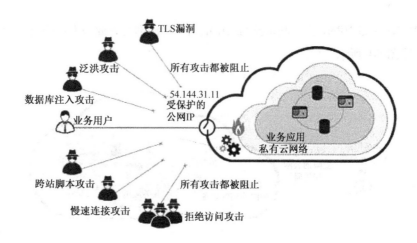

图 6-11　使用 SDP 的直接连接访问场景

挑战：Grace 在机场和咖啡店访问多个免费网络。安全人员发现她的计算机中存在恶意软件，他们担心当 Grace 通过 VPN 访问新的重点客户销售报告或返回企业总部时，恶意软件可能会传播到公有云平台的基础设施中，恶意软件在开放网络中的传播如图 6-12 所示。

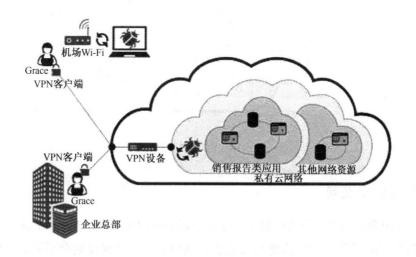

图 6-12　恶意软件在开放网络中的传播

通过 SDP 对计算机实施微隔离，使恶意软件无法通过扫描其他计算机主机进行传播。SDP 防止恶意软件在开放网络中的传播如图 6-13 所示。

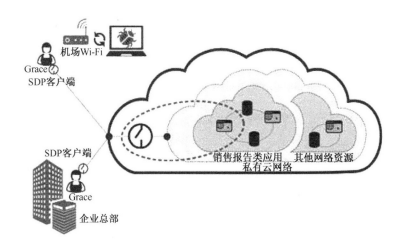

图 6-13　SDP 防止恶意软件在开放网络中的传播

不使用 SDP 与使用 SDP 远程访问企业云平台的区别如表 6-8 所示。

表 6-8　不使用 SDP 与使用 SDP 远程访问企业云平台的区别

	不使用 SDP	使用 SDP
方法	恶意软件不应在网络中传播。因此，安全人员创建了网络分段，以隔离 AWS 上的应用服务器	SDP 能够将网络隔离到单个服务器而不是整个网络。SDP 为 Grace 提供安全的远程访问，并防止通过公网访问带入恶意软件（如通过 VPN）
效果	使用传统网络工具创建微隔离较为复杂。随着应用程序数量的增加，ACL 记录的数量往往呈指数级增加，使网络管理员负担过重 每个新建的 ACL 请求都需要几天才能进行分析和处理，将使生产力降低、IT 失去敏捷性、新应用的部署变慢	业务人员可以完全访问托管在公有云网络中的企业应用系统。SDP 在默认情况下提供有限的网络访问，因此，不违背最小权限原则 网络管理员能够阻止通过公网访问带入恶意软件，不会负担过重

2）供应商访问企业应用系统

需求：Dave 负责 IT 部门的供应链应用系统。新的业务流程要求其供应商的业务人员 Jim 在货物发运后立即在供应链应用系统中输入货物的详细信息。

挑战：需要授予供应商的业务人员对应用系统的访问权限，这些业务人员（如 Jim）不是企业的员工，Dave 对其安全策略及安全培训等的控制有限。Dave 不希望授予他们对企业网络的访问权限，他担心如果供应商账号被盗，企业网络将面临威胁。企业对供应商开放广泛的网络访问权限如图 6-14 所示。

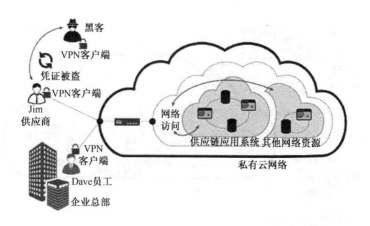

图 6-14 企业对供应商开放广泛的网络访问权限

不使用 SDP 与使用 SDP 实现供应商访问企业应用系统的区别如表 6-9 所示。

表 6-9 不使用 SDP 与使用 SDP 实现供应商访问企业应用系统的区别

	不使用 SDP	使用 SDP
方法	Dave 为应用服务器创建 VLAN，将其与其他网络隔离。但是，供应链应用系统非常复杂且集成到网络中的其他系统中。存在跨 VPC 的连接和防火墙规则，以及网络层访问控制表。因此，维护复杂的网络配置非常麻烦，因为系统中的任何 IP 地址更改都可能导致整个供应链应用系统无法运行	在使用 SDP 的情况下，可以对单个服务器进行网络隔离，而不是隔离整个网络。远程连接不会向供应商暴露任何其他网络资源。恶意攻击者无法寻找网络中的其他漏洞或易攻陷资源。Dave 使用 SDP 为供应商提供安全和保密的远程接入
效果	Dave 不再向供应商提供应用系统访问权限，因为从网络安全的角度来看，其过于复杂且存在风险	虽然 Dave 无法控制供应商业务人员进行安全培训，但是可以通过 SDP 在账号失窃时控制影响范围。授予第三方访问权限变得更安全，不仅提高了效率，还保证了业务增长

3）通过 VDI 访问企业内部的 C/S 应用程序

需求：Jim 每周都会准备一份业务分析报告，生成报告的是只能在 Windows 系统中运行的 C/S 应用程序。因此，IT 部门为 Jim 和他的团队部署了 VDI 解决方案。Jim 需要通过 VDI 登录远程桌面，并启动报告程序。

挑战：该 C/S 应用程序是从一个大型供应商处购买的打包的应用程序。建议的部署模式为"私有部署"，即供应商建议不要通过公共互联网访问应用程序的服务器，因为其不稳定或不安全，服务器必须与客户端在同一网络中。因此，对于远程用户来说，安全团队决定使用 VDI，但是构建和维护 VDI 服务器的成本非常高，且成本随远程用户数量的增加而增加。应安全开放 C/S 应用程序的服务器部分，使用户可以直接在其计算机上运行客户端。

不使用 SDP 与使用 SDP 通过 VDI 访问企业内部 C/S 应用程序的区别如表 6-10 所示。

表 6-10　不使用 SDP 与使用 SDP 通过 VDI 访问企业内部 C/S 应用程序的区别

	不使用 SDP	使用 SDP
方法	Jim 增加更多基础设施，以支持 VDI 集群	使用 SDP，Jim 可以安全地向授权用户开放服务器和端口。对于其他人来说，服务器保持"不可见"。Jim 使用 SDP 为有需求的用户提供 C/S 应用程序的安全远程接入
效果	建立大型 VDI 集群既增加了硬件成本，又增加了维护和保养 VDI 服务器的运营成本。因此，IT 部门必须削减其他重要项目的预算	使用 SDP 降低了维护 VDI 基础设施的成本。业务人员省去了在运行应用程序前日常登录远程桌面的步骤，提高了工作效率。VDI 集群将逐渐淘汰，为其他设施腾出预算

3. 在该场景下 SDP 的优势

（1）使远程用户安全访问企业应用系统。

（2）精确控制用户可以访问的应用程序。

（3）增加第三方业务集成。

（4）使合规报告更简单。

（5）降低相关基础设施的成本。

（6）使安全策略配置更简单。

（7）使业务流程的生产效率更高。

6.3.3　安全管理面向公众的服务

当应用程序在云端提供服务时，系统管理员、开发人员及其他高级用户都需要远程访问它的很多后端服务。

（1）通过 SQL 接口访问数据库层（如 SQL Navigator for Oracle、pgAdmin for Postgres 等）。

（2）通过 SSH 访问服务器。

(3)访问应用程序的管理员界面（如 WordPress 的管理员界面）。

(4)通过 HTTPS 访问数据库工具（如 phpMyAdmin for MySQL）。

在公共互联网中，如果不限制对上述服务的访问，可能会使发生暴力破解、错误配置、0day 漏洞攻击的概率增加。

1. 不使用 SDP 访问

不使用 SDP 时，需要将后端服务暴露在公共互联网中（如图 6-15 所示）或在云防火墙中手动限制某些源地址访问，但仍有可能将服务暴露给许多用户。

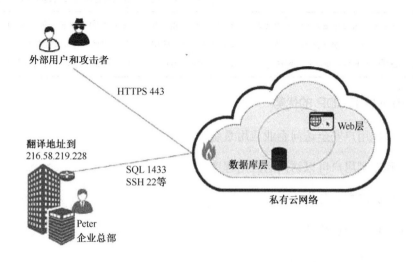

图 6-15　不使用 SDP 时，将后端服务暴露在公共互联网中

2. 使用 SDP 访问

使用 SDP 时，只有需要公共访问的服务（如 HTTPS 等）暴露在公共互联网中。其他服务都被 SDP 网关隐藏，且访问受接入策略控制，不需要接入额外的 VPN。

需求：Peter 是一个财务应用系统的数据库管理员，企业将基础设施转移到 IaaS 上，Peter 负责调整数据库 SQL 查询以改善应用性能。他通过防火墙开放了数据库端口并使用 SQL 浏览工具连接数据库以完成优化计划。

挑战：数据库端口对外开放，恶意机器人会迅速发现开放端口，并尝试暴力破解管理员密码。其可能在几天内通过字典破解口令并获得企业的重要财务数据，可能发现默认密码，也可能利用已知数据库平台对未修复漏洞进行攻击。

不使用 SDP 与使用 SDP 管理面向公众的服务的区别如表 6-11 所示。

第 6 章　SDP 帮助企业安全上云

表 6-11　不使用 SDP 与使用 SDP 管理面向公众的服务的区别

	不使用 SDP	使用 SDP
方法	Peter 为云端网络设置 VPN	Peter 可以通过 SDP 使端口对其他地方保持关闭，使攻击者无法发现数据库服务正在运行。数据库端口只能在通过授权和验证后，从 Peter 的设备访问
效果	Peter 不得不在其他私有网络上设立 VPN，并在他的设备上配置两个不同的 VPN 且每次访问网络资源时都需要选择连接到哪个 VPN。Peter 是 SQL 开发人员，不是 IT 管理员，他不完全了解 VPN 配置	Peter 不需要切换配置，也不需要配置网络安全策略，可以安全访问数据库

3. 在该场景下 SDP 的优势

（1）为管理员、开发人员或其他高级用户提供访问后端系统的安全途径。

（2）用户无须通过切换配置或网络安全策略，即可安全访问后端系统。

（3）后端系统的端口对未授权用户不可见。

6.3.4　在创建新的服务器实例时更新用户访问权限

云环境实际上是动态的，许多企业利用该特点来提高其开发速度并增强敏捷性。在 IaaS 环境中，创建和销毁服务器实例非常简单，企业可以频繁创建和销毁服务器实例。

使用 IaaS 控制台创建新的服务器实例如图 6-16 所示。需要做的网络更改取决于其位置、云连接类型和需求。

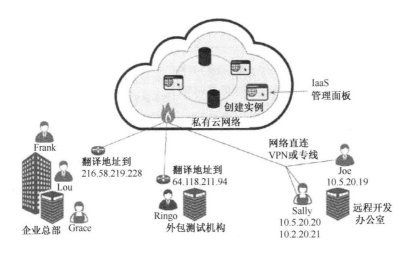

图 6-16　使用 IaaS 控制台创建新的服务器实例

1. 通过 SDP 接入

云服务器受 SDP 保护，SDP 网关是私有云网络的唯一入口，如图 6-17 所示。

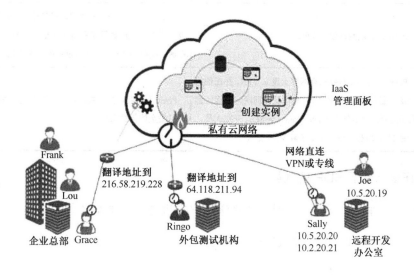

图 6-17 SDP 网关是私有云网络的唯一入口

2. 通过 SSH 访问云上后端系统

需求：Grace 启动实例并进行 SSH 访问（端口 22）。

挑战：Grace 需要通过转换地址访问云。

不使用 SDP 和使用 SDP 通过 SSH 访问云上后端系统的区别如表 6-12 所示。

表 6-12 不使用 SDP 和使用 SDP 通过 SSH 访问云上后端系统的区别

	不使用 SDP	使用 SDP
方法	必须分配一个公网 IP 地址，且云防火墙必须授予转换地址（216.58.219.228）或整个互联网（0.0.0.0）对实例的完全访问	访问新的服务器实例必须通过 SDP 网关，SDP 网关可公开访问且受 SPA 保护。SDP 系统检测到新的服务器实例，并根据其元数据标签自动授予 Grace 对端口 22 的访问权限
效果	虽然不需要立即对云防火墙进行更改，但是对于用户和在企业网络中的设备来说，访问此服务器不受限，存在安全风险 因为 IP 地址为转换地址，所以不能将网络访问权限制为单个用户或单个端口。因此，安全团队要求通过单独的密钥来控制对服务器实例的 SSH 访问。管理和跟踪这些密钥文件较麻烦且存在安全风险	Grace 会自动获得生产所需的最小访问权限，无须手动配置或 IT 人员操作

3. 从企业内部访问 HTTPS、RDP 和 MySQL 端口

需求：Sally 启动一个服务器实例，需要从她的所有设备上访问 HTTPS、RDP 和 MySQL 端口。

挑战：Sally 通过直接连接到云的办公室网络来访问云资源。

不使用 SDP 与使用 SDP 从企业内部访问 HTTPS、RDP 和 MySQL 端口的区别如表 6-13 所示。

表 6-13　不使用 SDP 与使用 SDP 从企业内部访问 HTTPS、RDP 和 MySQL 端口的区别

	不使用 SDP	使用 SDP
方法	如果目标是只允许 Sally 访问，云防火墙必须更新，以允许 Sally 的当前 IP 地址访问特定服务器实例。如果目标是在不产生任何延迟的情况下授予 Sally 访问权限，必须将实例配置为允许所有本地网络上的设备访问新服务器实例的所有端口	SDP 系统检测到新的服务器实例，并根据其元数据标签自动授予 Sally 适当的端口访问权限
效果	要求对云防火墙进行持续更改，会增加时间和成本。多数企业授予开放式网络访问权限，仅依靠身份验证进行控制	Sally 会自动获得必要的最小访问权限，无须手动配置或 IT 人员操作

4. 外包人员远程测试

需求：Ringo 是外包人员，需要 Web 访问（端口 443）才能测试新的服务器实例。

挑战：Ringo 的办公室网络转换为不会发生变化的单一公共 IP 地址。由于 Ringo 在其他时区，他有时必须在家工作并实时与团队协作。

不使用 SDP 与使用 SDP 实现外包人员远程测试的区别如表 6-14 所示。

表 6-14　不使用 SDP 与使用 SDP 实现外包人员远程测试的区别

	不使用 SDP	使用 SDP
方法	云防火墙必须允许 Ringo 从特定的公共 IP 地址访问。通过特定服务器分配给云防火墙，可以将其限制为特定的服务器实例。云防火墙还必须允许 Ringo 从定期变化的家用 IP 地址访问	SDP 系统检测到新的服务器实例，并根据其元数据标签自动授予 Ringo 对端口 443 的访问权限
效果	用户启动的新的服务器实例必须分配给允许从 Ringo 的转换地址访问的安全组。所有使用 Ringo 的家用网络的用户都可以通过端口 443 访问此实例。每次 Ringo 的家用 IP 地址变化时，他必须向 IT 部门申请更新云防火墙，将影响整个团队的生产效率	Ringo 自动获得必要的最小访问权限，无须手动配置或 IT 人员操作。因为将访问权限授予作为用户的 Ringo，所以不会绑定到他的 IP 地址。Ringo 能立即工作，且无论他在哪里工作，都有相同的安全访问权限

5. 在该场景下 SDP 的优势

（1）自动检测新的服务器实例，并根据实例元数据自动分配用户访问权限。

（2）无论位置如何，都能确保开发者安全访问。

（3）高效生产，不用考虑网络访问控制更改的延迟。

（4）由策略驱动访问控制，不基于云防火墙配置。

（5）减少 IT 人员的工作量，降低成本。

6.3.5 访问服务供应商的硬件管理平台

虽然我们提出了可无限扩展且完全虚拟化的平台概念，但它实际上运行在某个层面的网络和计算硬件上，这些硬件必须由服务供应商管理，管理的网络访问路径如图 6-18 所示。

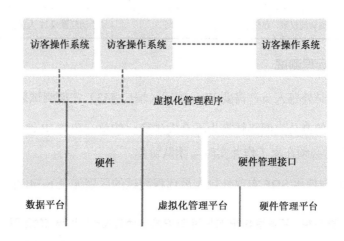

图 6-18 管理的网络访问路径

数据平台（Data Plane）是用于访问第三方操作系统实例的标准网络接口。本节的讨论都集中在该平台上。硬件管理平台（Hardware Management Plane）是许多硬件平台的网络接口，通常基于被称为智能平台管理接口（IPMI）的英特尔规范构建。可以称其为底板管理控制器或"熄灯网络"。

IPMI 存在许多漏洞，如默认账号密码不可修改及无法抵御简单攻击等。管理员通过 GUI 控制台或 API 访问读虚拟化，对虚拟化管理平台（Hypervisor Management Plane）进行管理。虽然虚拟机管理程序的访问控制通常比 IPMI 好，但其仍应配置为仅通过单独的网卡访问在物理上独立的网络或虚拟局域网,并受 SDP 保护。

下面的讨论虽然侧重于 IPMI,但也适用于虚拟化管理平台。安全管理员对各种端口上的 IPMI 的访问必须进行强身份验证,并出于安全和合规目的对其进行记录。在理想情况下,管理员需要全天访问该网络。但是,这种按需访问通常具有时间敏感度,因为 IT 可能会响应服务器中断。应该由业务流程(如请求和批准)控制访问,并使用闭环机制确保不需要访问则删除。

不使用 SDP 与使用 SDP 访问服务供应商的硬件管理平台的区别如表 6-15 所示。

表 6-15 不使用 SDP 与使用 SDP 访问服务供应商的硬件管理平台的区别

	不使用 SDP	使用 SDP
方法	建议不使用默认方法,即依赖 IPMI 的默认账号密码,仅允许授权用户访问 IPMI。可以将 IPMI 身份验证与企业的 LDAP、RADIUS 系统连接	IPMI 服务器可以简单放置在受 SDP 网关保护的网段上,即在 SDP 策略不允许的情况下,任何网络流量都无法到达 IPMI。SDP 系统可以利用各种用户和系统属性,如组成员资格、设备配置文件、位置、时间等
效果	这些解决方案都不够完善,保留 IPMI 的默认账号密码会使恶意攻击者很容易获得对网络的访问权限 在每个服务器的基础上配置用户访问账号可以使安全性更强,但这在任何规模的环境中都是行不通的,因为需要较多的手动工作和账号跟踪来实现 利用企业的 LDAP、RADIUS 系统进行身份验证较好,但仍然要求在某时段获得 IPMI 访问权限的用户始终可以访问 IPMI。通过防火墙规则控制网络访问在技术上可行,但会引入过多进程,并会延迟管理员对服务器的访问	用户对 IPMI 的访问可以由策略驱动,并可以根据"按需授权"策略轻松调整。例如,SDP 可以在允许用户访问前,验证工单系统中是否存在特定用户和特定服务器需求,以支持对敏感授权的请求、批准等流程 SDP 可以基于位置实施访问规则,如仅允许从本地网络访问及阻止任何远程访问等。SDP 还可以与企业的 IAM 系统集成,以进行强身份验证

在该场景下 SDP 的优势如下。

(1)安全可控地访问高风险和易受攻击的 IPMI。

(2)细粒度控制哪些用户可以访问及何时访问系统。

(3)通过简单的、以用户为中心的策略进行控制。

(4)通过与 IAM 集成,实施强身份验证。

(5)在保障安全性或合规性的前提下,实现对紧急服务器中断情况的快速访问。

(6)全面详细地记录,以了解谁何时可以访问哪些系统,实现合规性。

(7)随着数据量的增加而扩展。

6.3.6 通过多企业账号控制访问

在该场景下,一个企业在 IaaS 上有多个账号。企业有两个账号的情况如图 6-19 所示。如果企业采用"一系统一个账号"策略,则会有更多账号。

从企业到云可以通过共享云直连(实际上是专用站点到云的 VPN)或通过 Internet 连接。这两种情况的挑战相同。

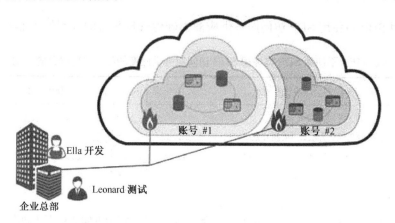

图 6-19 企业有两个账号的情况

要求:对不同用户设置不同访问权限,且该用户的所有账号保持一致。

挑战:虽然可能有多个单独账号访问云控制台,但它们不共享云防火墙。

不使用 SDP 与使用 SDP 通过多企业账号控制访问的区别如表 6-16 所示。

表 6-16 不使用 SDP 与使用 SDP 通过多企业账号控制访问的区别

	不使用 SDP	使用 SDP
方法	如果企业试图严格控制用户对资源的访问,不共享云防火墙的问题仍然存在,并随账号数量的增加越来越严重 企业可能尝试通过使用云 API 来更新安全组策略以自动执行一些操作,但最终仍然面临以 IP 地址为中心的云防火墙模型被应用到以用户为中心的安全控制的问题	通过在每个云防火墙前部署 SDP 网关,企业可以提高安全性。每个账号的云防火墙可以简化为一个简单的规则,仅允许从 SDP 网关到受保护服务的连接
效果	实际上,企业向网络中的所有用户开放所有云资源,仅依赖身份验证进行保护。这不是一个强有效的安全或合规方案	无论使用的云账号数量或类型如何,都可以应用 SDP 策略。这些策略提供完整的合规性跟踪,并始终与企业的 IAM 系统集成

在该场景下 SDP 的优势如下。

(1)在不降低安全性的前提下,允许使用多个云服务商的账号。

(2)简化与云防火墙规则相关的手动管理工作。

(3)始终对所有用户实施所有账号的访问策略。

6.4 混合云和多云环境

许多企业都具有复杂的 IT 环境,与其将其看作一项挑战,不如接受这种丰富的场景,因为其与商业的复杂度有关。不同行业的商业需求不同,我们可以负责任的预测,世上没有"放之四海而皆准"的 IT 架构适用于所有企业。

安全团队需要寻找正确的工具和技术,为不同环境提供持续的安全保障。虽然总是有不少与平台强关联的工具,如系统管理、自动化、终端管理等,但是我们相信,从安全的角度来说,企业在不同平台上建立统一的以用户为中心的策略和流程非常关键。例如,企业希望有统一的平台,以定义和执行"谁可以访问什么系统"的策略和流程。这个平台必须统一管理内网部署的、多地部署的、物理的、虚拟的、私有云和公有云资源。否则,企业将面临较高的复杂度、风险及运维成本。

SDP 以用户为中心、与平台无关、强制执行网络层访问控制,是企业解决复杂环境下安全问题的正确选择。

6.5 替代计算模型和 SDP

"无服务器"计算模型的可用性和采用率正在稳步提高,各主流云服务商也在其功能线中支持 PaaS。其将传统的(如关系数据库或信息队列)"as a service"转变为新颖的"function as a service"(如 AWS Lambda、Azure Functions、Google Cloud Functions)等以物联网为中心的业务。

这些业务的共同点是它们不向客户公开传统操作系统,这意味着要解决的网络访问控制问题可能与 IaaS 平台的问题不同。

在某些情况下,服务完全符合 IaaS 场景。例如,作为服务的关系数据库恰好是受 SDP 保护的服务类型。实际上,许多 IaaS 供应商使用相同的网络访问模型来控制对 IaaS 的关系实例的访问，因此，我们描述的 SDP 方法是完全相关的。

无论如何，如果企业正在使用或考虑使用替代计算模型，应确保与安全团队及开发团队的互动，以了解其安全模型及安全架构的适应问题。

6.6 容器和 SDP

容器正在快速发展，许多企业将其作为基础技术，以实现高速的 DevOps 方案。容器带来了一些有趣的安全和访问挑战。不同的容器和集群技术有不同的网络访问模型，其映射到两个方面。

（1）每个 pod 群集（单个 OS 进程中的一组容器）获取一个由其容器共享的公共 IP（Kubernetes 模型）。

（2）每个容器有一个私有 IP，其通过 NAT 连接到 pod 群集的公共 IP（Docker 模型）。

在这两个方面，SDP 都可以得到有效应用。pod 群集和容器可以放在 SDP 网关后方，SDP 通过制定策略来控制用户对服务的访问。受保护的服务与容器内动态解析的 IP 地址或元数据对应。从端口到容器的任何特定于 pod 群集的映射都可以在 SDP 网关后方工作，添加 SDP 没有任何影响。

当然，还有其他方法可以在容器内联网，应仔细查看使用的工具。总的来说，上面列出的主流方法与 SDP 兼容，可以与 SDP 配合使用。

第 7 章
SDP 防分布式拒绝服务（DDoS）攻击

7.1　DDoS 和 DoS 攻击的定义

分布式拒绝服务（DDoS）攻击是一种大规模攻击，攻击者使用多个不同的源 IP 地址（通常有数千个）对单一目标同时进行攻击，目的是使被攻击者的服务或网络过载，不能提供正常服务。由于接收到的流量源于许多不同的被劫持者，使用入口过滤或来源黑名单等简单技术无法阻止攻击。当攻击分散在众多来源时，区分合法用户流量和攻击流量非常困难。一些 DDoS 攻击还能伪造发送方 IP 地址（IP 地址欺骗），进一步提高了识别和防御的难度。

拒绝服务（DoS）攻击是单来源攻击，而 DDoS 攻击是多来源攻击。DoS 和 DDoS 攻击如图 7-1 所示。图中，深黑色直线表示 DoS 攻击，灰色直线表示 DDoS 攻击。

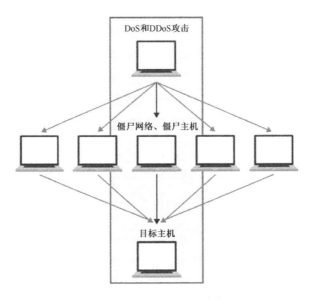

图 7-1　DoS 和 DDoS 攻击

下面仅考虑 DDoS 攻击，其中的大量内容也适用于 DoS 攻击。

DDoS 攻击的目的是攻击一个目标并阻止其向合法用户提供服务。DDoS 攻击的目标通常是互联网中面向公众的服务，如 Web 服务器和 DNS 服务器等。

> SecureList 网站的相关内容显示，2019 年第一季度和第二季度，"数据显示，所有 DDoS 攻击指标都上升了。攻击总数上升了 84%，持续的 DDoS 会话（超过 60 分钟）数量翻倍"。
>
> darkreading 网站的文章指出，DDoS 出租服务在 2018 年第四季度到 2019 年第二季度增加了一倍。

为了方便分析，将计算机服务分为两类。

（1）公共服务，DNS 服务、Web 服务和内容分发网络（CDN）服务等必须在互联网上保持可自由访问，不需要进行身份识别、验证或授权。本章不以使该类服务免受 DDoS 攻击为目标。

（2）私有服务，私有商用应用、员工或客户的工作门户、电子邮件等通常提供给明确定义的受众。这些受众身份已知，并可以在使用这些服务前进行身份验证。可以使用 SDP 保护该类服务免受 DDoS 攻击。

对于这两类服务来说，提供服务的企业应关注其网络服务供应商可提供的检测和缓解服务，因为许多 DDoS 攻击将影响网络服务供应商的网络接入，所以可以在网络的"上游"进行防御。

7.2 DDoS 攻击向量

1. 基于 OSI 模型和 TCP/IP 模型的 DDoS 攻击向量

可以将 DDoS 攻击向量分为资源消耗和带宽攻击两类，并根据 OSI 模型和 TCP/IP 模型中的层次进一步分类，基于 OSI 模型和 TCP/IP 模型的 DDoS 攻击向量如表 7-1 所示。TCP/IP 模型代表现实中的网络是如何设置和操作的；OSI 模型代表一种理想视图，由于其分层更详细，通常用于教学和解释。表 7-1 中灰色的层通常不是 DDoS 的攻击目标，因此，将白色的层作为研究重点。

第 7 章 SDP 防御分布式拒绝服务（DDoS）攻击

表 7-1 基于 OSI 模型和 TCP/IP 模型的 DDoS 攻击向量

编号	OSI 模型	TCP/IP 模型	数据单元	描述	主要攻击焦点
7	应用层	应用层	数据	网络进程到应用	HTTP 泛洪攻击和 DNS 查询泛洪攻击
6	表示层		数据	数据表示和加密	TLS、SSL 攻击
5	会话层		数据	主机间通信	N/A
4	传输层	传输层	段	端对端连接及可靠性	TCP SYN 泛洪攻击
3	网络层	网络层	包	路径寻址	UDP 反射攻击
2	数据链路层	数据接入层	帧	物理寻址	N/A
1	物理层		字段	媒体、信号和二进制传输	N/A

1）应用层攻击

应用层攻击没有传输层和网络层攻击常见，由于其不依赖暴力攻击，通常更复杂。与传输层和网络层攻击相比，应用层攻击的流量较小，但会集中攻击较昂贵的资源，使真正的用户无法得到资源。

最为人所知的两个的资源损耗攻击是 HTTP Get 请求耗尽攻击和 HTTP Post 请求耗尽攻击，Get 请求可以用于获取数据，Post 请求触发需要被服务器处理的动作。Get 请求和 Post 请求都可以由 HTTP 客户端（通常为 Web 浏览器）向 HTTP 服务器（通常为 Web 服务器）请求，Post 请求通常比 Get 请求更有效，因为其处理过程更复杂。

2019 年，对亚马逊云（Amazon Cloud）、声田（Spotify）、推特（Twitter）等网站的 DDoS 攻击令人震惊，需要云安全设计者们认真对待。在对 DDoS 攻击进行检测和分析的可扩展云防御方案文章中，介绍了目前最先进的云 DDoS 防御手段。检测 DDoS 攻击者的 IP 地址可以为云资源的保护提供重要突破，而且已有厂商可以提供该技术。互联网工程任务组（IETF）在 RFC2827 中建议了一种入栈流量过滤方法，以禁止使用伪造 IP 地址的 DDoS 攻击。这些 IP 地址通常从互联网服务供应商汇集点传播。另一种方法是监控 ISP 域内的突发流量变化，对攻击流量的数据流进行特征分析，以检测 DDoS 攻击。学者们认为，各种检测机制的固有局限是只能检测已知的攻击模式，而不能应对那些经常改变攻击模式的智能攻击者发起的攻击。

2）传输层和网络层攻击

传输层和网络层是最常见的 DDoS 攻击目标，易发生 TCP SYN 泛洪攻击和 UDP 泛洪攻击等反射性攻击。TCP 和 UDP 都是用于传输数据包的协议。但是，UDP 不具备 TCP

固有的流控和错误校验机制。传输层和网络层攻击通常量级巨大,以使网络带宽或应用服务器过载,导致资源耗尽。

3)TCP SYN 泛洪攻击

攻击者发送 TCP SYN 包以尝试完成三次握手过程(一个完整的连接),目标服务器回复 SYN ACK 数据包,原本发送方会发送 ACK 报文以结束本次连接,但实际攻击服务器不执行该操作。目标服务器被配置为保持 TCP 连接开放直到攻击者发送 ACK 报文来关闭该连接,一大批类似的不完整连接将耗尽目标服务器上的资源,包括允许开放的最大 TCP 连接数量等。

4)UDP 泛洪攻击

UDP 泛洪攻击的原理与 TCP SYN 泛洪攻击类似,将数据包发送到目标服务器,最终形成需要由服务器分配资源以进行处理的未完成服务请求。具体来说,攻击者直接将 UDP 数据包发送到受害者的特定服务器。目标系统查询攻击者请求但实际上不存在的服务,并回复攻击者 ICMP "目标不可达" 报文,指示该项服务不可达。与 TCP SYN 泛洪攻击类似,这些无效 UDP 数据包形成的泛洪能够压倒目标系统。

5)UDP 反射攻击

UDP 反射攻击需要攻击者假冒目标服务器的 IP 地址,并假装以该地址为源发起对互联网上公开服务的查询,这些公开服务将响应并传送给目标服务器。通常对服务进行选择,以使响应的数据量比请求的数据量大很多倍(如超过 100 倍)。响应会回复给该伪造 IP 地址的真实所有者,导致生成大量数据包从而形成巨大的攻击流量,并使目标服务器很难确认攻击流量的原始来源。注意,也存在 TCP 反射攻击,过去十年中互联网上出现的一些最大的 DDoS 攻击都与反射攻击有关。

2. 通过非 SDP 方法应对 DDoS 攻击

可以通过组合使用检测、转移、过滤、分析等方法应对 DDoS 攻击。检测的目的是在达到危害级别前识别攻击,在检测后,流量被转移和过滤,继而被丢弃或保存以供分析。没有被丢弃的流量将被过滤以便正常流程通过。非法流量将被丢弃或保存以供分析,帮助安全系统提高韧性。

1)应用层

可以采用 Web 应用防火墙(WAF),WAF 一旦检测到过大流量,就使系统限制流量(速率限制)。

2）表示层

可以将安全套接字层（Secure Socket Layer，SSL）请求卸载到应用程序交付平台（Application Delivery Platform，ADP）。该平台完成会话报文的解密、检查工作后，通过 SSL 或 TLS 协议重新加密请求。以消除 Web 服务器过载（避免资源耗尽），释放 Web 应用资源，使这些资源不被 DDoS 攻击。

3）传输层

黑洞（Blackholing）将网络流量引导到一个不存在的 IP 地址，沉洞（Sinkholing）基于恶意 IP 地址列表将网络流量转移，边界网关协议（Border Gateway Protocol，BGP）可以把所有网络报文转移到清洗服务器上。

4）网络层

除了上述方法，也可以通过 ICMP 速率限制来限制网络数据流。速率限制配置在防火墙上，路由器和交换机也具备速率限制能力。可以认为泛洪攻击是暴力攻击，速率限制是一种应对暴力攻击的方式。

7.3 SDP 是 DDoS 攻击的防御机制

检测、转移、过滤和分析等方法适用于处理与 DDoS 攻击相关的大量数据包，与资源损耗 DDoS 攻击相关的许多小型畸形数据包很难被检测。另外，这些方法的成本较高，且经常会过滤正常数据包。SDP 可以丢弃所有攻击数据包且仅允许正常数据包通过。对于 SDP 来说，主机是隐藏的，客户端与（通常有多个）边界协作，参考实现如图 7-2 所示。在参考实现中，客户端以加密方式登录边界。

参考 SDP 标准，服务器所有面向互联网的接口（AH 环境）只有在 SDP 控制器（CT）和网关（G）环境中注册后才可用。通常遵循下列步骤，使 SDP 成为 DDoS 攻击的防御机制。

（1）设置控制器环境和网关以建立边界，隐藏服务或服务器。

（2）希望连接到这些隐藏服务器的用户登录并获得唯一的 ID（每个设备）、客户端证书和加密密钥。用户可以通过自助服务网站自行注册，该网站也会确认他们（用户）用于连接到隐藏服务器的设备；SDP 将记录用户的地理位置，并将其作为多因子身份验证的一个属性。

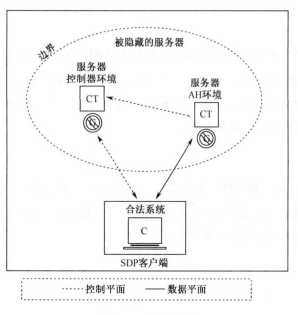

图 7-2　参考实现

（3）用户使用设备上的 SDP 客户端建立与隐藏服务器的连接。

（4）客户端发送一个初始 SPA 数据包，并由 SDP 控制器和网关进行合法性校验，以与在注册时提供的用户信息匹配。

（5）验证 SPA 数据包中的信息，并与在注册过程中收集的客户端信息匹配。

（6）如果设备验证和用户信息有效，将授予用户访问边界内服务的权限（IP 地址与存储的位置匹配可以方便验证，但不是必需的）。

（7）AH 网关打开防火墙相应端口，以允许连接到隐藏服务。

SDP 可以将服务隐藏在默认 Deny-All 的 SDP 网关后方，在打开防火墙并建立连接前对设备上的用户进行身份验证，通过使用动态防火墙机制使 SDP 在 DDoS 攻击期间快速丢弃数据包。DHS 的研究表明，在严重的 DDoS 攻击下，即使交换机被正常和非正常数据包淹没，也有超过 80% 的正常流量可以通过。

在使服务免受 DDoS 攻击的同时，SDP 网关和 SDP 控制器需要面对 DDoS 攻击。研究表明，使用初始的基于 UDP 的 SPA 数据包大大降低了 SDP 网关和 SDP 控制器的暴露程度。更多与 SDP 控制器负载均衡有关的研究表明，SDP 网关和 SDP 控制器的其他配置选项是减小 DDoS 攻击威胁的有效方法。

与实现同样功能的其他技术相比，使用轻量级 SPA 协议开启进入边界的入口可以使对无效数据包的检测更有效。IoT 和类似系统也可以利用 SPA 的轻量级特性并与 Deny-

第 7 章　SDP 防御分布式拒绝服务（DDoS）攻击

All 防火墙结合。

SDP 利用 SPA 区分授权和未授权用户。大多数 DDoS 流量由未授权用户发起，因此，SDP 网关可以拒绝 DDoS 流量，使服务器不会出现沉重的计算负担。将 SDP 与来自 ISP 的上游 DDoS 检测和缓解服务（内容分发者，如 Akamai；网络硬件供应商，如 Avaya；网络供应商，如 Verizon）结合，可以有效预防 DDoS 攻击。

7.4　HTTP 泛洪攻击与 SDP 防御

HTTP 泛洪攻击与 SDP 防御如图 7-3 所示。

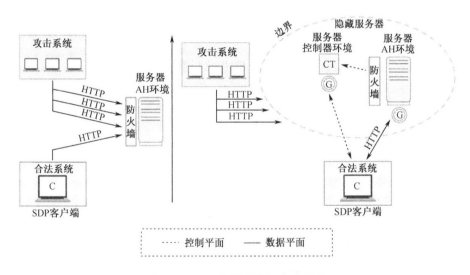

图 7-3　HTTP 泛洪攻击与 SDP 防御

可以将 HTTP 泛洪攻击归为 OSI 模型的应用层攻击，因为其攻击目标通常是 Web 服务器或应用；也可以将其归为资源损耗攻击，因为其目标是使服务器或应用的资源过载。HTTP 泛洪攻击通常由攻击者控制的大量计算机将大量数据包发送给单个服务，因为其使用来自表面上合法的设备合法构造的请求，所以很难被检测和阻止。HTTP 泛洪攻击步骤如下。

（1）攻击者通过恶意软件感染、网络钓鱼攻击等方式控制僵尸网络设备。

（2）恶意软件属于"命令和控制"类型，能够发送 HTTP POST 请求。

（3）HTTP POST 请求包含需要由目标数据库处理的表单。

（4）僵尸网络浏览器与目标 Web 服务器建立 TCP 连接（三次握手）。

（5）僵尸网络浏览器发送带有表单的 HTTP POST 请求，以进入目标数据库。

（6）目标 Web 服务器和应用程序尝试处理 HTTP POST 请求。

（7）大量处理输入数据库，会耗尽 Web 服务器和应用资源，使处理速度降低或停止处理。

HTTP 泛洪攻击的关键是使用看起来合法的想要连接到 Post 请求的设备，因此，防止此类攻击最有效的方法是阻止任何连接。SDP 通过使目标服务器对未授权设备不可见来防止攻击。

（1）攻击者的僵尸网络无法识别目标 Web 服务器，因为僵尸网络设备未注册到 SDP 控制器。

（2）即使僵尸网络可以找到隐藏服务器的 SDP 网关，也无法连接。

（3）设备没有安装将所有通信定向到 SDP 控制器的 SDP 客户端。

（4）除了通信定向，SDP 客户端还包含唯一的 ID（每个设备）、客户端证书和加密密钥。

（5）僵尸网络无法连接，因为 SDP 控制器无法验证 SPA。

（6）SDP 控制器无法验证和匹配所需的客户端信息。

（7）在缺少安装在 Botnet 设备上并成功注册的 SDP 客户端的情况下，SDP 控制器和 SDP 网关不会授权对边界进行访问。

（8）在未得到 SDP 控制器授权的情况下，保护 Web 服务器的 SDP 网关不会打开防火墙以连接到隐藏服务。

如果 IP 地址公开或攻击者通过某种方式定位到 IP 地址，SDP 网关将无法识别这些设备并将丢弃所有已传递的数据包（POST 请求）。如果攻击进行到这一步，留下的痕迹和丢弃数据包中包含可以用于分析的证据和数据，改善防御功能并寻找攻击者。

7.5 TCP SYN 泛洪攻击与 SDP 防御

TCP SYN 泛洪攻击与 SDP 防御如图 7-4 所示。

第 7 章 SDP 防御分布式拒绝服务（DDoS）攻击

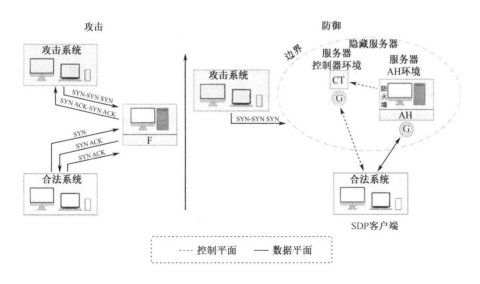

图 7-4 TCP SYN 泛洪攻击与 SDP 防御

TCP SYN 泛洪攻击向目标发送大量请求但不完成 TCP 握手，使其无法接受更多请求，导致拒绝服务。通过使用多个恶意客户端，攻击者能够增加每秒发送的数据包数量，将压倒目标，导致拒绝服务。

SDP 网关可以将来自恶意客户端的所有数据包丢弃，并允许来自合法客户端的数据包进入保护目标的边界。其他通过配置网络带宽和检查数据包进行防御的机制不区分合法客户端和恶意客户端，可能限制合法数据包，导致 SDP 成为在 TCP SYN 泛洪攻击下继续运行的更有效的解决方案（无论数据包数量多少）。

7.6 UDP 反射攻击与 SDP 防御

UDP 反射攻击与 SDP 防御如图 7-5 所示。

作为一种无验证和连接协议的内在不安全协议，UDP 的数据包很容易伪造，因此，UDP 请求的响应从攻击者"反射"到受害者。攻击者通常选择具有放大因子的服务，以更有效的攻击受害者。

放大因子的范围从 ICMP ping 命令的 1（没有放大）到 DNS 攻击的 28-54，再到 NTP 攻击的 550。其他服务可能导致更大倍数增大，最明显的是 Memcached，根据数据库内容的不同，其放大因子可达 50000。

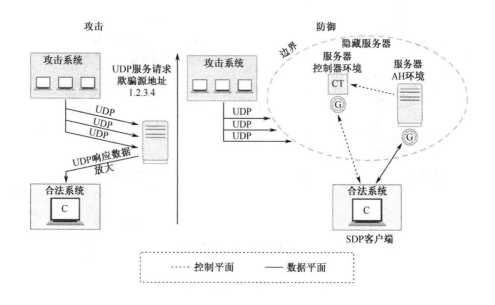

图 7-5 UDP 反射攻击与 SDP 防御

UDP 反射攻击有效且隐秘，因为攻击者不需要与目标进行任何直接沟通。这些攻击通常由一群分散的僵尸网络发起，模糊了攻击的实际来源。

无法对基于 UDP 的服务进行保护，因为 UDP 本质上是一种无须验证或授权就能传递数据包的开放机制，一些面向公众的 UDP 服务（如 NTP 或 DNS）必须公开。但非公开的服务，即只被可识别的用户或服务器消费的服务，非常适合使用 SDP 进行保护。

企业可以通过将这些服务放在 SDP 网关后方来强化访问控制，只有授权设备和服务器才能向这些服务发送 UDP 数据包，攻击者无法使用这些服务进行 UDP 反射攻击。

需要注意的是，运行恶意软件的授权客户端设备可能用于启动 UDP 反射攻击。

7.7 网络层次结构与 DDoS 攻击

7.7.1 网络层次结构

OSI 模型与 TCP/IP 模型的层次结构及逻辑协议如表 7-2 所示。

表 7-2　OSI 模型与 TCP/IP 模型的层次结构及逻辑协议

OSI 模型	TCP/IP 模型	逻辑协议										
应用层	应用层	Telnet/SSH	FTP/SFTP/SCP	SMTP/POP3	HTTP/HTTPS	BGP		DNS	SNMP	Syslog	NTP	GSM	RIP/RIP2/RIPng
表示层												
会话层												
传输层	传输层	TCP						UDP				
网络层	网络层					IP		IGMP		ICMP		
		ARP		RARP								
数据链路层	网络接入层	物理协议										
物理层		以太网		令牌环	帧中继	ATM		Sonet	SDH	PDH	CDMA	GSM

OSI 模型和 TCP/IP 模型的相同点包括：①均采用层次结构；②均包含应用层，尽管它们在该层的服务有很大差异；③均包含对应的传输层和网络层；④均需要被网络专业人员了解；⑤均假设数据包是可交换的，即各数据包可以通过不同路径到达同一目的地，与所有数据包都走相同路径的电路交换网络不同。

OSI 模型和 TCP/IP 模型的不同点包括：①TCP/IP 模型将会话层和表示层的问题归并到应用层；②TCP/IP 模型将 OSI 模型的数据链路层和物理层归并到网络接入层；③TCP/IP 模型看起来更简单，因为它的层数更少；④TCP/IP 协议是支撑互联网发展的标准协议，TCP/IP 模型因其协议而获得认可。相反，网络通常不构建在 OSI 协议上，即使在采用 OSI 模型的情况下。

OSI 模型和 TCP/IP 模型各层的 DDoS 攻击如表 7-3 所示，X 表示各攻击所在的层。

表 7-3　OSI 模型和 TCP/IP 模型各层的 DDoS 攻击

OSI 模型	应用层	表示层	会话层	传输层	网络层	数据链路层	物理层
TCP/IP 模型	应用层			传输层	网络层	网络接入层	
Smurf 攻击			不适用		X	不适用	不适用
ICMP 泛洪攻击			不适用		X	不适用	不适用
IP/ICMP 分片攻击			不适用		X	不适用	不适用
TCP SYN 泛洪攻击			不适用	X		不适用	不适用
UDP 泛洪攻击			不适用	X		不适用	不适用
其他 TCP 泛洪攻击（如 Spoof/Non）			不适用	X		不适用	不适用

续表

OSI 模型	应用层	表示层	会话层	传输层	网络层	数据链路层	物理层
TCP/IP 模型	应用层			传输层	网络层	网络接入层	
TCP 连接耗尽攻击			不适用	X		不适用	不适用
IPSec 泛洪攻击与 IKE/ISAKMP 相关			不适用	X		不适用	不适用
满传输速率攻击			不适用	X		不适用	不适用
长连接 TCP 会话攻击			不适用	X		不适用	不适用
其他连接泛洪攻击			不适用	X		不适用	不适用
SSL 耗尽攻击		X	不适用			不适用	不适用
伪造证书攻击		X	不适用			不适用	不适用
中间人攻击		X	不适用			不适用	不适用
反射攻击（如 DNS、NTP 等）	X		不适用			不适用	不适用
应用请求泛洪攻击	X		不适用			不适用	不适用
其他泛洪攻击（如 SMTP、DNS、SNMP、FTP、SIP 等）	X		不适用			不适用	不适用
有针对性的应用攻击	X		不适用			不适用	不适用
数据库连接池资源耗尽攻击	X		不适用			不适用	不适用
资源耗尽攻击	X		不适用			不适用	不适用
HTTP POST 请求耗尽攻击	X		不适用			不适用	不适用
HTTP Get 请求耗尽攻击	X		不适用			不适用	不适用
模拟用户访问攻击	X		不适用			不适用	不适用
慢速读攻击	X		不适用			不适用	不适用
慢速 POST 攻击	X		不适用			不适用	不适用
Slowloris 攻击	X		不适用			不适用	不适用

7.7.2 针对 Memcached 的大规模攻击

Memcached 是一套基于内存的分布式高速缓存系统，通常用于动态 Web 应用，以减小数据库负载。Memcached 通过在内存中缓存数据和对象来减少读取数据库的次数，以

第 7 章 SDP 防御分布式拒绝服务（DDoS）攻击

提高动态数据库驱动网站的响应速度。它本身没有权限控制模块，旧版 Memcached 客户端可以通过 TCP 或 UDP 端口号 11211 访问 Memcached 服务器，无须验证。因此，对公网开放的 Memcached 服务很容易被攻击者扫描发现，攻击者可以通过命令直接读取 Memcached 中的敏感信息。此类服务器应该部署在受信任的网络中。

2018 年，曾爆发过两轮大规模针对 Memcached 服务器的攻击，当时约有 5 万台 Memcached 服务器暴露，后续约有 3.1 万台 Memchached 服务器暴露。

下列措施可以弱化其危害。

（1）将服务器迁移至受信任的网络。

（2）安装默认禁用 UDP 协议的新版 Memcached。

（3）关闭端口 11211。

近年来，发生的大规模 DDoS 攻击如表 7-4 所示。

表 7-4 大规模 DDoS 攻击

日期	攻击目标	攻击流量（TB/秒）	被攻击的设备	设备漏洞触发点	攻击手段
2018 年 3 月	US SP	1.7	Memcached 服务器	访问验证	"反射放大型" DDoS 攻击
2018 年 2 月	Github	1.3	Memcached 服务器	访问验证	"反射放大型" DDoS 攻击
2016 年 10 月	Dyn DNS	1.2	数百万 IoT 设备	验证	TCP SYN、UDP 泛洪攻击

第 8 章
SDP 满足等保 2.0 要求

8.1 等保 2.0

随着信息系统迭代的加快，网络环境日益复杂，传统的边界防护缺失灵活性，无法适应复杂多变的攻击手段。因此，现代网络安全体系建设应能快速有效的部署访问策略，形成纵深边界安全防御和检测机制。

网络安全等级保护（等保）是国家信息安全管理的基本制度。随着政府、企事业单位信息化水平的不断提高，泄密、黑客入侵等信息安全问题逐渐凸显。近年来，国家层面越来越重视信息安全工作，确立了重要信息系统等级保护是国家信息安全管理的基本制度。

1994 年，《中华人民共和国计算机信息系统安全保护条例》发布，此后，相关部门陆续发布了多项政策及标准，等级保护作为国家信息安全保障整改建设的标准，逐步进入落地阶段。

（1）2003 年 9 月 7 日，中共中央办公厅、国务院办公厅发出通知，转发《国家信息化领导小组关于加强信息安全保障工作的意见》（中办发[2003]27 号），并要求各地结合实际认真贯彻落实。

（2）2004 年，公安部、国家保密局、国家密码管理局、国务院信息化工作办公室联合发布《关于信息安全等级保护工作的实施意见》（公通字[2004]66 号）。

（3）2007 年，公安部、国家保密局、国家密码管理局、国务院信息化工作办公室联合发布《信息安全等级保护管理办法》（公通字[2007]43 号）。

（4）公安部陆续发布《信息安全技术 信息系统安全等级保护定级指南》（GB/T

22240—2008)、《信息安全技术 信息系统安全等级保护基本要求》(GB/T 22239—2008)、《信息安全技术 信息系统安全等级保护实施指南》(GB/T 25058—2010)和《信息安全技术 信息系统安全等级保护测评过程指南》(GB/T 28449—2012)。

(5) 2016年11月,《中华人民共和国网络安全法》由中华人民共和国第十二届全国人民代表大会常务委员会第二十四次会议通过,2017年6月1日施行。

(6) 2018年4月,国家卫生健康委员会规划与信息司、国家卫生健康委员会统计信息中心发布《全国医院信息化建设标准与规范(试行)》,对数据中心安全、终端安全、网络安全、容灾备份做了明确要求。

(7) 2019年5月13日,网络安全等级保护制度2.0(等保2.0)标准正式发布。

等保2.0涵盖安全通用要求、云计算安全扩展要求、移动互联安全扩展要求、物联网安全扩展要求、工业控制系统安全扩展要求。

等保2.0分为五级,安全要求逐渐增加,等保2.0的五个等级如表8-1所示。

表8-1 等保2.0的五个等级

信息系统的安全保护等级	内容
第一级:自主保护级	适用于一般信息系统,受到破坏后,会对公民、法人和其他组织的合法权益产生损害,但不损害国家安全、社会秩序和公共利益
第二级:指导保护级	适用于一般信息系统,受到破坏后,会对社会秩序和公共利益造成轻微损害,但不损害国家安全
第三级:监督保护级	适用于涉及国家安全、社会秩序和公共利益的重要信息系统,受到破坏后,会对国家安全、社会秩序和公共利益造成损害
第四级:强制保护级	适用于涉及国家安全、社会秩序和公共利益的重要信息系统,受到破坏后,会对国家安全、社会秩序和公共利益造成严重损害
第五级:专控保护级	适用于涉及国家安全、社会秩序和公共利益的重要信息系统的核心系统,受到破坏后,会对国家安全、社会秩序和公共利益造成特别严重的损害

8.2 SDP与等保2.0的五项要求

8.2.1 安全通用要求

等保2.0充分体现了"一个中心,三重防护"的思想。一个中心指"安全管理中心",

三重防护指"安全计算环境，安全区域边界，安全网络通信"。等保 2.0 比 1.0 更注重整体的动态防御，强调事前预防、事中响应、事后审计。

政府、企事业单位都需要通过开展等级保护工作，推动等级保护整改建设实施，使相关信息系统能够具有相应等级的基本保护能力，满足上级部门的监管要求和政策法规的合规要求。

由于信息安全保障工作具有专业性，各单位在开展等级保护合规建设的过程中遇到了许多问题。据市场反馈，有近 60%的单位不了解等级保护建设工作如何开展，70%的单位不熟悉、不理解相关标准要求，大多数单位缺乏相关知识和应对方案。

SDP 的核心思想是构建以身份为中心的网络传输动态访问控制。它强调建立包括用户、设备、应用、系统等实体的统一身份标识，并基于最小权限原则进行访问。SDP 以网络为实施范围，以实体身份为抓手，实现数据层面的访问控制，符合等保 2.0 的三重防护体系（特别是"安全区域边界"和"安全网络通信"）的要求。事实上，SDP 与等保 2.0 的总体思路不谋而合，体现了在安全挑战日新月异的大背景下，随着传统边界防护的瓦解，网络安全技术自身适应进化的过程。因此可以认为，SDP 能够有效满足等级保护的要求，构建全新的安全架构基石。

8.2.2 云计算安全扩展要求

在云计算环境中，计算、存储和网络等元素都被资源池化，虚拟机所在的物理位置和网络位置可能频繁变化。因此，传统的网络安全防护手段无法有效实现云计算安全。云计算资源规模决定了其承载业务的种类和数量非常多，多租户资源共享也决定了其不能按照资源的物理位置、固定的网络访问接入及静态的身份信任验证体系来构建云计算安全。因此，在等保 2.0 的技术合规要求中，除了安全通用要求，还有云计算安全扩展要求。

云计算用户与传统用户存在明显区别。云计算用户总是来自云外，这意味着用户都是远程接入到云中的，很难保证他们有固定的网络地址，需要动态赋予用户访问权限。

云计算环境和云计算用户存在很大的不确定性，安全通信网络成为等保 2.0 中最具挑战的部分。

SDP 要求先进行身份鉴别，确定对应的访问权限和策略，再与相应的服务建立连接。SDP 以用户为中心，没有基于预设的发起方和接受方的地址，因而能够在内外部环境，尤其是网络地址和拓扑持续变化的情况下，提供可靠的隔离和访问控制手段。CSA 提出的以身份体系代替物理位置、网络区域的 SDP 零信任架构逐渐获得业界认可。

虽然 SDP 的具体实现方式不在本文的讨论范围内，但是 SDP 控制器和 SDP 网关的形态确实对其部署位置有较大影响，这又关系到 SDP 在什么层面上，以及实现了什么粒度的访问控制。因此，在介绍 SDP 在云计算环境中的适用策略前，根据 SDP 网关的形态和部署位置，将 SDP 在云计算环境下的部署分为以下 3 种方式。

（1）内嵌式部署：SDP 网关以插件的形式部署在每个虚拟机上。在这种部署方式下，用户能够定义任意两台虚拟机之间的访问策略，从而实现虚拟机级别的细粒度隔离和访问控制。但这种部署方式需要将 Agent 内嵌到用户的系统中，并占用部分用户计算资源。

（2）虚拟网元部署：SDP 网关作为单独的网元部署在云计算环境中。可以虚拟化部署在每台宿主机上（可为不同宿主机上的虚拟机提供隔离和访问控制）或每个租户的私有网络内(可为不同租户间的虚拟机提供隔离和访问控制)，取决于用户的访问策略需求。

（3）物理网元部署：SDP 网关以单独形态部署在云边界。这种部署方式提供的隔离和访问控制粒度较粗，能够实现云内云外互访的访问需求。

用户可以根据实际需要，选择其中一种方式或组合使用几种方式进行部署。

8.2.3 移动互联安全扩展要求

等保 2.0 对移动互联应用场景进行了说明，指出采用移动互联技术的等级保护对象的移动互联部分由移动终端、移动应用和无线网络 3 部分组成，移动终端通过无线通道连接无线接入设备，无线接入网关通过访问控制策略限制移动终端的访问行为，后台的移动终端管理系统负责管理移动终端，包括向客户端软件发送移动设备管理、移动应用管理和移动内容管理策略等。移动互联应用架构如图 8-1 所示。

移动互联安全扩展要求是针对移动终端、移动应用和无线网络提出的特殊安全要求，其与安全通用要求一起构成了针对采用移动互联技术的等级保护对象的完整安全要求。移动互联安全扩展要求涉及的控制点包括无线接入点的物理位置、无线和有线网络之间的边界防护、无线和有线网络之间的访问控制、无线和有线网络之间的入侵防范，以及移动终端管控、移动应用管控、移动应用软件采购、移动应用软件开发和配置管理。

SDP 基于零信任安全理念，可以很好地提高跨网络的安全性。无论在固定网络还是在移动网络中，都能提供可靠的隔离和访问控制。

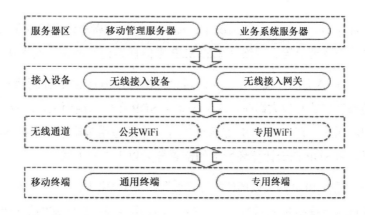

图 8-1 移动互联应用架构

在移动互联网中,可以采用多种 SDP 部署方式。

(1)内嵌式部署:SDP 网关以插件的形式部署在移动互联网终端和移动应用服务端。在这种部署方式下,用户能够定义任意两台设备之间的访问策略,从而实现终端级别的细粒度隔离和访问控制。但这种部署方式需要将 Agent 内嵌到用户的系统中,并占用部分用户计算资源。

(2)应用侧网关部署:SDP 网关作为单独的网元部署在移动互联网环境中,部署在移动应用服务端前端。SDP 网关和移动应用服务端通过可信网络连接,可以实现应用侧的过渡,不需要更改服务端。

(3)移动互联网侧网关部署:SDP 网关作为单独的网元部署在移动互联网环境中,部署在移动互联网网络汇聚出口处。SDP 网关和移动互联网终端通过一定的安全机制保障网络隔离和访问控制,可以对不支持 SDP 的移动互联网终端使用已经采用 SDP 的移动互联网应用服务。

用户可以根据实际需要,选择其中一种方式或组合使用几种方式进行部署。

8.2.4 物联网安全扩展要求

物联网面临错综复杂的安全风险。从管理的角度来看,物联网应用涉及国家重要行业、关键基础设施,产业合作链长、数据采集范围广、业务场景多,各类应用场景的业务规模、责任主体、数据种类、信息传播形态存在差异,为物联网安全管理带来了挑战;从技术的角度来看,物联网涉及通信网络、云计算、移动应用、Web 等,具有传统互联网的安全风险,且其终端规模大、部署环境复杂,传统安全问题的危害在物联网环境下会被急剧放大。

2013年，我国将安全能力建设纳入物联网发展规划。近年来，随着物联网应用的不断成熟，物联网安全标准化进一步得到重视，成为国家促进关键信息基础设施保护、实现行业应用安全可控的重要抓手。值此物联网产业发展的关键时期，加快研制应用物联网安全基础标准和关键技术标准，尤其是工业互联网、车联网、智能家居等产业急需的物联网安全服务标准，已成为一项重要工作。

大量新设备不断连入互联网。管理这些设备和从这些设备中提取信息的后端应用程序十分关键，因为其要充当私有或敏感数据的保管人。SDP可用于隐藏这些服务器及其在互联网上的交互，最大限度地提高安全性和保障正常运行时间。

可以将物联网分为感知层、网络传输层和处理应用层。感知层包括传感器节点和传感网网关节点，网络传输层包括将这些感知数据远距离传输到处理中心的网络，处理应用层包括对感知数据进行存储与智能处理的平台，并为业务应用终端提供服务。物联网构成如图8-2所示。

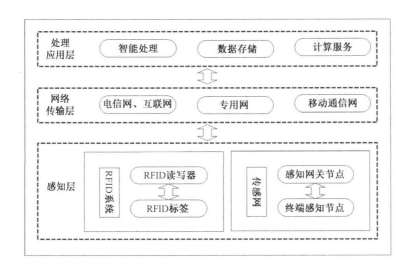

图8-2 物联网构成

8.2.5 工业控制系统安全扩展要求

工业控制系统涉及应用层、控制层和实时操作层，与传统信息系统不同，其具有实时性、集成性、稳定性、高可用性和人机互操作性要求。工业控制系统网络组件涉及传统网络系统组件，如OS、网络及网络设备、数据库等，以及工业控制专用设备或系统，如 SCADA、PLC、DCS 等，系统投入运营后不会轻易变更（一般工业控制系统使用生命周期至少 25 年）。随着运营时间的增加，各系统的漏洞、缺陷越来越多，易被病毒、恶意代码攻击，造成工业控制系统风险。安全防护措施的实施要求对环境及业务具有零影响，传统的安全防护措施不再适用于工业控制系统防护，因此安全防护措施不足。

随着工业互联网发展战略的提出，传统封闭式工业控制系统逐步走向外网、互联网，网络安全面临更大的挑战。

SDP 的功能与技术在工业控制系统中有较好的应用环境，是工业控制系统（特别是工业互联网）安全性增强的轻量级可选技术。SDP 能够实现工业控制网络中的白名单机制（如应用白单名、设备白单名、用户白单名等），可有效加强对网络安全的管理；通过先验证后连接，实现对接入用户与设备的安全管理；通过基于用户策略的安全防护，实现用户身份鉴别、资源授权；通过加密，实现工业系统指令发布与数据安全传输等。

客户端—网关模式：一个或多个服务器位于 AH 后方，AH 充当客户端和受保护服务器之间的网关。这种模式将受保护服务器与未授权用户隔离，并降低了常见的横向移动攻击风险。

客户端—服务器模式：受保护服务器直接运行 AH 的软件，无须运行该软件前面的网关，建立了客户端和服务器之间的直接联系。

服务器—服务器模式：该模式可以使提供 REST、SOAP、RPC 等服务或 API 的服务器免受网络上未授权主机的攻击。

结合工业控制系统网络的特殊情况，推荐采用下列 SDP 部署方式。

（1）实时生产控制区与非实时生产控制区部署：利用先验证后连接实现对所有访问实时生产控制区、非实时生产控制区资源的接入准入；基于用户策略防护对操作人员、运维人员、临时运维人员等进行严格授权与控制。

（2）管理信息区部署：对网络关键资源进行安全保护，降低病毒、木马等的威胁，同时，针对外部网络的远程接入、临时接入及访问等提供资源隐身、访问控制、传输加密、身份鉴别、资源授权等功能。

（3）工业互联网部署：工业互联网为全新的工业控制系统网络，可与 SDP 安全架构整合，利用 SDP 的准入、授权、动态、隐身、加密等安全功能与特性，实现对工业互联网实时控制系统、非实时控制系统、信息管理系统等的多方位安全防护，为工业互联网应用提供安全支撑。

8.3 SDP 满足等保 2.0 第一级要求

SDP 在等保 2.0 第一级要求中的适用情况如表 8-2 所示。

表 8-2 SDP 在等保 2.0 第一级要求中的适用情况

第一级要求	SDP 适用情况
安全通用要求	不适用
云计算安全扩展要求	不适用
移动互联安全扩展要求	不适用
物联网安全扩展要求	不适用
工业控制系统安全扩展要求	适用

在等保 2.0 第一级工业控制系统安全扩展要求中,规定了多个方面的具体技术要求。SDP 在第一级工业控制系统安全扩展要求中的适用情况如表 8-3 所示。表 8-3 中第一列"等保 2.0 要求项"和第二列"等保 2.0 要求子项"中的编号为《信息安全技术 网络安全等级保护基本要求》(GB/T 22239—2019)中的章节编号,本章仅引用其中 SDP 适用或部分适用的内容进行介绍与分析。

表 8-3 SDP 在第一级工业控制系统安全扩展要求中的适用情况

等保 2.0 要求项	等保 2.0 要求子项	SDP 适用情况
6.5.1 安全物理环境	6.5.1.1 室外控制设备物理防护	不适用
6.5.2 安全通信网络	6.5.2.1 网络架构	适用
6.5.3 安全区域边界	6.5.3.1 访问控制	适用
	6.5.3.2 无线使用控制	适用
6.2.4 安全计算环境	6.5.4.1 控制设备安全	不适用

(1) 6.5.2.1 网络架构

要求:①工业控制系统与企业其他系统之间应划分两个区域,区域间应采用单向的技术隔离手段;②工业控制系统内部应根据业务特点划分为不同安全区域,安全区域之间应采用技术隔离手段。

SDP 的适用策略：在实时生产控制区与非实时生产控制区、管理信息区部署 SDP 可满足要求①；在实时生产控制区与非实时生产控制区之间的安全区域部署 SDP 可实现基于业务需求的技术隔离，可按网络、资源、应用、用户等进行技术隔离访问控制，满足要求②。

（2）6.5.3.1 访问控制

要求：应在工业控制系统与其他系统之间部署访问控制设备，配置访问控制策略，禁止任何穿越区域边界的 E-Mail、Web、Telnet、Rlogin、FTP 等通用网络服务。

SDP 的适用策略：在管理信息区部署 SDP 可实现对所有网络访问控制的细粒度管理，可禁止 E-Mail、Web、Telnet、Rlogin、FTP 等通用网络服务，满足要求。

（3）6.5.3.2 无线使用控制

要求：①应为所有参与无线通信的用户（人员、软件进程或设备）提供唯一性标识和鉴别；②应限制参与无线通信的用户（人员、软件进程或设备）对网络资源的使用。

SDP 的适用策略：在管理信息区、工业互联网部署 SDP 可满足要求。通过部署 SDP，利用先验证后连接等机制，为所有参与无线通信的用户提供唯一性标识和鉴别，实现对网络资源的使用限制，满足要求①和要求②。

8.4 SDP 满足等保 2.0 第二级要求

SDP 在等保 2.0 第二级要求中的适用情况如表 8-4 所示。

表 8-4 SDP 在等保 2.0 第二级要求中的适用情况

第二级要求	SDP 适用情况
安全通用要求	适用
云计算安全扩展要求	适用
移动互联安全扩展要求	适用
物联网安全扩展要求	适用
工业控制系统安全扩展要求	适用

1. 安全通用要求

等保 2.0 第二级要求的防护能力为"应能够防护系统免受来自外部小型组织的、拥有少量资源的威胁源发起的恶意攻击、一般的自然灾难,所造成的重要资源损害,能够发现重要的安全漏洞和输出安全事件,在系统遭到损害后,能够在一段时间内恢复部分功能。"第二级要求是常见的相对基础的要求,第二级安全通用要求主要针对物理安全、安全区域边界、安全计算环境、安全管理中心、安全管理制度、安全管理机构、安全管理人员和安全运维管理等。可以通过对 SDP 的应用有效提高安全管理效率,降低安全运维成本。

SDP 在第二级安全通用要求中的适用情况如表 8-5 所示。

表 8-5 SDP 在第二级安全通用要求中的适用情况

等保 2.0 要求项	等保 2.0 要求子项	SDP 适用情况
7.1.1 安全物理环境	7.1.1.1～7.1.1.10	不适用
7.1.2 安全通信网络	7.1.2.1 网络架构	适用
	7.1.2.2 通信传输	适用
	7.1.2.3 可信验证	不适用
7.1.3 安全区域边界	7.1.3.1 边界防护	适用
	7.1.3.2 访问控制	适用
	7.1.3.3 入侵防范	适用
	7.1.3.4 恶意代码防范	不适用
	7.1.3.5 安全审计	适用
	7.1.3.6 可信验证	不适用
7.1.4 安全计算环境	7.1.4.1 身份鉴别	适用
	7.1.4.2 访问控制	适用
	7.1.4.3 安全审计	适用
	7.1.4.4 入侵防范	适用
	7.1.4.5 恶意代码防范	不适用
	7.1.4.6 可信验证	不适用
	7.1.4.7 数据完整性	适用
	7.1.4.8 数据备份恢复	不适用

续表

等保2.0要求项	等保2.0要求子项	SDP适用情况
7.1.4 安全计算环境	7.1.4.9 剩余信息保护	不适用
	7.1.4.10 个人信息保护	不适用
7.1.5 安全管理中心	7.1.5.1 系统管理	不适用
	7.1.5.2 审计管理	不适用
7.1.6 安全管理制度	7.1.6.1～7.1.6.4	不适用
7.1.7 安全管理机构	7.1.7.1～7.1.7.4	不适用
7.1.8 安全管理人员	7.1.8.1～7.1.8.4	不适用
7.1.9 安全建设管理	7.1.9.1～7.1.9.10	不适用
7.1.10 安全运维管理	7.1.10.1～7.1.10.14	不适用

(1) 7.1.2.1 网络架构

要求：①应划分网络区域，并按照方便管理和控制的原则为各网络区域分配地址；②应避免将重要网络区域部署在边界处，重要网络区域与其他网络区域之间应采取可靠的技术隔离手段。

SDP的适用策略：SDP提供应用层的边界防护，应用网关能够实现技术隔离。SDP在不同网络区域有不同应用。因为SDP通过SDP控制器控制访问，所以可以通过SDP控制器管理和控制对应的网络区域，且对应连接通过SDP客户端和SDP网关进行交互，大大提高了访问的可靠性和安全性，满足要求①和要求②。

SDP有效提高了安全边界的灵活性，提供云平台和私有化部署，可以根据需要进行选择。SDP提供应用层的边界防护，应用网关具有技术隔离作用，应用服务器受网关保护，外界扫描工具和攻击无法探测服务器地址和端口。SDP使固化的边界模糊化，缩小了攻击面。

(2) 7.1.2.2 通信传输

要求：应通过校验技术确保通信传输过程中数据的完整性。

SDP的适用策略：通信传输过程使用双向TLS加密，防止被篡改，满足要求。

(3) 7.1.3.1 边界防护

要求：应提供跨越边界的安全访问及跨越边界数据流的受控接口。

第 8 章　SDP 满足等保 2.0 要求

SDP 的适用策略：作为边界安全隔离产品，SDP 可以有效提供跨越边界的安全访问及跨越边界数据流的受控接口。由于独特的 SDP 三组件（客户端、网关、控制器）关系，数据流仅在通过特定客户端和网关且经合法授权后，才能进入其他内部网络，满足要求。

（4）7.1.3.2 访问控制

要求：①应根据访问控制策略在网络边界或网络区域之间设置访问控制规则；②应删除多余或无效的访问控制规则，优化访问控制列表，并保证访问控制规则数量最少；③应对源地址、目的地址、源端口、目的端口和协议等进行检查，以控制数据包通过；④应根据会话状态信息控制访问。

SDP 的适用策略：对于访问控制来说，应根据具体情况部署 SDP 网关和控制器，以保证访问控制，SDP 的优势是对请求验证的会话进行有效验证和访问控制。SDP 默认不信任任何网络、人、设备，默认拒绝一切连接，仅允许通过验证的合法访问请求，仅允许合法用户通信，且合法用户也需要根据权重分配访问权限，满足要求①；SDP 基于用户身份实现细粒度访问控制，满足要求②；SDP 对源地址、目的地址、源端口、目的端口和协议等进行检查，并基于这些信息进行访问控制，以允许符合条件的数据包通过，拒绝不符合条件的数据包，满足要求③；SDP 以身份化为基础，所有访问请求都需要经过身份验证并植入会话状态信息，需对所有访问流量检测会话状态信息的合法性，仅允许携带合法会话状态信息的访问流量到达业务系统，拒绝非法访问，满足要求④。

（5）7.1.3.3 入侵防范

要求：应在关键网络节点监控网络攻击行为。

SDP 的适用策略：可以通过 SDP 控制器监控所有资源访问日志及异常行为，如果发生故障，则需要根据故障的严重程度匹配策略，以有效监控网络攻击行为。如果对应的故障场景变化，则需要对策略进行调整，满足要求。

（6）7.1.3.5 安全审计

要求：①应在网络边界、重要网络节点进行安全审计，覆盖每个用户，对重要用户行为和重要安全事件进行审计；②审计记录应包括事件发生日期和时间、用户、事件类型、事件是否成功等信息；③应对审计记录进行保存并定期备份，避免出现未预期的删除、修改或覆盖等。

SDP 的适用策略：SDP 的审计内容覆盖每个终端用户，纪录重要用户行为和重要安全事件，将相关信息保存在管控平台并定期备份，以避免出现未预期的删除、修改和覆盖等。SDP 审计日志默认记录所有用户的所有访问，详细记录事件发生日期和时间、用户、事件类型、事件是否成功等信息，满足要求①和要求②；SDP 控制器支持设置审计日志的保存时间并定期备份，满足要求③。

（7）7.1.4.1 身份鉴别

要求：①应对登录的用户进行身份标识和鉴别，身份标识具有唯一性，身份鉴别具有复杂度要求并需要定期更换；②应具有登录失败处理功能，应配置并启用结束会话、限制非法登录次数和当登录连接超时自动退出等功能；③进行远程管理时，应采取必要措施防止鉴别信息在网络传输过程中被窃听。

SDP 的适用策略：SDP 支持多因子身份验证，保证身份不被冒用，并对密码复杂度有强制要求，满足要求①；SDP 对登录验证有防爆破保护及连接超时自动注销保护，满足要求②；SDP 对所有数据使用双向 TLS 加密传输，防止数据在网络传输过程中被窃听，并能防止中间人攻击，满足要求③。

（8）7.1.4.2 访问控制

要求：①应为登录的用户分配账号和权限；②应重命名或删除默认账号，修改默认账号的默认口令；③应及时删除或停用多余和过期账号，避免共享账号的存在；④应授予管理用户所需的最小权限，实现管理用户的权限分离。

SDP 的适用策略：SDP 属于访问控制类产品，具有账号管理功能，能够分配账号访问与配置权限，合法用户也需要根据权重分配账号和访问权限。SDP 会对所有访问进行授权和校验，满足要求①和要求②；SDP 控制器能够设置账号过期时间，禁止长时间不登录的账号登录，满足要求③和要求④。

（9）7.1.4.3 安全审计

要求：①应启用安全审计功能，覆盖每个用户，对重要用户行为和重要安全事件进行审计；②审计记录应包括事件发生日期和时间、用户、事件类型、事件是否成功等信息；③应对审计记录进行保存并定期备份，避免出现未预期的删除、修改或覆盖等。

SDP 审计日志默认记录所有用户的所有访问，详细记录事件发生日期和时间、用户、事件类型、事件是否成功等信息，满足要求①和要求②；SDP 控制器支持设置审计日志的保存时间并定期备份，满足要求③。

（10）7.1.4.4 入侵防范

要求：①应遵循最小安装原则，仅安装需要的组件和应用程序；②应关闭不需要的系统服务、共享端口和高危端口；③应通过设定终端接入方式或网络地址范围对通过网络管理的终端进行限制；④应提供数据有效性检验功能，保证通过人机接口输入的内容

第8章　SDP满足等保2.0要求

和通过通信接口输入的内容符合系统设定要求；⑤应能发现可能存在的已知漏洞，并在进行充分测试和评估后，及时修补漏洞。

SDP的适用策略：SDP默认关闭所有端口，拒绝一切连接，不存在共享和高危端口，应用网关仅面向授权客户端开放访问权限，控制了使用范围，缩小了暴露面，通过客户端和控制器，可以检测入侵行为，并在发生严重入侵事件时及时预警，满足要求①和要求②；SDP客户端在连接网关前需要由控制器进行身份验证，控制器可以对终端接入方式及网络地址范围进行有效控制，满足要求③；SDP客户端和SDP网关之间使用特殊的通信协议，并加密数据传输，以保证数据的正确性和有效性，满足要求④；SDP客户端、网关、控制器支持自动更新和升级，保证可以及时修补漏洞，满足要求⑤。

（11）7.1.4.7 数据完整性

要求：应采用校验技术或密码技术保证重要数据在传输过程中的完整性，包括鉴别数据、重要业务数据、重要审计数据、重要配置数据、重要视频数据和重要个人信息等。

SDP的适用策略：SDP通过密码技术对网络传输进行数据加密，有效保证数据的完整性，满足要求。

2. 云计算安全扩展要求

SDP在第二级云计算安全扩展要求中的适用情况如表8-6所示。

表8-6　SDP在第二级云计算安全扩展要求中的适用情况

等保2.0要求项	等保2.0要求子项	SDP适用情况
7.2.1 安全物理环境	7.2.1.1 基础设施位置	不适用
7.2.2 安全通信网络	7.2.2.1 网络架构	部分适用
7.2.3 安全区域边界	7.2.3.1 访问控制	适用
	7.2.3.2 入侵防范	部分适用
	7.2.3.3 安全审计	适用
7.2.4 安全计算环境	7.2.4.1 访问控制	适用
	7.2.4.2 镜像和快照保护	不适用
	7.2.4.3 数据完整性和保密性	不适用
	7.2.4.4 数据备份恢复	不适用
	7.2.4.5 剩余信息保护	不适用

续表

等保 2.0 要求项	等保 2.0 要求子项	SDP 适用情况
7.2.5 安全建设管理	7.2.5.1 云服务商选择	不适用
	7.2.5.2 供应链管理	不适用
7.2.6 安全运维管理	7.2.6.1 云计算环境管理	不适用

（1）7.2.2.1 网络架构

要求：①应保证云计算平台不承载高于其安全保护等级的业务应用系统；②应实现不同云服务客户虚拟网络之间的隔离；③应能根据云服务客户业务需求提供通信传输、边界防护、入侵防范等安全机制。

SDP 的适用策略：通过内嵌式、虚拟网元部署 SDP 网关可部分满足要求。SDP 控制器和网关保证用户设备的 SDP 客户端只能连接到有访问权限的对应云服务，不同客户的用户及其对应的云服务对其他云服务客户隐藏，Deny-All 防火墙和强制的 SPA 能够实现不同业务的充分隔离，满足要求②。

SDP 架构强制要求所有数据通信采用双向 TLS 或 IPSec 保证云服务客户的用户与服务通过强加密通道通信，保证通信传输安全，实现通信传输保护；通过控制器下发安全策略，可以细粒度配置用户的传输参数（如加密套件）。SDP 不实现静态的基于物理位置的安全边界防护，不实现传统意义上的分区保护，而是以用户为中心，动态定义应用访问范围。传统的物理网络边界已被打破，实现了弹性较强且动态变化的边界防护；SDP 在架构定义上，不强调入侵检测和入侵防范。Deny-All 防火墙和强制的 SPA 能有效防止入侵，完善的访问日志将记录攻击者留下的痕迹，攻击者入侵时被 SDP 丢弃的数据包也会提供用于分析的证据和数据，满足要求③。

要求①属于管理实践，不在 SDP 支持的范围内，需要结合其他措施实现。

（2）7.2.3.1 访问控制

要求：①应在虚拟网络边界部署访问控制机制，并设置访问控制规则；②应在不同等级的网络区域边界部署访问控制机制，设置访问控制规则。

SDP 的适用策略：通过内嵌式、虚拟网元或物理网元部署 SDP 网关可满足要求。SDP 网关实现代理的层次不同，可以实现网络层到应用层的访问控制。以 SDP 网关为边界，隐藏服务或服务器。SDP 提供严格的访问控制机制，用户需要使用的云服务在 SDP 控制器和网关环境中注册后才能访问，且用户只能通过确定的客户端访问有适当访问权限的服务，满足要求①和要求②。

（3）7.2.3.2 入侵防范

要求：①应能检测云服务客户的网络攻击行为，并记录攻击类型、攻击时间、攻击流量等；②应能检测对虚拟网络节点的网络攻击行为，并记录攻击类型、攻击时间、攻击流量等；③应能检测虚拟机与宿主机、虚拟机与虚拟机之间的异常流量。

SDP 的适用策略：通过内嵌式部署 SDP 网关可部分满足要求。用户及其使用的设备必须在 SDP 控制器中注册，且在访问服务时严格验证。通过内嵌式部署 SDP 网关，用户可以迅速检测虚拟机与宿主机、虚拟机与虚拟机之间不符合访问策略的异常访问行为，并提供攻击的具体记录，部分满足要求。

对于符合访问策略的网络攻击行为，SDP 需要结合行为日志大数据分析软件，通过用户行为建模及异常检测，发现攻击行为并发出预警。

（4）7.2.3.3 安全审计

要求：①应对云服务商和云服务客户在远程管理时执行的特权命令进行审计，至少包括虚拟机删除、虚拟机重启；②应保证云服务商对云服务客户系统和数据的操作可被云服务客户审计。

SDP 的适用策略：通过内嵌式、虚拟网元部署 SDP 网关可满足要求。云服务商和云计算客户需要通过 SDP 网关实现云资源远程管理及数据操作，识别相关管理操作行为，以日志的方式保存到 SDP 控制器，满足要求①和要求②。

（5）7.2.4.1 访问控制

要求：①应保证在虚拟机迁移时，访问控制策略随之迁移；②应允许云服务客户设置不同虚拟机之间的访问控制策略。

SDP 的适用策略：通过内嵌式部署 SDP 网关可满足要求。在虚拟机迁移时，如果网络地址不发生变化，则原访问控制策略将生效；如果网络地址发生变化，将重新触发到 SDP 控制器的验证，访问策略也将更新，满足要求①；云服务客户可以通过 SDP 控制器集中配置不同虚拟机之间的访问控制策略，满足要求②。

3. 移动互联安全扩展要求

SDP 在第二级移动互联安全扩展要求中的适用情况如表 8-7 所示。

表 8-7　SDP 在第二级移动互联安全扩展要求中的适用情况

等保 2.0 要求项	等保 2.0 要求子项	SDP 适用情况
7.3.1 安全物理环境	7.3.1.1 无线接入点的物理位置	不适用
7.3.2 安全区域边界	7.3.2.1 边界防护	适用
	7.3.2.2 访问控制	适用
	7.3.2.3 入侵防范	部分适用
7.3.3 安全计算环境	7.3.3.1 移动应用管控	部分适用
7.3.4 安全建设管理	7.3.4.1 移动应用软件采购	不适用
	7.3.4.2 移动应用软件开发	不适用

（1）7.3.2.1 边界防护

要求：应保证有线网络与无线网络边界之间的访问和数据流通过无线接入网关设备。

SDP 的适用策略：通过内嵌式或应用侧及移动侧 SDP 网关可满足要求。无线终端将 SDP 网关作为无线接入网关。

（2）7.3.2.2 访问控制

要求：无线接入设备应开启接入验证功能，并禁止使用 WEP 进行验证，如使用口令，其长度应不小于 8 字符。

SDP 的适用策略：通过内嵌式或应用侧及移动侧 SDP 网关可满足要求。SDP 每次进行会话都需要先验证后连接，支持接入验证。根据等保 2.0 的要求，SDP 应开启接入验证功能，并禁止使用 WEP 进行验证。

（3）7.3.2.3 入侵防范

要求：①应能检测未授权无线接入设备和未授权移动终端的接入行为；②应能检测针对无线接入设备的网络扫描、DDoS 攻击、密钥破解、中间人攻击和欺骗攻击等；③应能检测无线接入设备的 SSID 广播、WPS（WiFi Protected Setup）等高风险功能的开启状态；④应禁用无线接入设备和无线接入网关存在风险的功能，如 SSID 广播、WEP 验证等；⑤应禁止多个 AP 使用同一密钥。

SDP 的适用策略：通过内嵌式或应用侧及移动侧 SDP 网关可部分满足要求。SDP 采用先验证后连接的方式，不需要检测即可拒绝未授权连接，防止网络扫描、DDoS 攻击、密钥破解、中间人攻击和欺骗攻击等，可满足要求①和要求②；SDP 不满足要求③，需依赖无线设备自身功能；SDP 不满足要求④和要求⑤，该要求属于管理范畴。

对于符合访问策略的网络攻击行为，SDP 需要结合用户行为日志大数据分析软件，发现异常行为并发出预警。

（4）7.3.3.1 移动应用管控

要求：①应具有对应用软件的安装和运行进行选择的功能；②应仅允许具有可靠证书签名的应用软件安装和运行。

SDP 的适用策略：SDP 本身不提供相应功能，可通过 SDP 插件或与 MAM（移动应用管控）、MDM（移动设备管理）相关软件联动满足要求。

4．物联网安全扩展要求

在物联网场景中，感知节点通常不是集中部署在数据中心的，在能源、交通等领域，感知节点往往还会部署在户外，并通过有线或无线方式与远程数据中心或云平台实现数据交互。分布式部署在数据中心外部的感知节点及其与远程数据中心的通信渠道是物联网中的重要攻击部位，攻击者可能利用物理接触等手段对感知节点设备进行深入分析，以发现可利用的漏洞；还可能通过通信渠道将含有恶意代码的设备连入远程数据中心。具有相同功能的感知节点设备的型号与配置通常区别不大，因此攻击者一旦掌握了某个感知节点设备的漏洞，便可能获得批量攻击整个物联网系统的能力，而这通常是攻击者攻击物联网系统的最终目的。

SDP 通过零信任框架，重构物联网系统的安全机制，并利用强身份验证、身份与设备的双向验证、网络微隔离、安全远程访问等提高物联网的安全性。物联网感知节点通常采用服务器—服务器模式，由于物联网感知节点分为感知层终端和感知层网关，可将其进一步分为两种情况。

（1）感知层终端—远程数据中心（服务器—服务器模式）：感知层终端设备与远程数据中心均属于 SDP 中的"服务器"。服务器之间的连接都是加密的，无论底层网络或 IP 结构如何，SDP 都要求服务器部署轻量级 SPA，即服务器之间先通过 SPA 完成鉴权并建立加密连接，再进行正常通行，任何未授权访问都不会得到服务器的响应。

（2）感知层终端—感知层网关—远程数据中心（客户端—网关—服务器模式）：通常用于感知层终端计算、存储资源不足，感知层终端设备需要更快速的实时响应，通过感知层网关设备提供边缘计算能力。要求感知层网关与感知层终端设备进行白名单机制的增强双向设备验证（设备 ID、MAC、固件或 OS 内核完整性等多因子身份验证），感知层网关与远程数据中心均使用 SPA，确保在感知层终端与感知层网关及感知层网关与远程数据中心进行通信前，先完成授权验证，否则不做任何响应。

SDP 在第二级物联网安全扩展要求中的适用情况如表 8-8 所示。

表 8-8 SDP 在第二级物联网安全扩展要求中的适用情况

等保 2.0 要求项	等保 2.0 要求子项	SDP 适用情况
7.4.1 安全物理环境	7.4.1.1 感知节点设备物理防护	不适用
7.4.2 安全区域边界	7.4.2.1 接入控制	适用
	7.4.2.2 入侵防范	适用
7.4.3 安全运维管理	7.4.3.1 感知节点管理	部分适用

（1）7.4.2.1 接入控制

要求：应保证只有授权节点可以接入。

SDP 的适用策略：可以在物联网感知节点上部署 SDP 客户端，在物联网接入设备上部署 SDP 网关，因为 SDP 客户端在连接前需要由 SDP 控制器验证和授权，所以只有授权节点可以接入，满足要求。

（2）7.4.2.2 入侵防范

要求：①应能限制与感知节点通信的目标地址，以免攻击陌生地址；②应能限制与网关节点通信的目标地址，以免攻击陌生地址。

SDP 的适用策略：在网关节点上，受限感知节点作为 IH，目标通信节点作为 AH，SDP 控制器发送安全策略，仅允许受限感知节点与目标通信节点进行通信，满足要求①；受限网关节点作为 IH，目标通信节点作为 AH，SDP 控制器发送安全策略，仅允许受限网关节点与目标通信节点进行通信，满足要求②。

（3）7.4.3.1 感知节点管理

要求：①应指定人员定期巡视感知节点设备、网关节点设备的部署环境，对可能影响感知节点设备、网关节点设备正常工作的环境异常进行记录和维护；②应明确规定并全程管理感知节点设备和网关节点设备的入库、存储、部署、携带、维修、丢失和报废过程。

SDP 的适用策略：SDP 不满足要求①，该要求属于管理范畴；可通过在感知节点设备、网关节点设备上内置 SDP 客户端的身份鉴别，SDP 客户端支持各种已有身份验证体系，符合等保 2.0 的要求。感知节点设备、网关节点设备通过身份验证后，即可在安全管理系统上进行注册，在设备入库、存储、部署、携带、维修、丢失和报废全过程进行整体跟踪管理，满足要求②。

5. 工业控制系统安全扩展要求

第二级工业控制系统信息安全保护环境的设计目标是在第一级工业控制系统信息安全保护环境的基础上，增加系统安全审计等安全功能，并实施以用户为基本粒度的自主访问控制，使系统具有更强的自主安全保护能力。SDP 在第二级工业控制系统安全扩展要求中的适用情况如表 8-9 所示。

表 8-9　SDP 在第二级工业控制系统安全扩展要求中的适用情况

等保 2.0 要求项	等保 2.0 要求子项	SDP 适用情况
7.5.1 安全物理环境	7.5.1.1 室外控制设备物理防护	不适用
7.5.2 安全通信网络	7.5.2.1 网络架构	适用
	7.5.2.2 通信传输	适用
7.5.3 安全区域边界	7.5.3.1 访问控制	适用
	7.5.3.2 拨号使用控制	适用
	7.5.3.3 无线使用控制	适用
7.5.4 安全计算环境	7.5.4.1 控制设备安全	不适用
7.5.5 安全建设管理	7.5.5.1 产品采购和使用	不适用
	7.5.5.2 外包软件开发	不适用

（1）7.5.2.1 网络架构

要求：①工业控制系统与企业其他系统之间应划分两个区域，区域间应采用单向技术隔离；②工业控制系统内部应根据业务特点划分为不同的安全区域，区域间应采用技术隔离；③涉及实时控制和数据传输的工业控制系统，应使用独立的网络设备组网，在物理层面上实现与其他数据网及外部公共信息网的安全隔离。

SDP 的适用策略：在实时生产控制区与非实时生产控制区、管理信息区、工业互联网部署 SDP 可满足要求①；在实时生产控制区与非实时生产控制区之间的安全区域部署 SDP 网关，可实现基于业务需求的技术隔离，可按网络、资源、应用、用户等进行技术隔离访问控制，满足要求②；在工业互联网中，需要跨越互联网，不推荐使用传统网闸措施，因此，SDP 更适用于工业互联网的安全防护，部署 SDP 可满足要求③。

（2）7.5.2.2 通信传输

要求：在工业控制系统内使用广域网进行控制指令或相关数据交换，应采用加密验证技术实现身份验证、访问控制和数据加密。

SDP的适用策略：在管理信息区、工业互联网部署SDP可满足要求，实现传输加密、零信任管理、访问控制等功能，满足要求。

（3）7.5.3.1 访问控制

要求：①应在工业控制系统与其他系统之间部署访问控制设备、配置访问控制策略，禁止任何穿越区域边界的E-Mail、Web、Telnet、Rlogin、FTP等通用网络服务；②应在工业控制系统内安全域之间的边界防护机制失效时，及时报警。

SDP的适用策略：在管理信息区、工业互联网部署SDP，实现对所有网络访问控制的细粒度管理，可禁止E-Mail、Web、Telnet、Rlogin、FTP等通用网络服务，满足要求。

（4）7.5.3.2 拨号使用控制

要求：对于确定需使用拨号访问服务的工业控制系统，应限制具有拨号访问权限的用户数量，并采取用户身份鉴别和访问控制等措施。

SDP的适用策略：在实时生产控制区与非实时生产控制区、管理信息区、工业互联网部署SDP可满足要求。通过SDP实现远程拨号终端准入与用户零信任、访问传输加密及访问资源按需授权，满足要求。

（5）7.5.3.3 无线使用控制

要求：①应为所有参与无线通信的用户（人员、软件进程或设备）提供唯一性标识和鉴别；②应限制参与无线通信的用户（人员、软件进程或设备）对网络资源的使用。

SDP的适用策略：在管理信息区、工业互联网部署SDP可满足要求。通过部署SDP，利用先验证后连接等机制，为所有参与无线通信的用户提供唯一性标识和鉴别，实现对网络资源的使用限制，满足要求①和要求②。

8.5　SDP满足等保2.0第三级要求

等保2.0第三级要求是国家对非银行机构的最高级认证，属于"监管级别"，由国家信息安全监管部门进行监督、检查，主要包含信息保护、安全审计、通信保密等300项要求，共涉及73类测评，要求十分严格。SDP在等保2.0第三级要求中的适用情况如表8-10所示。

第 8 章 SDP 满足等保 2.0 要求

表 8-10 SDP 在等保 2.0 第三级要求中的适用情况

第三级要求	SDP 适用情况
安全通用要求	适用
云计算安全扩展要求	适用
移动互联安全扩展要求	适用
物联网安全扩展要求	适用
工业控制系统安全扩展要求	适用

1. 安全通用要求

SDP 在第三级安全通用要求中的适用情况如表 8-11 所示。

表 8-11 SDP 在第三级安全通用要求中的适用情况

等保 2.0 要求项	等保 2.0 要求子项	SDP 适用情况
8.1.1 安全物理环境	8.1.1.1～8.1.1.10	不适用
8.1.2 安全通信网络	8.1.2.1 网络架构	部分适用
	8.1.2.2 通信传输	适用
	8.1.2.3 可信验证	不适用
8.1.3 安全区域边界	8.1.3.1 边界防护	适用
	8.1.3.2 访问控制	适用
	8.1.3.3 入侵防范	适用
	8.1.3.4 恶意代码防范	不适用
	8.1.3.5 安全审计	适用
	8.1.3.6 可信验证	不适用
8.1.4 安全计算环境	8.1.4.1 身份鉴别	适用
	8.1.4.2 访问控制	适用
	8.1.4.3 安全审计	适用
	8.1.4.4 入侵防范	适用
	8.1.4.5 恶意代码防范	不适用
	8.1.4.6 可信验证	不适用

续表

等保 2.0 要求项	等保 2.0 要求子项	SDP 适用情况
8.1.4 安全计算环境	8.1.4.7 数据完整性	适用
	8.1.4.8 数据保密性	适用
	8.1.4.9 数据备份恢复	不适用
	8.1.4.10 剩余信息保护	不适用
	8.1.4.11 个人信息保护	不适用
8.1.5 安全管理中心	8.1.5.1 系统管理	不适用
	8.1.5.2 审计管理	不适用
	8.1.5.3 安全管理	不适用
	8.1.5.4 集中管控	部分适用
8.1.6 安全管理制度	8.1.6.1～8.1.6.4	不适用
8.1.7 安全管理机构	8.1.7.1～8.1.7.4	不适用
8.1.8 安全管理人员	8.1.8.1～8.1.8.4	不适用
8.1.9 安全建设管理	8.1.9.1～8.1.9.10	不适用
8.1.10 安全运维管理	8.1.10.1～8.1.10.14	不适用

(1) 8.1.2.1 网络架构

要求：①应保证网络设备的业务处理能力满足业务高峰期的需要；②应保证网络各部分带宽满足业务高峰期的需要；③应划分网络区域，并按照方便管理和控制的原则为各网络区域分配地址；④应避免将重要网络区域部署在边界处，重要网络区域与其他网络区域之间应采取可靠的技术隔离手段；⑤应提供通信线路、关键网络设备和关键计算设备的硬件冗余，保证系统的可用性。

SDP 的适用策略：SDP 提供应用层的边界防护，应用网关能够实现技术隔离。SDP 在不同网络区域有不同应用。因为 SDP 通过 SDP 控制器控制访问，所以可以通过 SDP 控制器管理和控制对应的网络区域，且对应连接通过 SDP 客户端和 SDP 网关进行交互，大大提高了访问的可靠性和安全性，满足要求②、要求③和要求④；要求①和要求⑤属于硬件和网络运营商能力范畴，不满足。

SDP 有效提高了安全边界的灵活性，提供云平台和私有化部署，可以根据需要进行选择。SDP 提供应用层的边界防护，应用网关具有技术隔离作用，应用服务器受网关保护,外界扫描工具和攻击无法探测服务器地址和端口。SDP 使固化的边界模糊化,缩小了攻击面。

(2) 8.1.2.2 通信传输

要求:①应通过校验技术确保通信传输过程中数据的完整性;②应通过密码技术确保通信传输过程中数据的保密性。

SDP 的适用策略:通信传输过程使用双向 TLS 加密,防止被篡改,确保了数据的完整性,并能防止被监听、窃取,双向 TLS 基于常见的密码学算法(如数字签名、散列、对称加密等),国际上使用 RSA、AES、SHA256 等通用算法实现,国内可以使用 SM2、SM3、SM4 等国密算法实现,满足要求①和要求②。

(3) 8.1.3.1 边界防护

要求:①应提供跨越边界的安全访问及跨越边界数据流的受控接口;②应能对未授权设备私自连接内部网络的行为进行检查和限制;③应能对未授权内部用户连接外部网络的行为进行检查和限制;④应限制无线网络的使用,保证无线网络通过受控的边界设备接入内部网络。

SDP 的适用策略:作为边界安全隔离产品,SDP 可以有效提供跨越边界的安全访问及跨越边界数据流的受控接口,数据流仅在通过特定客户端和网关且经合法授权后,才能进入其他内部网络,满足要求①;SDP 遵循先验证后连接的原则,所有终端设备在通过 SDP 控制器的身份验证后,才能连接网关,当 SDP 网关部署在内部网络和外部网络的边界上时,能够阻止外部未授权设备私自连接内部网络及未授权内部用户连接外部网络,满足要求②和要求③;SDP 网关可以部署在无线网络及企业资源所在的网络中,使企业资源对未授权用户不可见,可以有效防止未授权设备进入企业内部网络,满足要求④。

(4) 8.1.3.2 访问控制

要求:①应根据访问控制策略在网络边界或网络区域之间设置访问控制规则;②应删除多余或无效的访问控制规则,优化访问控制列表,并保证访问控制规则数量最少;③应对源地址、目的地址、源端口、目的端口和协议等进行检查,以控制数据包通过;④应根据会话状态信息控制访问;⑤应根据应用协议和应用内容控制访问。

SDP 的适用策略:SDP 默认不信任任何网络、人、设备,默认拒绝一切连接,仅允许通过验证的合法访问请求,仅允许合法用户通信,且合法用户也需要根据权重分配访问权限,满足要求①;SDP 基于用户身份实现细粒度访问控制,满足要求②;SDP 对源地址、目的地址、源端口、目的端口和协议等进行检查，并基于这些信息进行访问控制，以允许符合条件的数据包通过，拒绝不符合条件的数据包，满足要求③；SDP 以身份化为基础，所有访问请求都需要经过身份验证并植入会话状态信息，需对所有访问流量检测会话状态信息的合法性，仅允许携带合法会话状态信息的访问流量到达业务系统，拒绝非法访问，满足要求④；SDP 检测所有访问流量的应用协议及应用内容，以针对不同应用协议进行不同安全检查，满足要求⑤。

（5）8.1.3.3 入侵防范

要求：①应在关键网络节点检测、防止或限制从外部发起的网络攻击行为；②应在关键网络节点检测、防止或限制从内部发起的网络攻击行为；③应采取技术措施对网络行为进行分析，实现对网络攻击特别是新型网络攻击行为的分析；④当检测到攻击行为时，记录攻击源 IP、攻击类型、攻击目标、攻击时间，并在发生严重入侵事件时报警。

SDP 的适用策略：SDP 网关部署在网络资源的关键位置，并记录所有资源访问日志，日志上传到 SDP 控制器，SDP 控制器通过分析访问行为，发现并自动阻止网络攻击行为，满足要求①、要求②和要求③；SDP 网关实时记录所有访问日志（包括源地址、目的地址、源端口、目的端口、访问设备、访问时间等信息），对日志进行大数据分析并发出预警，满足要求④。

（6）8.1.3.5 安全审计

要求：①应在网络边界、重要网络节点进行安全审计，覆盖每个用户，对重要用户行为和重要安全事件进行审计；②审计记录应包括事件发生日期和时间、用户、事件类型、事件是否成功等信息；③应对审计记录进行保存并定期备份，避免出现未预期的删除、修改或覆盖等。

SDP 的适用策略：SDP 的审计内容覆盖每个终端用户，纪录重要用户行为和重要安全事件，将相关信息保存在管控平台并定期备份，以避免出现未预期的删除、修改和覆盖等。SDP 审计日志默认记录所有用户的所有访问，详细记录事件发生日期和时间、用户、事件类型、事件是否成功等信息，满足要求①和要求②；SDP 控制器支持设置审计日志的保存时间并定期备份，满足要求③。

（7）8.1.4.1 身份鉴别

要求：①应对登录的用户进行身份标识和鉴别，身份标识具有唯一性，身份鉴别具有复杂度要求并需要定期更换；②应具有登录失败处理功能，应配置并启用结束会话、限制非法登录次数和当登录连接超时自动退出等功能；③在进行远程管理时，应采取必要措施防止鉴别信息在网络传输过程中被窃听；④应采用口令、密码技术、生物技术等两种或两种以上组合技术对用户进行身份鉴别,且至少其中一种技术应采用密码技术实现。

SDP 的适用策略:SDP 支持多因子身份验证,保证身份不被冒用,并对密码复杂度有强制要求,满足要求①;SDP 对登录验证有防爆破保护及连接超时自动注销保护,满足要求②;SDP 对所有数据使用双向 TLS 加密传输,防止数据在网络传输过程中被窃听,并能防止中间人攻击,满足要求③;SDP 支持多因子身份验证,包括口令、短信、动态令牌、证书、UKey、生物特征等,相关身份鉴别技术可以采用密码技术实现,满足要求④。

(8) 8.1.4.2 访问控制

要求:①应为登录的用户分配账号和权限;②应重命名或删除默认账号,修改默认账号的默认口令;③应及时删除或停用多余和过期账号,避免共享账号的存在;④应授予管理用户所需的最小权限,实现管理用户的权限分离;⑤应由授权主体配置访问控制策略,访问控制策略规定主体对客体的访问规则;⑥访问控制粒度应达到主体为用户级或进程级,客体为文件、数据库表级;⑦应为重要主体和客体设置安全标记,并控制主体对有安全标记信息资源的访问。

SDP 的适用策略:SDP 属于访问控制类产品,具有账号管理功能,能够分配账号访问与配置权限。合法用户也需要根据权重分配账号和访问权限。SDP 会对所有访问进行授权和校验,满足要求①和要求②;SDP 控制器能够设置账号过期时间,禁止长时间不登录的账号登录,满足要求③和要求④;SDP 通过授权策略实现主体对客体的访问控制,满足要求⑤;SDP 的主体为用户,能实现用户级的访问控制,并支持进程级的安全检查,基于检查结果进行访问控制,客体为业务系统,支持 URL 级的访问控制,满足要求⑥;SDP 能为网络中的主体和客体定义基于身份的安全标记,并按照主体和客体的访问关系设置访问控制规则,满足要求⑦。

(9) 8.1.4.3 安全审计

要求:①应启用安全审计功能,覆盖每个用户,对重要用户行为和重要安全事件进行审计;②审计记录应包括事件发生日期和时间、用户、事件类型、事件是否成功等信息;③应对审计记录进行保存并定期备份,避免出现未预期的删除、修改或覆盖等;④应对审计进程进行保护,防止发生异常中断。

SDP 的适用策略:SDP 审计日志默认记录所有用户的所有访问,详细记录事件发生日期和时间、用户、事件类型、事件是否成功等信息,满足要求①和要求②;SDP 控制器支持设置审计日志的保存时间并定期备份,满足要求③;SDP 审计模块通过监控程序保护,在发生异常中断时通过监控程序拉起,满足要求④。

（10）8.1.4.4 入侵防范

要求：①应遵循最小安装原则，仅安装需要的组件和应用程序；②应关闭不需要的系统服务、共享端口和高危端口；③应通过设定终端接入方式或网络地址范围对通过网络管理的终端进行限制；④应提供数据有效性检验功能，保证通过人机接口输入的内容和通过通信接口输入的内容符合系统设定要求；⑤应能发现可能存在的已知漏洞，并在进行充分测试和评估后，及时修补漏洞；⑥应能检测对重要节点的入侵行为，并在发生严重入侵事件时报警。

SDP 的适用策略：SDP 默认关闭所有端口，拒绝一切连接，不存在共享端口和高危端口，应用网关仅面向授权客户端开放访问权限，控制了使用范围，缩小了暴露面。通过客户端和控制器，可以检测入侵行为，并在发生严重入侵事件时及时报警，满足要求①和要求②；SDP 客户端在连接网关前需要由控制器进行身份验证，控制器可以对终端接入方式及网络地址范围进行有效控制，满足要求③；SDP 客户端和 SDP 网关之间使用特殊的通信协议，并加密数据传输，以保证数据的正确性和有效性，满足要求④；SDP 客户端、网关、控制器支持自动更新和升级，保证可以及时修补漏洞，满足要求⑤；SDP 能实时分析和发现异常入侵行为，并在发生严重入侵事件时报警，满足要求⑥。

（11）8.1.4.7 数据完整性

要求：①应采用校验技术或密码技术保证重要数据在传输过程中的完整性，包括鉴别数据、重要业务数据、重要审计数据、重要配置数据、重要视频数据和重要个人信息等；②应采用校验技术或密码技术保证重要数据在存储过程中的完整性，包括鉴别数据、重要业务数据、重要审计数据、重要配置数据、重要视频数据和重要个人信息等。

SDP 的适用策略：SDP 通过密码技术对网络传输数据进行加密，有效保障数据的完整性，满足要求①和要求②。

（12）8.1.4.8 数据保密性

要求：①应采用密码技术保证重要数据在传输过程中的保密性，包括鉴别数据、重要业务数据和重要个人信息等；②应采用密码技术保证重要数据在存储过程中的保密性，包括鉴别数据、重要业务数据和重要个人信息等。

SDP 的适用策略：SDP 通过密码技术对网络传输数据进行加密，有效保障数据的保密性，满足要求①和要求②。

（13）8.1.5.4 集中管控

要求：①应划分特定管理区域，对分布在网络中的安全设备或安全组件进行管理；

②应建立安全的信息传输路径,对网络中的安全设备或安全组件进行管理;③应对网络链路、安全设备、网络设备和服务器等的运行状况进行集中监测;④应对分散在各设备上的审计数据进行汇总和集中分析,并保证审计记录的保存时间符合要求;⑤应对安全策略、恶意代码、补丁升级等安全事项进行集中管理;⑥应对网络中发生的各类安全事件进行识别、报警和分析。

SDP 的适用策略:SDP 控制器对所有接入的 SDP 网关和 SDP 客户端进行管理,SDP 网关可以有效对网络资源进行分区管理,满足要求①;SDP 控制器与所有 SDP 网关和 SDP 客户端之间的通信都基于双向 TLS,以保障信息传输安全,满足要求②;SDP 控制器实时监控所有接入的客户端、网关、服务器,并在后台提供集中检测的用户界面,满足要求③;SDP 控制器支持设置审计日志的保存时间并定期备份,满足要求④;SDP 能够集中管理安全策略,但不适用于恶意代码及补丁升级等安全相关事项的集中管理,不满足要求⑤;SDP 审计日志基于身份进行上下文分析,能够识别安全事件并报警,满足要求⑥。

2. 云计算安全扩展要求

SDP 在第三级云计算安全扩展要求中的适用情况如表 8-12 所示。

表 8-12 SDP 在第三级云计算安全扩展要求中的适用情况

等保 2.0 要求项	等保 2.0 要求子项	SDP 适用情况
8.2.1 安全物理环境	8.2.1.1 基础设施位置	不适用
8.2.2 安全通信网络	8.2.2.1 网络架构	部分适用
8.2.3 安全区域边界	8.2.3.1 访问控制	适用
	8.2.3.2 入侵防范	部分适用
	8.2.3.3 安全审计	适用
8.2.4 安全计算环境	8.2.4.1 身份鉴别	适用
	8.2.4.2 访问控制	适用
	8.2.4.3 入侵防范	部分适用
	8.2.4.4 镜像和快照保护	不适用
	8.2.4.5 数据完整性和保密性	不适用
	8.2.4.6 数据备份恢复	不适用
	8.2.4.7 剩余信息保护	不适用

续表

等保 2.0 要求项	等保 2.0 要求子项	SDP 适用情况
8.2.5 安全管理中心	8.2.5.1 集中管控	部分适用
8.2.6 安全建设管理	8.2.6.1 云服务商选择	不适用
	8.2.6.2 供应链管理	不适用
8.2.7 安全运维管理	8.2.7.1 云计算环境管理	不适用

（1）8.2.2.1 网络架构

要求：①应保证云计算平台不承载高于其安全保护等级的业务应用系统；②应实现不同云服务客户虚拟网络之间的隔离；③应能根据云服务客户业务需求提供通信传输、边界防护、入侵防范等安全机制；④应能根据云服务客户的业务需求自主设置安全策略，包括定义访问路径、选择安全组件、配置安全策略；⑤应提供开放接口或开放的安全服务，允许云服务客户接入第三方安全产品或在云计算平台选择第三方安全服务。

SDP 的适用策略：通过内嵌式、虚拟网元部署 SDP 网关可部分满足要求。SDP 控制器和网关保证用户设备的 SDP 客户端只能连接到有访问权限的对应云服务，不同客户的用户及其对应的云服务对其他云服务客户隐藏，Deny-All 防火墙和强制的 SPA 能够实现不同业务的充分隔离，满足要求②。

SDP 架构强制要求所有数据通信采用双向 TLS 或 IPSec 保证云服务客户的用户与服务通过强加密通道通信，保证通信传输安全，实现通信传输保护；通过控制器下发安全策略，可以细粒度配置用户的传输参数（如加密套件）。SDP 不实现静态的基于物理位置的安全边界防护，不实现传统意义上的分区保护，而是以用户为中心，动态定义应用访问范围。传统的物理网络边界已被打破，实现了弹性较强且动态变化的边界防护；SDP 在架构定义上，不强调入侵检测和入侵防范。Deny-All 防火墙和强制的 SPA 能有效防止入侵，完善的访问日志将记录攻击者留下的痕迹，攻击者入侵时被 SDP 丢弃的数据包也会提供用于分析的证据和数据，满足要求③。

SDP 控制器实现了安全控制中心的功能，能够确定用户客户端设备与云服务客户业务之间的对应关系，具有统一安全策略配置管理能力。其支持云服务客户根据业务需求自主设置安全策略和访问方式，包括定义访问路径、选择安全组件、配置安全策略。另外，SDP 控制器可以与云平台配合，使 SDP 网关与业务实现自动编排，满足要求④。

要求①和要求⑤属于管理实践，不在 SDP 支持的范围内，需要结合其他措施实现。

第 8 章　SDP 满足等保 2.0 要求

（2）8.2.3.1 访问控制

要求：①应在虚拟网络边界部署访问控制机制，并设置访问控制规则；②应在不同等级的网络区域边界部署访问控制机制，设置访问控制规则。

SDP 的适用策略：通过内嵌式、虚拟网元或物理网元部署 SDP 网关可满足要求。SDP 网关实现代理的层次不同，可以实现网络层到应用层的访问控制。以 SDP 网关为边界，隐藏服务或服务器。SDP 提供严格的访问控制机制，用户需要使用的云服务在 SDP 控制器和网关环境中注册后才能访问，且用户只能通过确定的客户端访问有适当访问权限的服务，满足要求①和要求②。

（3）8.2.3.2 入侵防范

要求：①应能检测云服务客户的网络攻击行为，并记录攻击类型、攻击时间、攻击流量等；②应能检测对虚拟网络节点的网络攻击行为，并记录攻击类型、攻击时间、攻击流量等；③应能检测虚拟机与宿主机、虚拟机与虚拟机之间的异常流量；④应在检测到网络攻击行为、异常流量时报警。

SDP 的适用策略：通过内嵌式部署 SDP 网关可部分满足要求。用户及其使用的设备必须在 SDP 控制器中注册，且在访问服务时严格验证。通过内嵌式部署 SDP 网关，用户可以迅速检测虚拟机与宿主机、虚拟机与虚拟机之间不符合访问策略的异常访问行为，并提供攻击的具体记录，部分满足要求。

对于符合访问策略的网络攻击行为，SDP 需要结合行为日志大数据分析软件，通过用户行为建模及异常检测，发现攻击行为并发出预警。

（4）8.2.3.3 安全审计

要求：①应对云服务商和云服务客户在远程管理时执行的特权命令进行审计，至少包括虚拟机删除、虚拟机重启；②应保证云服务商对云服务客户系统和数据的操作可被云服务客户审计。

SDP 的适用策略：通过内嵌式、虚拟网元部署 SDP 网关可满足要求。云服务商和云计算客户需要通过 SDP 网关实现云资源远程管理及数据操作，识别相关管理操作行为，以日志的方式保存到 SDP 控制器，满足要求①和要求②。

（5）8.2.4.1 身份鉴别

要求：在远程管理云计算平台中的设备时，应在管理终端和云计算平台之间建立双向身份验证机制。

SDP 的适用策略：通过内嵌式、虚拟网元部署 SDP 网关可满足要求。SDP 保护云计算平台及其中的设备，对未授权远程管理终端不可见。在管理终端和云计算平台与 SDP 控制器进行身份验证后，才能建立连接以进行访问，满足要求。

（6）8.2.4.2 访问控制

要求：①应保证在虚拟机迁移时，访问控制策略随之迁移；②应允许云服务客户设置不同虚拟机之间的访问控制策略。

SDP 的适用策略：通过内嵌式部署 SDP 网关可满足要求。在虚拟机迁移时，如果网络地址不发生变化，则原访问控制策略将生效；如果网络地址发生变化，将重新触发到 SDP 控制器的验证，访问策略也将更新，满足要求①；云服务客户可以通过 SDP 控制器集中配置不同虚拟机之间的访问控制策略，满足要求②。

（7）8.2.4.3 入侵防范

要求：①应能检测虚拟机之间的资源隔离失效并报警；②应能检测未授权新建虚拟机或重新启用虚拟机的行为并报警；③应能检测恶意代码感染情况及其在虚拟机之间蔓延的情况并报警。

SDP 的适用策略：通过内嵌式部署 SDP 网关可部分满足要求。通过内嵌式部署 SDP 网关，用户可以迅速检测虚拟机与宿主机、虚拟机与虚拟机之间不符合访问策略的异常访问行为，满足要求①和要求②，不满足要求③。SDP 无法直接检测恶意代码感染，但是恶意代码在虚拟机之间蔓延会触发相应的网络请求，这类请求需要先获得 SDP 控制器的授权，虚拟机之间的直接访问会被直接拒绝或通过 SPA 丢弃。在很大程度上，可以阻止恶意代码在虚拟机之间蔓延。

SDP 客户端能够保证仅建立合法连接，并及时检测非法连接（资源隔离失效）和非法连接尝试（未授权新建虚拟机或重新启用虚拟机），进行记录并报警。

（8）8.2.5.1 集中管控

要求：①应按照一定策略对物理资源和虚拟资源进行统一管理调度和分配；②应确保云计算平台管理流量与云服务客户业务流量分离；③应根据云服务商和云服务客户的职责划分，收集各自控制部分的审计数据并实现各自的集中审计；④应根据云服务商和云服务客户的职责划分，实现对各自控制部分（包括虚拟网络、虚拟机、虚拟化安全设备等）运行状况的集中监测。

SDP 的适用策略：作为网络隔离和访问控制手段，SDP 通过 SDP 控制器集中配置，可作为集中管控的一部分，部分满足要求。云计算平台管理与云服务客户业务是两种业务,由不同的服务器提供。云计算平台管理流量与云服务客户业务流量从不同的设备流向不同的目标服务器,SDP 将目标服务器隐藏,用户只能从确定的客户端设备发现对应的隐藏服务器并发起访问,隐藏服务器只能接受对应的用户从确定的客户端设备发起的连接,满足要求①、要求③和要求④;要求②无法通过 SDP 单独实现。

3. 移动互联安全扩展要求

SDP 在第三级移动互联安全扩展要求中的适用情况如表 8-13 所示。

表 8-13 SDP 在第三级移动互联安全扩展要求中的适用情况

等保 2.0 要求项	等保 2.0 要求子项	SDP 适用情况
8.3.1 安全物理环境	8.3.1.1 无线接入点的物理位置	不适用
8.3.2 安全区域边界	8.3.2.1 边界防护	适用
	8.3.2.2 访问控制	适用
	8.3.2.3 入侵防范	部分适用
8.3.3 安全计算环境	8.3.3.1 移动终端管控	部分适用
	8.3.3.2 移动应用管控	部分适用
8.3.4 安全建设管理	8.3.4.1 移动应用软件采购	部分适用
	8.3.4.2 移动应用软件开发	部分适用
8.3.5 安全运维管理	8.3.5.1 配置管理	适用

(1) 8.3.2.1 边界防护

要求:应保证有线网络与无线网络边界之间的访问和数据流通过无线接入网关设备。

SDP 的适用策略:通过内嵌式或应用侧及移动侧 SDP 网关可满足要求。无线终端将 SDP 网关作为无线接入网关。

(2) 8.3.2.2 访问控制

要求:无线接入设备应开启接入验证功能,并支持采用服务器或国家密码管理机构批准的密码模块进行验证。

SDP 的适用策略:通过内嵌式或应用侧及移动侧 SDP 网关可满足要求。SDP 每次进行会话都需要先验证后连接,支持接入验证。SDP 默认采用多因子身份验证,支持采用服务器或国家密码管理机构批准的密码模块进行验证。

(3) 8.3.2.3 入侵防范

要求：①应能检测未授权无线接入设备和未授权移动终端的接入行为；②应能检测针对无线接入设备的网络扫描、DDoS 攻击、密钥破解、中间人攻击和欺骗攻击等；③应能检测无线接入设备的 SSID 广播、WPS 等高风险功能的开启状态；④应禁用无线接入设备和无线接入网关存在风险的功能，如 SSID 广播、WEP 验证等；⑤应禁止多个 AP 使用同一密钥；⑥应能阻止未授权无线接入设备或未授权移动终端。

SDP 的适用策略：通过内嵌式或应用侧及移动侧 SDP 网关可部分满足要求。SDP 采用先验证后连接的方式，不需要检测即可拒绝未授权连接，防止网络扫描、DDoS 攻击、密钥破解、中间人攻击和欺骗攻击等，可满足要求①和要求②；SDP 不满足要求③，需依赖无线设备自身功能；SDP 不满足要求④和要求⑤，该要求属于管理范畴；SDP 满足要求⑥，能阻止未授权连接。

对于符合访问策略的网络攻击行为，SDP 需要结合用户行为日志大数据分析软件，发现异常行为并发出预警。

(4) 8.3.3.1 移动终端管控

要求：①应保证移动终端安装、注册并运行终端管理客户端软件；②移动终端应接受移动终端管理服务端的设备生命周期管理、设备远程控制，如远程锁定、远程擦除等。

SDP 的适用策略：通过内嵌式或应用侧及移动侧 SDP 网关可部分满足要求。通过注册移动终端信息到 SDP 控制器，并通过先验证后连接，拒绝未安装和注册终端管理客户端的移动终端设备连接，满足要求①；要求②需要通过移动终端管理应用实现，SDP 无法独立满足。

(5) 8.3.3.2 移动应用管控

要求：①应具有对应用软件的安装和运行进行选择的功能；②应仅允许具有可靠证书签名的应用软件安装和运行；③应具有软件白名单功能，并能根据白名单控制应用软件的安装和运行。

SDP 的适用策略：SDP 本身不提供相应功能，可通过 SDP 插件满足要求。

(6) 8.3.4.1 移动应用软件采购

要求：①应保证移动终端安装、运行的应用软件来自可靠分发渠道或使用可靠证书签名；②应保证移动终端安装、运行的应用软件由指定的开发者开发。

SDP 的适用策略：SDP 本身不提供相应功能，采购时需要满足移动应用软件采购要求,如需要合适的证书签名或由可信的开发者开发。

(7) 8.3.4.2 移动应用软件开发

要求:①应对移动业务应用软件开发者进行资格审查;②应保证开发移动业务应用软件的签名证书合法。

SDP 的适用策略:SDP 本身不提供移动应用软件开发能力,但是 SDP 要求发起方进行身份验证,即移动终端的应用软件在管控范围内,进行软件开发时需要满足移动应用软件开发要求,如需要合适的证书签名或由可信的开发者开发。

(8) 8.3.5.1 配置管理

要求:应建立合法无线接入设备和合法移动终端配置库,对非法无线接入设备和非法移动终端进行识别。

SDP 的适用策略:通过内嵌式或应用侧及移动侧 SDP 网关可满足要求。SDP 需要先验证后连接,因此必须具有终端配置管理和验证服务。

4. 物联网安全扩展要求

物联网通常可从架构上分为 3 个逻辑层:感知层、网络传输层和处理应用层。网络传输层和处理应用层通常由计算机设备构成,其按照安全通用要求进行保护,因此,物联网安全领域的第三级要求与安全通用要求共同构成对物联网的完整安全要求。

感知层包括传感器节点和传感网网关节点或 RFID 标签和 RFID 读写器,还包括它们之间的短距离通信(通常为无线)部分。

在感知层组件中,只有感知网关节点(如 IoT 网关)具备底层计算系统,可以部署 SDP 功能模块。

SDP 在第三级物联网安全扩展要求中的适用情况如表 8-14 所示。

表 8-14 SDP 在第三级物联网安全扩展要求中的适用情况

等保 2.0 要求项	等保 2.0 要求子项	SDP 适用情况
8.4.1 安全物理环境	8.4.1.1 感知节点设备物理防护	不适用
8.4.2 安全区域边界	8.4.2.1 接入控制	不适用
	8.4.2.2 入侵防范	适用
8.4.3 安全计算环境	8.4.3.1 感知节点设备安全	不适用
	8.4.3.2 网关节点设备安全	适用

续表

等保 2.0 要求项	等保 2.0 要求子项	SDP 适用情况
8.4.3 安全计算环境	8.4.3.3 抗数据重放	不适用
	8.4.3.4 数据融合处理	不适用
8.4.4 安全运维管理	8.4.4.1 感知节点管理	不适用

(1) 8.4.2.2 入侵防范

要求：①应能限制与感知节点通信的目标地址，以免攻击陌生地址；②应能限制与网关节点通信的目标地址，以免攻击陌生地址。

SDP 的适用策略：在网关节点上，受限感知节点作为 IH，目标通信节点作为 AH，SDP 控制器发送安全策略，仅允许受限感知节点与目标通信节点进行通信，满足要求①；受限网关节点作为 IH，目标通信节点作为 AH，SDP 控制器发送安全策略，仅允许受限网关节点与目标通信节点进行通信，满足要求②。

(2) 8.4.3.2 网关节点设备安全

要求：①应能对合法连接设备（包括终端节点、路由节点、数据处理中心）进行标识和鉴别；②应能过滤非法节点和伪造节点发送的数据；③授权用户应能在设备使用过程中对关键密钥进行在线更新；④授权用户应能在设备使用过程中对关键配置参数进行在线更新。

SDP 的适用策略：如果网关节点和目标连接设备都部署了 SDP 功能组件且处于同一 SDP 环境中，可以通过控制器进行标识和鉴别，满足要求①；在 SDP 架构中，可以通过控制器进行授权，并通过授权来过滤伪造节点发送的数据，满足要求②；在授权用户终端上的 SDP 客户端接入时，需要由 SDP 控制器进行身份验证，在该过程中，可以进行关键密钥和关键配置参数的更新，满足要求③和要求④。

5. 工业控制系统安全扩展要求

SDP 在第三级工业控制系统安全扩展要求中的适用情况如表 8-15 所示。

表 8-15　SDP 在第三级工业控制系统安全扩展要求中的适用情况

等保 2.0 要求项	等保 2.0 要求子项	SDP 适用情况
8.5.1 安全物理环境	8.5.1.1 室外控制设备物理防护	不适用
8.5.2 安全通信网络	8.5.2.1 网络架构	适用

续表

等保 2.0 要求项	等保 2.0 要求子项	SDP 适用情况
8.5.2 安全通信网络	8.5.2.2 通信传输	适用
8.5.3 安全区域边界	8.5.3.1 访问控制	适用
	8.5.3.2 拨号使用控制	适用
	8.5.3.3 无线使用控制	适用
8.5.4 安全计算环境	8.5.4.1 控制设备安全	部分适用
8.5.5 安全建设管理	8.5.5.1 产品采购和使用	不适用
	8.5.5.2 外包软件开发	不适用

(1) 8.5.2.1 网络架构

要求：①工业控制系统与企业其他系统之间应划分两个区域，区域间应采用单向技术隔离；②工业控制系统内部应根据业务特点划分为不同的安全区域，区域间应采用技术隔离；③涉及实时控制和数据传输的工业控制系统，应使用独立的网络设备组网，在物理层面上实现与其他数据网及外部公共信息网的安全隔离。

SDP 的适用策略：在实时生产控制区与非实时生产控制区、管理信息区、工业互联网部署 SDP 可满足要求①；在实时生产控制区与非实时生产控制区之间的安全区域部署 SDP 网关，可实现基于业务需求的技术隔离，可按网络、资源、应用、用户等进行技术隔离访问控制，满足要求②；在工业互联网中，需要跨越互联网，不推荐使用传统网闸措施，因此，SDP 更适用于工业互联网的安全防护，部署 SDP 可满足要求③。

(2) 8.5.2.2 通信传输

要求：在工业控制系统内使用广域网进行控制指令或相关数据交换，应采用加密验证技术实现身份验证、访问控制和数据加密。

SDP 的适用策略：在管理信息区、工业互联网部署 SDP 可满足要求，实现传输加密、零信任管理、访问控制等功能，满足要求。

(3) 8.5.3.1 访问控制

要求：①应在工业控制系统与其他系统之间部署访问控制设备、配置访问控制策略，禁止任何穿越区域边界的 E-Mail、Web、Telnet、Rlogin、FTP 等通用网络服务；②应在工业控制系统内安全域之间的边界防护机制失效时，及时报警。

SDP 的适用策略：在管理信息区、工业互联网部署 SDP，实现对所有网络访问控制的细粒度管理，可禁止 E-Mail、Web、Telnet、Rlogin、FTP 等通用网络服务，满足要求。

（4）8.5.3.2 拨号使用控制

要求：①对于确定需使用拨号访问服务的工业控制系统，应限制具有拨号访问权限的用户数量，并采取用户身份鉴别和访问控制等措施；②拨号服务器和客户端应使用安全加固的操作系统，并采取数字证书验证。

SDP 的适用策略：在实时生产控制区与非实时生产控制区、管理信息区、工业互联网部署 SDP 可满足要求。通过 SDP 实现远程拨号终端准入与用户零信任、访问传输加密及访问资源按需授权，满足要求①和要求②。

（5）8.5.3.3 无线使用控制

要求：①应为所有参与无线通信的用户（人员、软件进程或设备）提供唯一性标识和鉴别；②应限制参与无线通信的用户（人员、软件进程或设备）对网络资源的使用。③应对无线通信进行加密，实现对传输报文的保护。

SDP 的适用策略：在管理信息区、工业互联网部署 SDP 可满足要求。通过部署 SDP，利用先验证后连接等机制，为所有参与无线通信的用户提供唯一性标识和鉴别，实现对网络资源的使用限制，满足要求①、要求②和要求③。

（6）8.5.4.1 控制设备安全

要求：①控制设备自身应实现安全通用领域相应级别的身份鉴别、访问控制和安全审计等要求，如果控制设备受条件限制无法实现上述要求，应由上位控制或管理设备实现或通过管理手段控制；②在经过充分测试和评估后，应在不影响系统安全稳定运行的情况下对控制设备进行补丁更新、固件更新；③应关闭或拆除控制设备的软盘驱动、光盘驱动、USB 接口、串行口、多余网口等，确定需保留的应通过相关技术进行严格的监控和管理；④应使用专用设备和专用软件对控制设备进行更新；⑤应保证控制设备在上线前经过安全性测试，避免控制设备固件中存在恶意代码。

SDP 的适用策略：在实时生产控制区与非实时生产控制区、管理信息区、工业互联网部署 SDP 可满足要求。SDP 可实现内部应用准入、身份鉴别和访问控制，并实现基于用户行为的安全审计，满足要求①；要求②和要求③为管理要求，SDP 无法满足；要求④和要求⑤可以通过 SDP 客户端满足。

8.6 SDP 满足等保 2.0 第四级要求

等保 2.0 第四级要求适用于涉及国家安全、社会秩序和公共利益的重要信息系统，其受到破坏后，会对国家安全、社会秩序和公共利益造成损害。SDP 在等保 2.0 第四级要求中的适用情况如表 8-16 所示。

表 8-16 SDP 在等保 2.0 第四级要求中的适用情况

第四级要求	SDP 适用情况
安全通用要求	适用
云计算安全扩展要求	适用
移动互联安全扩展要求	适用
物联网安全扩展要求	适用
工业控制系统安全扩展要求	适用

1. 安全通用要求

SDP 在第四级安全通用要求中的适用情况如表 8-17 所示。

表 8-17 SDP 在第四级安全通用要求中的适用情况

等保 2.0 要求项	等保 2.0 要求子项	SDP 适用情况
9.1.1 安全物理环境	9.1.1.1～9.1.1.10	不适用
9.1.2 安全通信网络	9.1.2.1 网络架构	部分适用
	9.1.2.2 通信传输	适用
	9.1.2.3 可信验证	不适用
9.1.3 安全区域边界	9.1.3.1 边界防护	适用
	9.1.3.2 访问控制	适用
	9.1.3.3 入侵防范	适用
	9.1.3.4 恶意代码防范	不适用
	9.1.3.5 安全审计	适用
	9.1.3.6 可信验证	不适用

续表

等保2.0要求项	等保2.0要求子项	SDP适用情况
9.1.4 安全计算环境	9.1.4.1 身份鉴别	适用
	9.1.4.2 访问控制	适用
	9.1.4.3 安全审计	适用
	9.1.4.4 入侵防范	适用
	9.1.4.5 恶意代码防范	不适用
	9.1.4.6 可信验证	不适用
	9.1.4.7 数据完整性	适用
	9.1.4.8 数据保密性	适用
	9.1.4.9 数据备份恢复	不适用
	9.1.4.10 剩余信息保护	不适用
	9.1.4.11 个人信息保护	不适用
9.1.5 安全管理中心	9.1.5.1 系统管理	不适用
	9.1.5.2 审计管理	不适用
	9.1.5.3 安全管理	不适用
	9.1.5.4 集中管控	部分适用
9.1.6 安全管理制度	9.1.6.1～9.1.6.4	不适用
9.1.7 安全管理机构	9.1.7.1～9.1.7.4	不适用
9.1.8 安全管理人员	9.1.8.1～9.1.8.4	不适用
9.1.9 安全建设管理	9.1.9.1～9.1.9.10	不适用
9.1.10 安全运维管理	9.1.10.1～9.1.10.14	不适用

(1) 9.1.2.1 网络架构

要求：①应保证网络设备的业务处理能力满足业务高峰期的需要；②应保证网络各部分带宽满足业务高峰期的需要；③应划分网络区域，并按照方便管理和控制的原则为各网络区域分配地址；④应避免将重要网络区域部署在边界处，重要网络区域与其他网络区域之间应采取可靠的技术隔离手段；⑤应提供通信线路、关键网络设备和关键计算设备的硬件冗余，保证系统的可用性；⑥应按照业务服务的重要程度分配带宽，优先保障重要业务。

SDP 的适用策略：SDP 提供应用层的边界防护，应用网关能够实现技术隔离。SDP 在不同网络区域有不同应用。因为 SDP 通过 SDP 控制器控制访问，所以可以通过 SDP 控制器管理和控制对应的网络区域,且对应连接通过 SDP 客户端和 SDP 网关进行交互，大大提高了访问的可靠性和安全性，满足要求②、要求③和要求④；可通过 SDP 网关定义业务流量的带宽分配，当出现带宽瓶颈时，对非关键业务系统进行限速，优先保障关键业务系统的带宽，满足要求⑥；要求①和要求⑤属于硬件和网络运营商能力范畴，不满足。

SDP 有效提高了安全边界的灵活性，提供云平台和私有化部署，可以根据需要进行选择。SDP 提供应用层的边界防护，应用网关具有技术隔离作用，应用服务器受网关保护，外界扫描工具和攻击无法探测服务器地址和端口。SDP 使固化的边界模糊化，缩小了攻击面。

（2）9.1.2.2 通信传输

要求：①应通过校验技术确保通信传输过程中数据的完整性；②应通过密码技术确保通信传输过程中数据的保密性；③应在通信前基于密码技术对通信双方进行验证；④应基于硬件密码模块对重要通信过程进行密码运算和密钥管理。

SDP 的适用策略：通信传输过程使用双向 TLS 加密，防止被篡改，确保了数据的完整性，并能防止被监听、窃取，双向 TLS 基于常见的密码学算法（如数字签名、散列、对称加密等），国际上使用 RSA、AES、SHA256 等通用算法实现，国内可以使用 SM2、SM3、SM4 等国密算法实现，满足要求①和要求②；SDP 采用基于密码技术的数字证书及数字签名进行双向身份验证，在建立 TLS 的过程中要求终端提交用户数字证书，服务端检测终端用户证书的合法性，终端也检测服务器数字证书的合法性，满足要求③；SDP 客户端和网关建立加密通信，SDP 客户端内置支持国密算法的 UKey 等硬件密码模块，SDP 网关内置符合国家商用密码算法要求的加密卡,密码运算使用加密卡内置加密算法，且使用加密卡进行密钥管理，满足要求④。

（3）9.1.3.1 边界防护

要求：①应提供跨越边界的安全访问及跨越边界数据流的受控接口；②应能对未授权设备私自连接内部网络的行为进行检查和限制；③应能对未授权内部用户连接外部网络的行为进行检查和限制；④应限制无线网络的使用，保证无线网络通过受控的边界设备接入内部网络；⑤应能阻止未授权设备私自连接内部网络和未授权内部用户连接外部网络的行为；⑥应采用可信验证机制对接入网络的设备进行可信验证，保证接入网络的设备真实可信。

SDP 的适用策略：作为边界安全隔离产品，SDP 可以有效提供跨越边界的安全访问及跨越边界数据流的受控接口，数据流仅在通过特定客户端和网关且经合法授权后，才能进入其他内部网络，满足要求①；SDP 遵循先验证后连接的原则，所有终端设备在通过 SDP 控制器的身份验证后，才能连接网关，当 SDP 网关部署在内部网络和外部网络的边界上时，能够阻止外部未授权设备私自连接内部网络及未授权内部用户连接外部网络，满足要求②和要求③；SDP 网关可以部署在无线网络及企业资源所在的网络中，使企业资源对未授权用户不可见，可以有效防止未授权设备进入企业内部网络，满足要求④和要求⑤；SDP 控制器对所有接入设备进行终端环境检查、用户行为检查、身份验证，保证接入网络的设备身份可信、终端可信、行为可信，满足要求⑥。

（4）9.1.3.2 访问控制

要求：①应根据访问控制策略在网络边界或网络区域之间设置访问控制规则；②应删除多余或无效的访问控制规则，优化访问控制列表，并保证访问控制规则数量最少；③应对源地址、目的地址、源端口、目的端口和协议等进行检查，以控制数据包通过；④应根据会话状态信息控制访问；⑤应在网络边界通过通信协议转换或通信协议隔离等方式进行数据交换。

SDP 的适用策略：SDP 默认不信任任何网络、人、设备，默认拒绝一切连接，仅允许通过验证的合法访问请求，仅允许合法用户通信，且合法用户也需要根据权重分配访问权限，满足要求①；SDP 基于用户身份实现细粒度访问控制，满足要求②；SDP 对源地址、目的地址、源端口、目的端口和协议等进行检查，并基于这些信息进行访问控制，以允许符合条件的数据包通过，拒绝不符合条件的数据包，满足要求③；SDP 以身份化为基础，所有访问请求都需要经过身份验证并植入会话状态信息，需对所有访问流量检测会话状态信息的合法性，仅允许携带合法会话状态信息的访问流量到达业务系统，拒绝非法访问，满足要求④；在网络边界部署 SDP 代理软件或网关设备，根据访问策略对通信协议进行转换或隔离，满足要求⑤。

（5）9.1.3.3 入侵防范

要求：①应在关键网络节点检测、防止或限制从外部发起的网络攻击行为；②应在关键网络节点检测、防止或限制从内部发起的网络攻击行为；③应采取技术措施对网络行为进行分析，实现对网络攻击特别是新型网络攻击行为的分析；④当检测到攻击行为时，记录攻击源 IP、攻击类型、攻击目标、攻击时间，并在发生严重入侵事件时报警。

SDP 的适用策略：SDP 网关部署在网络资源的关键位置，并记录所有资源访问日志，日志上传到 SDP 控制器，SDP 控制器通过分析访问行为，发现并自动阻止网络攻击行为，满足要求①、要求②和要求③;SDP 网关实时记录所有访问日志(包括源地址、目的地址、源端口、目的端口、访问设备、访问时间等信息),对日志进行大数据分析并发出预警,满足要求④。

(6) 9.1.3.5 安全审计

要求:①应在网络边界、重要网络节点进行安全审计,覆盖每个用户,对重要用户行为和重要安全事件进行审计;②审计记录应包括事件发生日期和时间、用户、事件类型、事件是否成功等信息;③应对审计记录进行保存并定期备份,避免出现未预期的删除、修改或覆盖等;④应对远程访问行为、访问互联网的行为等单独进行审计和数据分析。

SDP 的适用策略:SDP 的审计内容覆盖每个终端用户,纪录重要用户行为和重要安全事件,将相关信息保存在管控平台并定期备份,以避免出现未预期的删除、修改和覆盖等。SDP 审计日志默认记录所有用户的所有访问,详细记录事件发生日期和时间、用户、事件类型、事件是否成功等信息,满足要求①和要求②;SDP 控制器支持设置审计日志的保存时间并定期备份,满足要求③;SDP 网关部署在网络边界上,远程访问和内网用户对互联网的访问都经过网关,网关可以对用户行为单独进行审计和数据分析,满足要求④。

(7) 9.1.4.1 身份鉴别

要求:①应对登录的用户进行身份标识和鉴别,身份标识具有唯一性,身份鉴别具有复杂度要求并需要定期更换;②应具有登录失败处理功能,应配置并启用结束会话、限制非法登录次数和当登录连接超时自动退出等功能;③在进行远程管理时,应采取必要措施防止鉴别信息在网络传输过程中被窃听;④应采用口令、密码技术、生物技术等两种或两种以上组合技术对用户进行身份鉴别,且至少其中一种技术应采用密码技术实现。

SDP 的适用策略:SDP 支持多因子身份验证,并对密码复杂度有强制要求,满足要求①;SDP 对登录验证有防爆破保护及连接超时自动注销保护,满足要求②;SDP 对所有数据使用双向 TLS 加密传输,防止数据在网络传输过程中被窃听,并能防止中间人攻击,满足要求③;SDP 支持多因子身份验证,包括口令、短信、动态令牌、证书、UKey、生物特征等,相关身份鉴别技术可以采用密码技术实现,满足要求④。

(8) 9.1.4.2 访问控制

要求:①应为登录的用户分配账号和权限;②应重命名或删除默认账号,修改默认账号的默认口令;③应及时删除或停用多余和过期账号,避免共享账号的存在;④应授予管理用户所需的最小权限,实现管理用户的权限分离;⑤应由授权主体配置访问控制策略,访问控制策略规定主体对客体的访问规则;⑥访问控制粒度应达到主体为用户级或进程级，客体为文件、数据库表级；⑦应为重要主体和客体设置安全标记，并控制主体对有安全标记信息资源的访问；⑧应对主体、客体设置安全标记，并依据安全标记和强制访问控制规则确定主体对客体的访问。

SDP 的适用策略：SDP 属于访问控制类产品，具有账号管理功能，能够分配账号访问与配置权限。合法用户也需要根据权重分配账号和访问权限。SDP 会对所有访问进行授权和校验，满足要求①和要求②；SDP 控制器能够设置账号过期时间，禁止长时间不登录的账号登录，满足要求③和要求④；SDP 通过授权策略实现主体对客体的访问控制，满足要求⑤；SDP 的主体为用户，能实现用户级的访问控制，并支持进程级的安全检查，基于检查结果进行访问控制，客体为业务系统，支持 URL 级的访问控制，满足要求⑥；SDP 能为网络中的主体和客体定义基于身份的安全标记，并按照主体和客体的访问关系设置访问控制规则，满足要求⑦和要求⑧。

（9）9.1.4.3 安全审计

要求：①应启用安全审计功能，覆盖每个用户，对重要用户行为和重要安全事件进行审计；②审计记录应包括事件发生日期和时间、用户、事件类型、事件是否成功等信息；③应对审计记录进行保存并定期备份，避免出现未预期的删除、修改或覆盖等；④应对审计进程进行保护，防止发生异常中断。

SDP 的适用策略：SDP 审计日志默认记录所有用户的所有访问，详细记录事件发生日期和时间、用户、事件类型、事件是否成功等信息，满足要求①和要求②；SDP 控制器支持设置审计日志的保存时间并定期备份，满足要求③；SDP 审计模块通过监控程序保护，在发生异常中断时通过监控程序拉起，满足要求④。

（10）9.1.4.4 入侵防范

要求：①应遵循最小安装原则，仅安装需要的组件和应用程序；②应关闭不需要的系统服务、共享端口和高危端口；③应通过设定终端接入方式或网络地址范围对通过网络管理的终端进行限制；④应提供数据有效性检验功能，保证通过人机接口输入的内容和通过通信接口输入的内容符合系统设定要求；⑤应能发现可能存在的已知漏洞，并在进行充分测试和评估后，及时修补漏洞；⑥应能检测对重要节点的入侵行为，并在发生严重入侵事件时报警。

SDP 的适用策略：SDP 默认关闭所有端口，拒绝一切连接，不存在共享端口和高危端口，应用网关仅面向授权客户端开放访问权限，控制了使用范围，缩小了暴露面。通过客户端和控制器，可以检测入侵行为，并在发生严重入侵事件时及时报警，满足要求①和要求②；SDP 客户端在连接网关前需要由控制器进行身份验证，控制器可以对终端接入方式及网络地址范围进行有效控制,满足要求③;SDP 客户端和 SDP 网关之间使用特殊的通信协议,并加密数据传输,以保证数据的正确性和有效性,满足要求④;SDP 客户端、网关、控制器支持自动更新和升级,保证可以及时修补漏洞,满足要求⑤;SDP 能实时分析和发现异常入侵行为,并在发生严重入侵事件时报警,满足要求⑥。

(11) 9.1.4.7 数据完整性

要求:①应采用校验技术或密码技术保证重要数据在传输过程中的完整性,包括鉴别数据、重要业务数据、重要审计数据、重要配置数据、重要视频数据和重要个人信息等;②应采用校验技术或密码技术保证重要数据在存储过程中的完整性,包括鉴别数据、重要业务数据、重要审计数据、重要配置数据、重要视频数据和重要个人信息等;③在可能涉及法律责任认定的应用中,应采用密码技术提供数据原发证据和数据接收证据。

SDP 的适用策略:SDP 通过密码技术对网络传输数据进行加密,有效保障数据的完整性,满足要求①和要求②;通过部署 SDP 网关,记录访问过程,并基于密码学增加对访问主体的数字签名机制,满足要求③。

(12) 9.1.4.8 数据保密性

要求:①应采用密码技术保证重要数据在传输过程中的保密性,包括鉴别数据、重要业务数据和重要个人信息等;②应采用密码技术保证重要数据在存储过程中的保密性,包括鉴别数据、重要业务数据和重要个人信息等。

SDP 的适用策略:SDP 通过密码技术对网络传输数据进行加密,有效保障数据的保密性,满足要求①和要求②。

(13) 9.1.5.4 集中管控

要求:①应划分特定管理区域,对分布在网络中的安全设备或安全组件进行管理;②应建立安全的信息传输路径,对网络中的安全设备或安全组件进行管理;③应对网络链路、安全设备、网络设备和服务器等的运行状况进行集中监测;④应对分散在各设备上的审计数据进行汇总和集中分析,并保证审计记录的保存时间符合要求;⑤应对安全策略、恶意代码、补丁升级等安全事项进行集中管理;⑥应对网络中发生的各类安全事件进行识别、报警和分析。

SDP 的适用策略:SDP 控制器对所有接入的 SDP 网关和 SDP 客户端进行管理,SDP 网关可以有效对网络资源进行分区管理,满足要求①;SDP 控制器与所有 SDP 网关和 SDP 客户端之间的通信都基于双向 TLS,以保障信息传输安全,满足要求②;SDP 控制器实时监控所有接入的客户端、网关、服务器,并在后台提供集中检测的用户界面,满足要求③；SDP 控制器支持设置审计日志的保存时间并定期备份，满足要求④；SDP 能够集中管理安全策略，但不适用于恶意代码及补丁升级等安全相关事项的集中管理，不满足要求⑤；SDP 审计日志基于身份进行上下文分析，能够识别安全事件并报警，满足要求⑥。

2. 云计算安全扩展要求

SDP 在第四级云计算安全扩展要求中的适用情况如表 8-18 所示。

表 8-18　SDP 在第四级云计算安全扩展要求中的适用情况

等保 2.0 要求项	等保 2.0 要求子项	SDP 适用情况
9.2.1 安全物理环境	9.2.1.1 基础设施位置	不适用
9.2.2 安全通信网络	9.2.2.1 网络架构	部分适用
9.2.3 安全区域边界	9.2.3.1 访问控制	适用
	9.2.3.2 入侵防范	部分适用
	9.2.3.3 安全审计	适用
9.2.4 安全计算环境	9.2.4.1 身份鉴别	适用
	9.2.4.2 访问控制	适用
	9.2.4.3 入侵防范	部分适用
	9.2.4.4 镜像和快照保护	不适用
	9.2.4.5 数据完整性和保密性	不适用
	9.2.4.6 数据备份恢复	不适用
	9.2.4.7 剩余信息保护	不适用
9.2.5 安全管理中心	9.2.5.1 集中管控	部分适用
9.2.6 安全建设管理	9.2.6.1 云服务商选择	不适用
	9.2.6.2 供应链管理	不适用
9.2.7 安全运维管理	9.2.7.1 云计算环境管理	不适用

（1）9.2.2.1 网络架构

要求：①应保证云计算平台不承载高于其安全保护等级的业务应用系统；②应实现不同云服务客户虚拟网络之间的隔离；③应能根据云服务客户业务需求提供通信传输、边界防护、入侵防范等安全机制；④应能根据云服务客户的业务需求自主设置安全策略，包括定义访问路径、选择安全组件、配置安全策略；⑤应提供开放接口或开放的安全服务，允许云服务客户接入第三方安全产品或在云计算平台选择第三方安全服务；⑥应对虚拟资源的主体和客体设置安全标记，保证云服务客户可以根据安全标记和强制访问控制规则确定主体对客体的访问；⑦应提供通信协议转换或通信协议隔离等数据交换方式，保证云服务客户可以根据业务需求自主选择边界数据交换方式；⑧应为第四级业务应用系统划分独立的资源池。

SDP 的适用策略：通过内嵌式、虚拟网元部署 SDP 网关可部分满足要求。SDP 控制器和网关保证用户设备的 SDP 客户端只能连接到有访问权限的对应云服务，不同客户的用户及其对应的云服务对其他云服务客户隐藏，Deny-All 防火墙和强制的 SPA 能够实现不同业务的充分隔离，满足要求②和要求⑥。

SDP 架构强制要求所有数据通信采用双向 TLS 或 IPSec 保证云服务客户的用户与服务通过强加密通道通信，保证通信传输安全，实现通信传输保护；通过控制器下发安全策略，可以细粒度配置用户的传输参数（如加密套件）。SDP 不实现静态的基于物理位置的安全边界防护，不实现传统意义上的分区保护，而是以用户为中心，动态定义应用访问范围。传统的物理网络边界已被打破，实现了弹性较强且动态变化的边界防护；SDP 在架构定义上，不强调入侵检测和入侵防范。Deny-All 防火墙和强制的 SPA 能有效防止入侵，完善的访问日志将记录攻击者留下的痕迹，攻击者入侵时被 SDP 丢弃的数据包也会提供用于分析的证据和数据，满足要求③。

SDP 控制器实现了安全控制中心的功能，能够确定用户客户端设备与云服务客户业务之间的对应关系，具有统一安全策略配置管理能力。其支持云服务客户根据业务需求自主设置安全策略和访问方式，包括定义访问路径、选择安全组件、配置安全策略。另外，SDP 控制器可以与云平台配合，使 SDP 网关与业务实现自动编排，满足要求④。

要求①和要求⑤属于管理实践，不在 SDP 支持的范围内，需要结合其他措施实现。

通过 SDP 控制器和网关配置下发不同的安全策略，可以支持云服务客户根据需求自主选择边界数据交换，满足要求⑦。

要求⑧属于管理范畴，无法通过 SDP 实现。

（2）9.2.3.1 访问控制

要求：①应在虚拟网络边界部署访问控制机制，并设置访问控制规则；②应在不同等级的网络区域边界部署访问控制机制，设置访问控制规则。

SDP 的适用策略；等保 2.0 第四级要求必须使不同等级的网络实现物理隔离，采用物理网元部署的 SDP 网关可满足要求①和要求②。

（3）9.2.3.2 入侵防范

要求：①应能检测云服务客户的网络攻击行为，并记录攻击类型、攻击时间、攻击流量等；②应能检测对虚拟网络节点的网络攻击行为，并记录攻击类型、攻击时间、攻击流量等；③应能检测虚拟机与宿主机、虚拟机与虚拟机之间的异常流量；④应在检测到网络攻击行为、异常流量时报警。

SDP 的适用策略：通过内嵌式部署 SDP 网关可部分满足要求。用户及其使用的设备必须在 SDP 控制器中注册，且在访问服务时严格验证。通过内嵌式部署 SDP 网关，用户可以迅速检测虚拟机与宿主机、虚拟机与虚拟机之间不符合访问策略的异常访问行为，并提供攻击的具体记录，部分满足要求。

对于符合访问策略的网络攻击行为，SDP 需要结合行为日志大数据分析软件，通过用户行为建模及异常检测，发现攻击行为并发出预警。

（4）9.2.3.3 安全审计

要求：①应对云服务商和云服务客户在远程管理时执行的特权命令进行审计，至少包括虚拟机删除、虚拟机重启；②应保证云服务商对云服务客户系统和数据的操作可被云服务客户审计。

SDP 的适用策略：通过内嵌式、虚拟网元部署 SDP 网关可满足要求。云服务商和云计算客户需要通过 SDP 网关实现云资源远程管理及数据操作，识别相关管理操作行为，以日志的方式保存到 SDP 控制器，满足要求①和要求②。

（5）9.2.4.1 身份鉴别

要求：在远程管理云计算平台中的设备时，应在管理终端和云计算平台之间建立双向身份验证机制。

SDP 的适用策略：通过内嵌式、虚拟网元部署 SDP 网关可满足要求。SDP 保护云计算平台及其中的设备，对未授权远程管理终端不可见。在管理终端和云计算平台与 SDP 控制器进行身份验证后，才能建立连接以进行访问，满足要求。

（6）9.2.4.2 访问控制

要求：①应保证在虚拟机迁移时，访问控制策略随之迁移；②应允许云服务客户设置不同虚拟机之间的访问控制策略。

SDP 的适用策略：通过内嵌式部署 SDP 网关可满足要求。在虚拟机迁移时，如果网络地址不发生变化，则原访问控制策略将生效；如果网络地址发生变化，将重新触发到

SDP 控制器的验证，访问策略也将更新，满足要求①；云服务客户可以通过 SDP 控制器集中配置不同虚拟机之间的访问控制策略，满足要求②。

（7）9.2.4.3 入侵防范

要求：①应能检测虚拟机之间的资源隔离失效并报警；②应能检测未授权新建虚拟机或重新启用虚拟机的行为并报警；③应能检测恶意代码感染情况及其在虚拟机之间蔓延的情况并报警。

SDP 的适用策略：通过内嵌式部署 SDP 网关可部分满足要求。通过内嵌式部署 SDP 网关，用户可以迅速检测虚拟机与宿主机、虚拟机与虚拟机之间不符合访问策略的异常访问行为，满足要求①和要求②，不满足要求③。SDP 无法直接检测恶意代码感染，但是恶意代码在虚拟机之间蔓延会触发相应的网络请求，这类请求需要先获得 SDP 控制器的授权，虚拟机之间的直接访问会被直接拒绝或通过 SPA 丢弃。在很大程度上，可以阻止恶意代码在虚拟机之间蔓延。

SDP 客户端能够保证仅建立合法连接，并及时检测非法连接（资源隔离失效）和非法连接尝试（未授权新建虚拟机或重新启用虚拟机），进行记录并报警。

（8）9.2.5.1 集中管控

要求：①应按照一定策略对物理资源和虚拟资源进行统一管理调度和分配；②应确保云计算平台管理流量与云服务客户业务流量分离；③应根据云服务商和云服务客户的职责划分，收集各自控制部分的审计数据并实现各自的集中审计；④应根据云服务商和云服务客户的职责划分，实现对各自控制部分（包括虚拟网络、虚拟机、虚拟化安全设备等）运行状况的集中监测。

SDP 的适用策略：作为网络隔离和访问控制手段，SDP 通过 SDP 控制器集中配置，可作为集中管控的一部分，部分满足要求。云计算平台管理与云服务客户业务是两种业务，由不同的服务器提供。云计算平台管理流量与云服务客户业务流量从不同的设备流向不同的目标服务器，SDP 将目标服务器隐藏，用户只能从确定的客户端设备发现对应的隐藏服务器并发起访问，隐藏服务器只能接受对应的用户从确定的客户端设备发起的连接，满足要求①、要求③和要求④；要求②无法通过 SDP 单独实现。

3. 移动互联安全扩展要求

SDP 在第四级移动互联安全扩展要求中的适用情况如表 8-19 所示。

表 8-19 SDP 在第四级移动互联安全扩展要求中的适用情况

等保 2.0 要求项	等保 2.0 要求子项	SDP 适用情况
9.3.1 安全物理环境	9.3.1.1 无线接入点的物理位置	不适用
9.3.2 安全区域边界	9.3.2.1 边界防护	适用
	9.3.2.2 访问控制	适用
	9.3.2.3 入侵防范	部分适用
9.3.3 安全计算环境	9.3.3.1 移动终端管控	部分适用
	9.3.3.2 移动应用管控	部分适用
9.3.4 安全建设管理	9.3.4.1 移动应用软件采购	部分适用
	9.3.4.2 移动应用软件开发	部分适用
9.3.5 安全运维管理	9.3.5.1 配置管理	适用

（1）9.3.2.1 边界防护

要求：应保证有线网络与无线网络边界之间的访问和数据流通过无线接入网关设备。

SDP 的适用策略：通过内嵌式或应用侧及移动侧 SDP 网关可满足要求。无线终端将 SDP 网关作为无线接入网关。

（2）9.3.2.2 访问控制

要求：无线接入设备应开启接入验证功能，并支持采用服务器或国家密码管理机构批准的密码模块进行验证。

SDP 的适用策略：通过内嵌式或应用侧及移动侧 SDP 网关可满足要求。SDP 每次进行会话都需要先验证后连接，支持接入验证。SDP 默认采用多因子身份验证，支持采用服务器或国家密码管理机构批准的密码模块进行验证。

（3）9.3.2.3 入侵防范

要求：①应能检测未授权无线接入设备和未授权移动终端的接入行为；②应能检测针对无线接入设备的网络扫描、DDoS 攻击、密钥破解、中间人攻击和欺骗攻击等；③应能检测无线接入设备的 SSID 广播、WPS 等高风险功能的开启状态；④应禁用无线接入设备和无线接入网关存在风险的功能，如 SSID 广播、WEP 验证等；⑤应禁止多个 AP 使用同一密钥；⑥应能阻止未授权无线接入设备或未授权移动终端。

SDP 的适用策略：通过内嵌式或应用侧及移动侧 SDP 网关可部分满足要求。SDP 采用先验证后连接的方式，不需要检测即可拒绝未授权连接，防止网络扫描、DDoS 攻击、密钥破解、中间人攻击和欺骗攻击等，可满足要求①和要求②；SDP 不满足要求③，需依赖无线设备自身功能；SDP 不满足要求④和要求⑤，该要求属于管理范畴；SDP 满足要求⑥，能阻止未授权连接。

对于符合访问策略的网络攻击行为，SDP 需要结合用户行为日志大数据分析软件，发现异常行为并发出预警。

（4）9.3.3.1 移动终端管控

要求：①应保证移动终端安装、注册并运行终端管理客户端软件；②移动终端应接受移动终端管理服务端的设备生命周期管理、设备远程控制，如远程锁定、远程擦除等；③应保证移动终端只用于处理指定业务。

SDP 的适用策略：通过内嵌式或应用侧及移动侧 SDP 网关可部分满足要求。通过注册移动终端信息到 SDP 控制器，并通过先验证后连接，拒绝未安装和注册终端管理客户端的移动终端设备连接，满足要求①；要求②需要通过移动终端管理应用实现，SDP 无法独立满足；通过在网络出口处部署 SDP 网关可保证移动终端只用于处理指定业务，满足要求③。

（5）9.3.3.2 移动应用管控

要求：①应具有对应用软件的安装和运行进行选择的功能；②应仅允许具有可靠证书签名的应用软件安装和运行；③应具有软件白名单功能，并能根据白名单控制应用软件的安装和运行；④应能接受移动终端管理服务端推送的移动应用软件管理策略，并根据该策略对软件进行管控。

SDP 的适用策略：SDP 本身不提供相关功能，可通过 SDP 插件满足要求。

（6）9.3.4.1 移动应用软件采购

要求：①应保证移动终端安装、运行的应用软件来自可靠分发渠道或使用可靠证书签名；②应保证移动终端安装、运行的应用软件由指定的开发者开发。

SDP 的适用策略：SDP 本身不提供相关功能，采购时需要满足移动应用软件采购要求，如需要合适的证书签名或由可信的开发者开发。

（7）9.3.4.2 移动应用软件开发

要求：①应对移动业务应用软件开发者进行资格审查；②应保证开发移动业务应用软件的签名证书合法。

SDP 的适用策略：SDP 本身不提供相关功能，但是 SDP 要求发起方进行身份验证，即移动终端的应用软件在管控范围内，进行软件开发时需要满足移动应用软件开发要求，如需要合适的证书签名或由可信的开发者开发。

（8）9.3.5.1 配置管理

要求：应建立合法无线接入设备和合法移动终端配置库，对非法无线接入设备和非法移动终端进行识别。

SDP 的适用策略：通过内嵌式或应用侧及移动侧 SDP 网关可满足要求。SDP 需要先验证后连接，因此必须具有终端配置管理和验证服务。

4. 物联网安全扩展要求

SDP 在第四级物联网安全扩展要求中的适用情况如表 8-20 所示。

表 8-20　SDP 在第四级物联网安全扩展要求中的适用情况

等保 2.0 要求项	等保 2.0 要求子项	SDP 适用情况
9.4.1 安全物理环境	9.4.1.1 感知节点设备物理安全	不适用
9.4.2 安全区域边界	9.4.2.1 接入控制	适用
	9.4.2.2 入侵防范	适用
9.4.3 安全计算环境	9.4.3.1 感知节点设备安全	适用
	9.4.3.2 网关节点设备安全	适用
	9.4.3.3 抗数据重放	适用
	9.4.3.4 数据融合处理	适用
9.4.4 安全运维管理	9.4.4.1 感知节点管理	部分适用

（1）9.4.2.1 接入控制

要求：应保证只有授权节点可以接入。

SDP 的适用策略：可以在物联网感知节点上部署 SDP 客户端，在物联网接入设备上部署 SDP 网关，因为 SDP 客户端在连接前需要由 SDP 控制器验证和授权，所以只有授权节点可以接入，满足要求。

（2）9.4.2.2 入侵防范

要求：①应能限制与感知节点通信的目标地址，以免攻击陌生地址；②应能限制与网关节点通信的目标地址，以免攻击陌生地址。

SDP 的适用策略：在网关节点上，受限感知节点作为 IH，目标通信节点作为 AH，SDP 控制器发送安全策略，仅允许受限感知节点与目标通信节点进行通信，满足要求①；受限网关节点作为 IH，目标通信节点作为 AH，SDP 控制器发送安全策略，仅允许受限网关节点与目标通信节点进行通信，满足要求②。

（3）9.4.3.1 感知节点设备安全

要求：①应保证只有授权用户可以对感知节点设备的软件进行配置或变更；②应能对连接的感知节点设备（包括读卡器）进行身份标识和鉴别；③应能对连接的其他感知节点设备（包括路径节点）进行身份标识和鉴别。

SDP 的适用策略：物联网感知节点通常处于网络边缘，弱终端负责数据采集，强终端涉及一些边缘计算，安全计算环境首先要保证设备安全。身份标识和鉴别是基本要求，通过可信 ID，确保资产不会被替换和伪造。SDP 可以提供身份验证和访问管理。

（4）9.4.3.2 网关节点设备安全

要求：①应能对合法连接设备（包括终端节点、路由节点、数据处理中心）进行标识和鉴别；②应能过滤非法节点和伪造节点发送的数据；③授权用户应能在设备使用过程中对关键密钥进行在线更新；④授权用户应能在设备使用过程中对关键配置参数进行在线更新。

SDP 的适用策略：如果网关节点和目标连接设备都部署了 SDP 功能组件且处于同一 SDP 环境中，可以通过控制器进行标识和鉴别，满足要求①；在 SDP 架构中，可以通过控制器进行授权，并通过授权来过滤伪造节点发送的数据，满足要求②；在授权用户终端上的 SDP 客户端接入时，需要由 SDP 控制器进行身份和设备认证，在该过程中，可以进行关键密钥和关键配置参数的更新，满足要求③和要求④。

（5）9.4.3.3 抗数据重放

要求：①应能鉴别数据的新鲜程度，避免历史数据的重放攻击；②应能鉴别历史数据的非法修改，避免数据的修改重放攻击。

SDP 的适用策略：物联网的数据使用有可用性、完整性、保密性要求，以避免数据重放攻击。SDP 拒绝无效数据包（可能来自未授权用户），可以防止未授权用户或设备建立 TCP 连接，以避免数据重放攻击，满足要求①和要求②。

（6）9.4.3.4 数据融合处理

要求：①应对来自传感网的数据进行融合处理，使不同种类的数据可以在同一个平台中使用；②应对不同数据之间的依赖关系和制约关系进行智能处理，如一类数据达到某门限时可以影响另一类数据采集终端的管理指令。

SDP 的适用策略：数据融合处理有两种方案，不同终端厂商按照行业标准进行设计，使用通用协议和私有协议为平台提供数据（或平台能够支持多种协议的数据融合），满足要求①和要求②。

（7）9.4.4.1 感知节点管理

要求：①应指定人员定期巡查感知节点设备和网关节点设备的部署环境，对可能影响感知节点设备和网关节点设备正常工作的环境异常进行记录和维护；②应明确规定并全程管理感知节点设备和网关节点设备的入库、存储、部署、携带、维修、丢失和报废过程；③应加强对感知节点设备和网关节点设备部署环境的保密性管理，如在负责检查和维护的人员调离工作岗位时，应立即交还相关检查工具和检查维护记录等。

SDP 的适用策略：物联网感知节点设备部署广、环境恶劣，可能日久失修，导致设备不可用。其运维管理要求是定期巡视设备并进行记录和维护，以及对设备进行全生命周期管理。此外，对运维的保密性管理也提出了要求。SDP 不满足要求①，该要求属于管理范畴；可通过在感知节点设备、网关节点设备上内置 SDP 客户端的身份鉴别，SDP 客户端支持各种已有身份验证体系，符合等保 2.0 的要求。感知节点设备、网关节点设备通过身份验证后，即可在安全管理系统上进行注册，在设备入库、存储、部署、携带、维修、丢失和报废全过程进行整体跟踪管理，满足要求②；SDP 可用于隐藏服务器及其在互联网上的交互，提高安全性和延长正常运行时间，满足要求③。

5. 工业控制系统安全扩展要求

SDP 在第四级工业控制系统安全扩展要求中的适用情况如表 8-21 所示。

表 8-21 SDP 在第四级工业控制系统安全扩展要求中的适用情况

等保 2.0 要求项	等保 2.0 要求子项	SDP 适用情况
9.5.1 安全物理环境	9.5.1.1 室外控制设备物理防护	不适用
9.5.2 安全通信网络	9.5.2.1 网络架构	适用
	9.5.2.2 通信传输	适用
9.5.3 安全区域边界	9.5.3.1 访问控制	适用
	9.5.3.2 拨号使用控制	适用

续表

等保 2.0 要求项	等保 2.0 要求子项	SDP 适用情况
9.5.3 安全区域边界	9.5.3.3 无线使用控制	部分适用
9.5.4 安全计算环境	9.5.4.1 控制设备安全	部分适用
9.5.5 安全建设管理	9.5.5.1 产品采购和使用	不适用
	9.5.5.2 外包软件开发	不适用

（1）9.5.2.1 网络架构

要求：①工业控制系统与企业其他系统之间应划分两个区域，区域间应采用单向技术隔离；②工业控制系统内部应根据业务特点划分为不同的安全区域，区域间应采用技术隔离；③涉及实时控制和数据传输的工业控制系统，应使用独立的网络设备组网，在物理层面上实现与其他数据网及外部公共信息网的安全隔离。

SDP 的适用策略：在实时生产控制区与非实时生产控制区、管理信息区、工业互联网部署 SDP 可满足要求①；在实时生产控制区与非实时生产控制区之间的安全区域部署 SDP 网关，可实现基于业务需求的技术隔离，可按网络、资源、应用、用户等进行技术隔离访问控制，满足要求②；在工业互联网中，需要跨越互联网，不推荐使用传统网闸措施，因此，SDP 更适用于工业互联网的安全防护，部署 SDP 可满足要求③。

（2）9.5.2.2 通信传输

要求：在工业控制系统内使用广域网进行控制指令或相关数据交换，应采用加密验证技术实现身份验证、访问控制和数据加密。

SDP 的适用策略：在管理信息区、工业互联网部署 SDP 可满足要求，实现传输加密、零信任管理、访问控制等功能，满足要求。

（3）9.5.3.1 访问控制

要求：①应在工业控制系统与其他系统之间部署访问控制设备、配置访问控制策略，禁止任何穿越区域边界的 E-Mail、Web、Telnet、Rlogin、FTP 等通用网络服务；②应在工业控制系统内安全域之间的边界防护机制失效时，及时报警。

SDP 的适用策略：SDP 可针对不同应用（主要通过端口来判断）实施不同访问控制策略，对不同应用进行白名单管理，满足要求①。防护机制失效通知依赖 SDP 设备功能实现，尤其适用于部署网关模式，通过在网关上部署相应的安全检测机制进行预警和报警，满足要求②。

(4) 9.5.3.2 拨号使用控制

要求：①对于确定需使用拨号访问服务的工业控制系统，应限制具有拨号访问权限的用户数量，并采取用户身份鉴别和访问控制等措施；②拨号服务器和客户端应使用安全加固的操作系统，并采取数字证书验证；③禁止涉及实时控制和数据传输的工业控制系统使用拨号访问服务。

SDP 的适用策略：可通过 SDP 实现对设备准入与用户零信任、访问控制及访问资源的按需授权，满足要求①、要求②和要求③。但是 SDP 只能进行访问控制，用户数量、身份鉴别等需要结合拨号服务器进行二次控制。

(5) 9.5.3.3 无线使用控制

要求：①应为所有参与无线通信的用户（人员、软件进程或设备）提供唯一性标识和鉴别；②应限制参与无线通信的用户（人员、软件进程或设备）对网络资源的使用。③应对无线通信进行加密，实现对传输报文的保护；④对于采用无线通信技术进行控制的工业控制系统，应能识别其物理环境中的未授权无线设备，报告其试图接入或干扰控制系统的行为。

SDP 的适用策略：在管理信息区、工业互联网部署 SDP 可满足要求。通过部署 SDP，利用先验证后连接等机制，为所有参与无线通信的用户提供唯一性标识和鉴别，实现对网络资源的使用限制，满足要求①、要求②和要求③；要求④需要部署专门的无线监测设备，无法满足。

(6) 9.5.4.1 控制设备安全

要求：①控制设备自身应实现安全通用领域相应级别的身份鉴别、访问控制和安全审计等要求，如果控制设备受条件限制无法实现上述要求，应由上位控制或管理设备实现或通过管理手段控制；②在经过充分测试和评估后，应在不影响系统安全稳定运行的情况下对控制设备进行补丁更新、固件更新；③应关闭或拆除控制设备的软盘驱动、光盘驱动、USB 接口、串行口、多余网口等，确定需保留的应通过相关技术进行严格的监控和管理；④应使用专用设备和专用软件对控制设备进行更新；⑤应保证控制设备在上线前经过安全性测试，避免控制设备固件中存在恶意代码。

SDP 的适用策略：在实时生产控制区与非实时生产控制区、管理信息区、工业互联网部署 SDP 可满足要求。SDP 可实现内部应用准入、身份鉴别和访问控制，并实现基于用户行为的安全审计，满足要求①；要求②和要求③为管理要求，SDP 无法满足；要求

④和要求⑤可以通过 SDP 客户端满足。

6. SDP 应用于等保 2.0 第四级系统的合规注意事项

SDP 应用于等保 2.0 第四级系统时，应注意参照相关的国家或行业标准来选择落地方案的产品和功能。第三级及以上系统的运营者应采用与其安全保护等级相适应的网络产品和服务，重要部位使用的网络产品应通过专业机构的测评。

SDP 在执行层面以密码技术为支撑，具有身份验证、授权管理、安全传输、安全审计等功能，其内部均采用了相应的密码技术。等保 2.0 第四级系统的安全等级较高，对密码技术的深入应用和合规要求更突出和明确。因此，在采用 SDP 构建等保 2.0 第四级系统时，需要重点关注密码技术对 SDP 安全能力的影响，并充分考虑国家标准和行业标准的约束。同时，大多数涉及国家安全、国计民生、社会公共利益等的核心业务与关键基础设施存在较大的重叠。《中华人民共和国密码法》有如下规定：

> 第二十七条　法律、行政法规和国家有关规定要求使用商用密码进行保护的关键信息基础设施，其运营者应当使用商用密码进行保护，自行或者委托商用密码检测机构开展商用密码应用安全性评估。商用密码应用安全性评估应当与关键信息基础设施安全检测评估、网络安全等级测评制度相衔接，避免重复评估、测评。
>
> 关键信息基础设施的运营者采购涉及商用密码的网络产品和服务，可能影响国家安全的，应当按照《中华人民共和国网络安全法》的规定，通过国家网信部门会同国家密码管理部门等有关部门组织的国家安全审查。

随着法律实施效果的显现，可以预见 SDP 在高安全等级网络中的应用要满足对应的密码测评要求。应注意 SDP 采用的密码算法、密钥管理及密码产品或模块应用的合规性。

等保 2.0 第四级系统中要求信息安全产品和密码产品与服务的采购应符合相关规定。因此，SDP 的实施者应当明确采购、使用或租用产品的合规情况，以及外部网络服务提供者的相关资质，并了解可能存在的安全风险。

第 9 章
SDP 战略规划与部署迁移

SDP 战略是面向安全局势的新变革，颠覆了传统基于边界防护的安全架构，终结了通过拼凑不同技术实现网络安全的时代。推进 SDP 战略，实现零信任安全，需要遵循一定的方法，结合现状、妥善规划、分步实施。本章从战略规划与部署迁移的角度指导企业向 SDP 架构迁移。

9.1 安全综述

9.1.1 战略意义

有清晰的战略，才有清晰的业务。战略是根据形势需要，在整体范围内为经营和发展自身能力、扩展自身势力而制定的全局和长远的发展方向、目标、任务和政策。制定和执行一个好的战略，需要找到制定战略的最佳时刻、确保战略连贯且有效。

从企业数字化转型和 IT 环境演变的角度来看，云计算、移动互联的快速发展导致传统内外网边界模糊，企业无法基于传统的物理边界构筑安全基础设施，只能通过更灵活的技术手段对动态变化的人、终端、系统建立新的逻辑边界，通过对人、终端和系统进行识别、访问控制和跟踪实现全面身份化，使身份成为新的网络安全边界，以身份为中心的零信任安全成为网络安全发展的必然趋势。

从安全态势的角度来看，在大数据时代，网络安全威胁更加复杂。业界一致认为，目前网络安全架构的薄弱环节是身份安全基础设施的缺失。统计数据显示，部署了成熟 IAM 系统的企业的安全事件减少了 50%。

网络安全形势在以下方面发生了变化。

（1）用户多样化、设备多样化、业务多样化、平台多样化。

（2）数据在用户、设备、业务、平台之间持续流动。

（3）内部和外部威胁愈演愈烈，数据泄露触目惊心。

（4）基于网络边界的隐含信任是最大的安全漏洞。

零信任是安全的哲学和策略。它的原则是"不做任何假设，不相信任何人，时刻检查一切，战胜威胁和风险，做最坏的打算"。"时刻检查一切"不仅包括网络基础设施、数据、设备、工作负载、系统、应用程序、服务，还包括IAM（特别是PAM）和操作人员的行为。"零信任"不意味着"零访问"，而是指"安全访问"资源（网络、数据、系统、应用程序、业务等）。零信任颠覆了传统边界安全架构信任基础，提出了新的安全架构思路和实施策略，默认不信任网络内部和外部的任何人、设备、系统，需要基于验证和授权重构访问控制的信任基础。零信任安全带来了安全体系架构变革。

1. 实施战略的前提

1）推进零信任战略的"人"

零信任安全建设的关键是现代身份管理平台在企业的落地和全面应用，其建设和运营需要企业积极参与，可能涉及安全部门、IT技术服务部门和IT运营部门等，涉及的岗位和角色如表9-1所示。

表9-1 涉及的岗位和角色

岗位	角色
单位高层	CIO、CSO或CISO级别
关键领域负责人	安全、身份、网络、访问控制、客户端和服务器平台软件、关键业务应用程序服务，以及任何第三方合作伙伴或IT外包
普通员工	零信任项目的最终使用者

需要注意的是，在很多企业中，安全部门的话语权不高，安全项目往往被业务部门阻碍甚至反对，零信任项目的发起者应从零信任的业务价值出发，说服业务部门和企业决策者。推进战略的3个层级如图9-1所示。

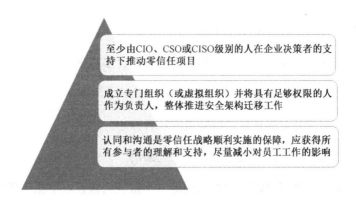

图 9-1 推进战略的 3 个层级

2）推进零信任战略之"时"

企业何时实施及如何实施零信任战略并无放之四海而皆准的金科玉律。企业进行建设和迁移需要基于零信任进行整体安全架构设计和规划，细致梳理人员、数据、系统和应用的逻辑边界及安全需求，制定符合企业安全策略的应用级、功能接入级和数据级访问控制机制，该过程较为复杂。

零信任安全是在安全态势和数字化转型浪潮驱动下的新型安全架构，企业引入零信任安全的时机需要和企业数字化转型进程匹配，应将零信任安全作为企业数字化转型战略的一部分，在企业进行云迁移或大数据平台建设时，进行同步规划。

对于尚无基础设施转型计划的企业来说，可以实施部分零信任安全实践，遵循零信任安全的基本理念，结合现状，逐步规划和实施零信任战略，当企业完成数字化转型时，就实现了零信任安全。

2. 战略实施框架

零信任战略实施框架由下列部分构成。

（1）战略。零信任战略是实现特定目标的高层级计划，具有明确而简洁的目标。确定零信任战略后，可以通过设计零信任能力模型和采用相关组件来推动目标的实现，而不是单纯购买零信任安全产品。

（2）能力。零信任系统由几个关键组件组成，这些组件包含要实现的特定能力。为支持这些能力，需要定义相应的策略、流程和过程。零信任能力在战略实施框架中承上启下，安全能力与业务体系紧密结合，构建具有自适应能力的安全机制。

（3）技术。阐明战略目标并确定在每个零信任组件中需要开发的关键功能后，可以考虑支持零信任战略的工具、软件或平台。例如，在评估技术时，会考虑"该技术支持哪些功能，具体如何使团队具有零信任能力？"除了考虑零信任能力，还要考虑 API 集成支持。

（4）特性。使技术能够满足零信任战略的具体特性是什么？任何提供零信任相关解决方案的产品都必须描述其提供的特定功能如何与框架要求的功能保持一致。

在构建零信任战略实施框架时，战略比技术关键，战略驱动技术发展。

9.1.2 确定战略的实施愿景

愿景的表层含义是希望看到的情景，深层含义是对发展的预期。零信任安全愿景是零信任安全战略的蓝图。零信任安全愿景将引导和激励所有参与零信任战略的人。

愿景可以有效培养和鼓舞所有参与者发挥职能、激发潜能、竭尽全力、提高生产力，其受领导者及组织成员的信念、价值观及组织宗旨的影响。因此，要确立零信任安全愿景，应先统一对零信任安全的认识，再通过认识零信任的关键能力，结合企业数字化转型整体构想，确定战略的实施愿景。

1. 建立零信任安全思维

1）验证

设备和用户身份验证是基于身份重建信任体系的关键技术。从零信任理念来看，没有绝对的安全，也就没有绝对的信任，任何手段都难以应用于所有场合，如果将验证手段一刀切，会影响其易用性和可用性。

零信任架构不要求在各种场景下都采用强身份验证，其支持可选的多种验证方式，并将验证方式的强弱作为信任度量因子。

零信任理念认为一次性用户身份验证机制无法确保用户身份持续合法，即使采用了强度较高的多因子身份验证，也需要通过持续验证手段进行信任评估。

2）访问控制

传统的访问控制机制是宏观的二值逻辑机制，大多基于静态访问控制规则、黑白名单等进行一次性评估。这种访问控制规则缺乏对风险和信任的持续度量，难以满足现代 IT 环境和复杂安全态势下的动态访问控制需求。

零信任架构下的访问控制基于持续度量的思想，是一种微观判定逻辑。对主体信任度、客体安全等级和环境风险进行持续评估,并动态判定是否允许当前访问请求,是灰度哲学的重要体现。

3)身份管理

访问控制需要将身份治理和授权管理作为基础支撑。企业中存在内部员工、客户、合作机构、外包人员等,不应寄希望于采用一套统一的管理逻辑和流程,而应对不同的身份进行分类和梳理,制定不同身份的生命周期管理流程。

零信任安全要求建设统一的验证与访问控制平台,对于现代企业来说,很难厘清各种用户、角色、系统的当前访问权限。因此,建议企业层面只梳理常用的、公共的访问权限,并进行基于角色的策略配置。同时,提供自助服务机制,供各业务部门和用户自主发布和申请访问权限,这种自助服务机制一般与工作流关联,可以自动触发对申请的评估审批流程,实现安全性与易用性的平衡,兼顾安全的可控性和自组织性。

2. 认识零信任的关键能力

基于网络所有参与实体的数字身份,对默认不可信的访问请求进行加密、验证和强制授权,汇聚和关联各种数据源,持续进行信任评估,并根据信任的程度对权限进行动态调整,最终在访问主体和访问客体之间建立一种动态的信任关系。

建立零信任安全思维并统一对于零信任的认识后,需要认识零信任的关键能力,勾勒零信任建设蓝图,确定基于零信任架构的目标。零信任的关键能力如下。

1)全面的身份化管理

基于身份而非网络位置构建访问控制体系,需要将数字身份赋予网络中的人和设备,在身份化的人和设备运行时组合构建访问主体,并为访问主体设定其所需的最小权限。在零信任安全架构中,根据一定的访问上下文,访问主体可以是人、设备和应用等实体数字身份的动态组合。

2)业务受控与安全访问

零信任架构根据授权结果开放最小权限,应对所有的业务访问请求进行全流量加密和强制授权,业务安全访问相关机制尽可能工作在应用层。零信任架构核心资产的各种访问路径隐藏在组件后方,默认对访问主体不可见,仅放行经过验证、具有权限且信任等级符合安全策略要求的访问请求。针对不同业务场景进行适配,根据不同访问协议和方法对主体进行识别,将多级多层访问主体关联,防止访问控制机制被旁路。

3）对身份、行为的持续信任评估

持续信任评估是零信任架构的关键，实现基于身份的信任评估，对访问的上下文环境进行风险判定，对访问请求进行异常行为识别，对信任评估结果进行调整。在零信任架构中，访问主体是人、设备和应用程序构成的网络代理。因此，主体信任具有短时特征，支持基于主体的信任等级进行动态访问控制。

4）基于动态最小权限的访问控制

零信任架构采用分级访问控制策略。当主体的信任等级高于客体的安全等级时，授予访问权限，否则拒绝访问请求。根据持续信任评估，主体的信任等级会实时调整。零信任架构遵循动态最小权限原则。如果用户确实需要更高的访问权限，那么用户可以且只能在需要的时候获得这些权限。当访问上下文和环境存在风险时，零信任架构会对访问权限进行实时干预，评估是否降低访问主体的信任等级。

5）安全可视化和自动编排

零信任架构将实时分析可视化安全数据与上下文信息结合，以识别并处理威胁和漏洞。①对网络、设备、应用程序、用户和数据进行实时分析；②整合与用户、访问会话和应用资源安全状态相关的上下文信息，如流量、设备状态、用户身份、生物特征、行为、应用程序状态、应用程序分类、数据分类、位置、时间等。零信任架构定义和实施跨托管模型、位置、用户和设备的访问策略，规模庞大，如果没有自动编排的支持，则需要与每个具体系统的管理控制模块交互，所花费的时间和精力不可估量。因此，自动编排是零信任智能化的重要支撑。

9.2 制订战略行动计划

9.2.1 规划先行的目的

成熟度模型是一种项目管理和实施工具，被众多零信任实践的先行者采用。在明确零信任愿景后，通过建立零信任成熟度模型，进行零信任战略规划，组织、跟踪和沟通正在进行的工作。

在宏观的、长期的零信任规划的指导下，面向企业现状和应用场景，确定阶段性目标和行动计划，初步明确总体建设路径及第一阶段建设方案，有效指导后续零信任战略的实施。规划先行的目的如表 9-2 所示。

表 9-2 规划先行的目的

目的	介绍
确保零信任架构的整体安全性	保证零信任核心能力相互配合、共同实现，确保零信任架构的整体安全性
与信息系统建设整体规划同步	与业务规划同步，确保零信任战略的实施，保障内生安全；与基础设施、可视化建设等同步
支撑零信任战略持续推进	与业务规划同步，确保零信任战略的实施，保障内生安全

9.2.2 零信任成熟度模型

1. 成熟度模型

成熟度模型为企业项目管理水平的提高提供了评估与改进框架，通过划分项目管理等级，形成逐步升级的平台。成熟度模型包括改进内容和改进步骤，用户需要了解其所处的状态和改进的路线图。借助项目管理成熟度模型，企业可以发现其项目管理中存在的缺陷并识别项目管理的薄弱环节，通过解决与项目管理水平提高有关的重要问题，形成项目管理改进策略，稳步提高企业的项目管理水平，使企业的项目管理能力持续提高。

零信任战略的实施是一个不断演进的过程，为了清晰明确地进行过程管理，引进零信任成熟度模型作为辅助工具，组织、跟踪和沟通正在进行的工作，标记零信任战略的实施进展。

下面分析微软的成熟度模型和 ACT-IAC 的成熟度模型。

微软的成熟度模型分析分为传统、高级、优化三级。

（1）传统与零信任建设未开展阶段对应。在这一阶段，大多数企业还没有开始进行零信任建设，内部身份无法检测可疑行为；扁平网络基础设施使风险暴露面较大；设备的遵从性、云环境的可见性有限。

（2）高级与零信任基础能力建设阶段对应。在这一阶段，各企业已经开始零信任基础能力建设，并在几个关键领域取得了进展：网络已划分，云威胁保护已具备；精心调整的访问策略正在限制对数据、应用和网络的访问；设备已注册并符合 IT 安全策略；分析开始用于评估用户行为和主动身份威胁。

（3）优化与零信任建设完成阶段对应。在这一阶段，企业的安全性已有很大改进，信任已完全从网络中移除,云微边界、微分割和加密已就位;实时分析和动态控制对应用、工作负载、网络和数据的访问;实现自动威胁检测响应;数据访问决策由云安全策略引擎控制,数据共享通过加密和跟踪进行保护。

ACT-IAC 的成熟度模型按照实施进度划分为 5 个阶段。在实施时,不是完成一个阶段才开始第二个阶段,而是采用百分比评估标定,对每个阶段的项目进行评估、跟踪。

(1)阶段 1:建立用户信任。企业是否有与业务需求一致的用户管理战略,使基于风险的策略所支持的多因子身份验证解决方案全面实施和集成?

(2)阶段 2:获得设备和活动的可视性。企业是否有最新的资产清单,可用于区分托管和非托管设备,并作为集成 IT 和安全功能的一部分,进行健康检查?

(3)阶段 3:确保设备可信。企业是否有受信任的设备策略,用于提示用户在管理的过程中针对已度量的漏洞更新设备,并报告外部设备?

(4)阶段 4:实施自适应策略。企业是否通过集中管理的策略来控制用户访问,以识别异常并根据异常采取行动?

(5)阶段 5:零信任。企业是否有一个由架构和一组过程支持的与业务对齐的零信任方案,使用户能够无缝访问内部和云应用程序?

成熟度模型要素如表 9-3 所示。

表9-3 成熟度模型要素

要素	描述
资源	所有数据源和计算服务都是资源 企业应根据任务的关键程度对零信任资源进行分类,资源管理策略是零信任战略的一部分
用户	零信任战略限制用户访问,并在用户与互联网交互时对其进行保护。用户的持续身份验证对零信任来说至关重要,使用身份、凭证和访问管理(ICAM)及多因子身份验证(MFA)等技术,持续监测和验证用户可信度,以管理其访问权限,防止用户成为零信任战略的第一个沦陷对象
设备	为了实施零信任战略,安全团队必须隔离、保护和控制网络中的每个设备。对网络安全态势和设备可信度的实时分析是零信任战略实施的关键,一些"记录系统"解决方案(如移动设备管理器)提供可用于设备信任评估的数据。此外,应对每个访问请求进行其他方面的评估(如入侵状态、软件版本、保护状态、加密启用等)
网络	分割、隔离和控制网络的能力是零信任安全控制的关键
工作负载	工作负载是运行业务并吸引和服务客户的前端和后端系统,这些连接、应用程序和组件必须作为威胁载体,应用零信任技术。运行在公有云中的工作负载尤其值得关注

续表

要素	解析
实时分析	任何人都不能对抗一个看不见或无法理解的威胁。传统安全信息管理、更先进的安全分析平台、安全用户行为分析和其他分析工具使安全专家能够实时观察正在发生的事情并智能定向防御。有助于在实际事件发生前制定主动安全措施
自动编排	如何利用工具和技术实现整个零信任战略的自动化和协调至关重要。零信任充分利用安全自动化响应工具,通过工作流使跨产品的任务自动化,并允许最终用户监督和交互 安全操作中心通常使用其他自动化工具完成安全信息与事件管理(SIEM)及用户和实体行为分析(UEBA),编排和连接这些安全工具,并协助管理不同的安全系统。这些工具以集成方式工作,大大缩短了事件反应时间,降低了成本

对于零信任架构来说,需要从能力成熟度和业务范围两个维度梳理和评估安全规划。

企业需要评估当前具备的安全能力,并基于风险、安全预算、合规要求等信息,确定安全能力建设的优先级。

零信任架构最终需要覆盖企业的所有资源,在规划阶段,需要确定迁移至零信任的业务优先级。一般来说,新建业务和核心业务为第一优先级。微软零信任成熟度模型如表9-4所示。

表9-4 微软零信任成熟度模型

要素	传统	高级	优化
身份	采用本地化身份验证方式 在云和本地应用间无SSO 身份风险的可见性有限	将云身份与本地系统联合 采用有条件的访问策略进行访问控制并提供修正操作 通过分析提高可见性	启用无密码身份验证 实时分析用户、设备、位置和行为,确定风险并持续提供保护
设备	设备通过组策略对象或配置管理器等解决方案进行域连接和管理 设备只有在网络中才能访问数据	设备采用云身份验证方式 仅对由云管理的合规设备授予访问权限 对BYOD和企业设备强制实施DLP解决方案	通过端点威胁检测,监视设备风险 企业设备和BYOD都基于设备风险进行访问控制
应用	通过物理网络或VPN访问本地应用 用户可以访问一些关键的云应用	本地应用面向互联网,云应用配置了SSO 评估风险,控制关键应用	基于最小权限原则并持续验证 对所有应用进行动态控制,提供会话监控和响应

续表

要素	传统	高级	优化
基础设施	人工管理不同环境下的权限 对虚拟机和服务器上运行的工作负载进行配置和管理	对工作负载进行监控并发出异常行为警告 为每个工作负载分配应用标识 访问资源应即时可用	阻止未授权的部署并触发报警 对所有工作负载进行细粒度访问控制 为每个工作负载划分用户和资源
网络	扁平化开放网络 最小威胁防护和静态流量过滤 内部通信未加密	流入、流出云微边界和微隔离 对已知威胁的云原生过滤和保护 用户到应用的内部通信已加密	分布式流入、流出云微边界和更深的微隔离 基于 ML 的威胁防护和基于上下文信息的过滤 对所有流量加密
数据	访问由边界控制，不由数据敏感度控制 灵敏度标签是手动应用的，数据分类不一致	通过正则表达式或关键词对数据进行分类和标记 对访问决策进行加密	智能机器学习模型提高了分类能力 访问决策由云安全策略引擎控制 DLP 解决方案通过加密和跟踪实现安全共享

除了完整的成熟度模型，还可以构成简单定制的成熟度模型，如图 9-2 所示。

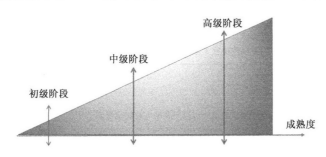

图 9-2　简单定制的成熟度模型

该模型分为初级、中级、高级 3 个阶段。

（1）初级阶段支撑零信任验证，该阶段主要包括基础的统一账号管理、Web 及新应用安全接入、统一验证及访问控制、多因子身份验证、终端可信环境感知。

（2）中级阶段支撑零信任传统业务的安全接入，该阶段主要包括统一身份和权限管理、传统业务安全接入、自适应及持续验证、动态权限调整、基于行为的信任分析。

（3）高级阶段支撑零信任能力演进，该阶段主要包括身份治理、全场景可信接入、场景化持续信任评估、全面可视化、安全可视化和自动编排。

一个适当的成熟度模型有助于组织、跟踪和沟通正在进行的工作,标记零信任建设的进展。

2. 制订阶段性行动计划

可以基于零信任成熟度模型,结合应用场景制订阶段性行动计划。制订阶段性行动计划要先确定建设思路(是能力优先型还是范围优先型)。对于工程实施问题,可以进行综合协调,梳理安全能力的现状、需求及业务现状和优先级,初步确定总体建设路径。按照需求迫切度、能力完善程度进行组合。

(1)能力优先型:针对少量业务构建从低到高的能力,通过局部业务场景验证零信任的完整能力,并逐步迁移更多业务,扩大业务范围。

(2)范围优先型:先在一个适中的能力维度上迁移尽量多的业务,再逐步提高能力。

以 Microsoft 实践为例,基于成熟度模型,结合阶段性核心场景,确定阶段性能力要求和阶段性目标。阶段性目标如表 9-5 所示。

表 9-5 阶段性目标

类型	目标		
身份	完成强身份验证 将对应用和数据的访问限制在执行工作所需的最小限度	最小权限	普及遥测技术
设备	所有设备都已注册和管理 设备健康情况已验证 非受管设备和非 FTE(非全职员工)可以用其他方法访问资源		
访问	采用逻辑分段构建网络 基于用户和设备角色控制网络访问		
服务	对应用和服务强制执行基于条件的访问控制 默认所有应用都可以通过互联网获得 应用和服务的健康情况已验证		
经验	员工只能接触他们可以访问的应用和资源 向合适的听众讲合适的故事 利用遥测技术了解用户体验 提供零信任实现的总体状态的可见性		

阶段性实施方案如表 9-6 所示。

表 9-6 阶段性实施方案

类型	目标
身份	设置所有的用户账号以使用现代身份服务 基于最小权限原则 根据角色要求（个人、管理员等）创建分段身份
设备	通过策略执行平台确认设备的健康情况 通过策略部署平台管理设备 为非受管设备访问应用或资源提供间接解决方案
访问	采用逻辑网段 部署网络访问控制系统 与策略执行平台集成，以验证身份和设备的健康情况
服务	设计和应用 Auth 平台和库 评估应用或服务的健康情况并基于健康情况执行访问决策 将应用的访问路由从内部网络迁移到互联网
经验	提供与用户权利相关的应用 制定全面的传播策略 制定零信任度量标准 开发仪表盘，提高可见性

9.3 战略实施方针和概念验证

近年来，发生了许多大规模数据泄露事件，企业应采取一些重要措施（如将基础服务涉及的敏感信息资源分离到高安全等级网络中）来保护数据隐私。CSA 在《2019 年云安全威胁报告》中的分析表明，人类的高风险行为仍然是造成数据泄露、云恶意软件注入和 DDoS 攻击的重要原因。

SDP 架构在访问敏感数据前主动从单个数据包检查中识别合法网络连接，其强调建立信任的控制平面与传输实际数据的数据平面分离，解决了卸载 TCP 和 TLS 后固有的漏洞问题，以及网络防火墙上千变万化的 IP 地址转换问题。

将 SDP 软件定义边界、多因子身份验证和改进的访问控制、授权机制结合，能够解决企业的安全漏洞和大规模入侵问题。除了在运行时进行检测和响应，SDP 还在配置和部署时强制执行安全策略，混合云环境如图 9-3 所示。

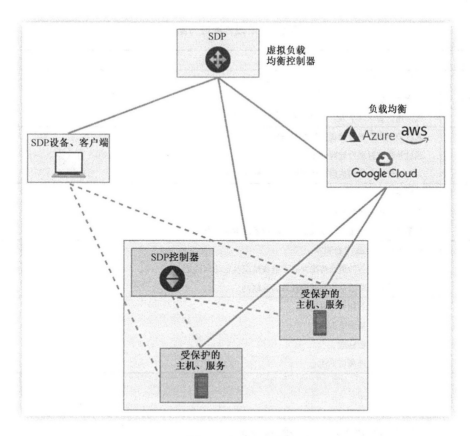

图 9-3　混合云环境

1. 概念验证

SDP 架构的概念验证（PoC）可以展示 SDP 如何面对混合云环境中的应用程序交付挑战。

（1）SDP 能确保高度敏感的通信可以运行在任何网络上，可以从一个安全环境进入另一个安全环境，无须考虑网络层到应用层的不安全因素。

（2）SDN 通过提供独立的控制平面和数据平面及 Deny-All 防火墙转化为 SDP。

（3）在混合云环境中部署的 SDP 与基于单一数据包检测的零信任网络完全契合。

可以通过 SDN 控制器接口在网络层部署 SDP，使 IH 与 SDP 控制器连接。

在网络层部署 SDP 可以解决卸载 TLS 后在应用层实施零信任战略产生的问题。现有零信任安全措施大多在 TLS 卸载后应用，证书验证是一个复杂的过程，TLS 1.2、TLS 1.3 和双向 TLS 都可能存在漏洞。

云服务商都有一些针对内容交付的零信任方法。目前，还没有仅用于网络层的零信任应用,特别是混合云应用。在本例中,混合云指从私有云到企业再到数据中心的连接,多云指跨不同公有云和私有云的网络连接。目前,许多企业倾向于部署混合云。

PoC 通过虚拟网络使在 SDP 实现的控制平面上执行与安全相关的操作成为可能。从这个角度来看,SDN 的广泛应用使供应商能够简化网络管理,但也为向由 API 驱动的网络路由协调提供适当的验证、访问控制、数据隐私等服务带来了挑战。虽然 SDN 允许按需提供虚拟网络,以实现高效的数据传输和精细的控制,但当前的安全实践并不能与这些软件定义基础设施的集成所带来的挑战相匹配。软件定义网络模式允许 SDN 控制器调用软件定义边界服务,该服务可以协调连接,并根据请求的 SDP 身份和设备验证对网络连接执行允许或拒绝操作,SDP 控制器指示 SDN 将连接路由到接受的主机或在数据包识别属性没有通过所需检查时放弃连接。PoC 组件如表 9-7 所示。

表 9-7 PoC 组件

OSI 模型	云模型	PoC 组件
应用层	应用	应用、用户界面、SDP 客户端
表示层	服务	SDP 控制器、用户令牌、设备验证
会话层	镜像	SDP 网关、防火墙规则、负载均衡
传输层	软件定义数据中心	SDP 传输控制、数据包分析
网络层	虚拟机管理应用	
数据链路层	基础设施	
物理层		

2. 技术组件及架构

SDP 控制平面和数据平面的技术组件如下。

(1) SDP 代理部署在 SDP 客户端上。

(2) SDP 控制器部署在可以访问 SDN 的虚拟负载均衡设备上。

(3) SDP 主机基于零信任实现安全态势感知(为了验证,这些服务器以虚拟机方式部署在可以通过外部云负载均衡访问的公有云上)。

(4) 网络连通性源于公共互联网。

网络负载均衡控制器及公有云技术组件如下。

(1) SDN 虚拟负载均衡能够将 SDP 请求路由到身份访问控制微服务上,并确定允许或拒绝响应该请求。

（2）服务于虚拟负载均衡器（VLB）的公有云外部负载均衡将请求转发到部署在公共云服务上的 AH 或 SDP 服务器。

3. 技术风险及问题

当 SDN 和 VLB 配合在网络层部署零信任方案时，会存在一定的风险。因为对于网络的连通性来说，SDP 模式为允许或拒绝的二选一模式，在业务实现时会存在单点故障风险。因此，在数据平面的集成访问控制机制需要具有一定的深度安全性，以确保用于身份标识的属性被安全规划、构建和运行。

4. 假设

（1）将现有的开源 SDP 部署方案作为 PoC 的基础。

（2）选择 VLB，该设备可以调用微服务，并把请求转发给公有云或私有云的负载均衡设备。

（3）负责 PoC 的技术供应商应公开访问并提供实现细节，其中不包含专有或私有能力。

（4）需要支持虚拟私有云的微部署方式。

（5）需要提供基于物理设备或虚拟机的 IH 或服务器。

（6）测试环境需要覆盖"合格"和"不合格"的测试用例。

5. 技术分析

PoC 需要在流量管理期间、路由期间及 TLS 终止前部署组件，并在 TCP/IP 端点目标确认前不公开实际的 AH，以防止攻击者利用证书弱点入侵及对目标主机发起 DDoS 攻击。

应部署包检查服务，该服务直接从虚拟负载均衡器访问身份标识属性。SDP 控制器服务根据身份属性服务决定断开连接或允许转发到 AH 或服务器。

当前网络环境可能连接了多个服务，可以通过 VLB 获得云服务商和企业负载均衡器的接口。

应能连接到部署 SDP 控制器的虚拟机，并从初始化的客户端、服务器设备或虚拟机截获与 SDP 相关的请求。

第 9 章 SDP 战略规划与部署迁移

6．需要的资源

（1）初始化网络连接的客户端或服务器。

（2）连接网络。

（3）基于数据包检查在转发前能够调用 REST 服务的 VLB。

（4）SDP 控制器部署微服务。

（5）接受网络连接的客户端或服务器。

（6）CSP 或企业外部负载均衡器将请求转发到客户端或服务器。

注意：客户端或服务器仅代表通用术语，不包含特定的入栈或出栈方向。

SDP 需要的资源如表 9-8 所示。

表 9-8　SDP 需要的资源

需求	资源
需要在访问前进行身份验证	部署在 SDP 控制器上的身份属性验证服务
审查连接和上报能力	VLB 丢弃未经 SDP 控制器检查的连接
细粒度访问控制	对部署在 SDP 控制器上的 VLB 转发的每个连接进行检查
向监控系统转发可疑活动	VLB 将可疑连接的信息转发到 SIEM 系统

SDN、配置为 REST 服务 API 形式的 VLB，以及路由网络连接能力的实现，均证明了 SDP 的可行性。因此，虚拟负载均衡器控制平面的服务能够基于网络数据包做出智能决策。这意味着，可以通过 REST 调用边界防护服务来实现身份验证，该服务可以验证数据包的身份属性，步骤如下。

（1）建设虚拟私有云网络和虚拟主机。

（2）在端点间建立互联网连接。

（3）建立身份验证微服务。

（4）部署 VLB，并建立与 CSP（内容安全策略）的对外负载均衡器的公网 IP 路由。

（5）通过数据包检测 SDP 连接。

（6）通过单包检测提取身份属性信息。

（7）实现基于 REST 服务的身份验证微服务。

（8）在 VLB 与 SDP 控制器间建立网络连接路由。

9.4 实施零信任战略

1. 在访问前进行身份验证

使用 VPN 和防火墙建立的零信任体系可以提供用户访问服务（如邮件服务）。防火墙可以设置 IP 黑名单，服务也可以设置哪些 IP 地址可以访问。VPN 可以设置为网络上只有通过验证的 VPN 客户端和拥有适当密钥的用户可以连接，以实现零信任。然而，如果一个未授权用户复制了 VPN 客户端并偷到了密钥，则该用户也可以访问服务，并可以通过猜测其他用户的用户名和密码进行 DDoS 攻击、凭证盗窃等。VPN 允许用户登录网络并拒绝对不在邮件服务器网段上的其他服务的访问（如 SharePoint）。如果一个未授权用户已经连入网络，则其一般会横向访问 SharePoint 服务。在进行身份验证前允许用户访问的内容总是多于控制访问后的内容。

为了确保在访问前进行身份验证，需要满足一个隐含要求，即将用户身份验证的控制平面与数据平面分离。为了确保响应时间在可接受范围内，还需要一种即时身份验证机制。

2. 限制网络连接和暴露面

公有云和私有云划定了网络安全边界，将日志导入监控工具，并提供了分析和混合服务。然而，并没有解决在访问前进行身份验证的问题。

原生云平台和应用服务的强大功能支持入栈、出栈安全配置和企业网络策略配置等。强身份验证和授权的行业标准是双向 TLS 验证。一种更好的方法是在数据包访问前进行身份验证，将 SDN 控制器与零信任平台连接，并在 SDN 控制器提供的流量管理控制下，在网络层丢弃或放行数据包。通过该方法，SDN 控制器可以在用户身份验证失败后断开网络连接。

3. 信任验证机制

网络层 VPN 和防火墙及应用层防火墙和 SSL VPN 无法实现细粒度访问控制。零信任体系不仅具有基于策略的授权能力，还要求其在细粒度的网络上下文及分布式服务连接和私有云、公有云的多云互联方案中进行身份验证。

使用网络层防火墙时需要仔细斟酌。它是静态的，用户组是它所能提供的信任粒度。来自不同部门、不同角色的一组用户需要访问具有相同 IP 地址的同一服务的情况十分常见。防火墙规则是静态的，其策略仅依赖网络信息。它们不会根据上下文（网络中设备所需的信任级别）动态更改。如果本地防火墙或防病毒软件意外关闭，传统防火墙将不会检测到这一点。

基于网络边界的零信任方案通过细粒度信任验证机制和基于策略的授权提高了安全性。

4. 监测可疑行为

需要考虑基于身份属性的验证何时失败。将基于包检查的可疑行为导入日志和检测服务的能力为安全编排和自动化响应（SOAR）提供了真正有用的数据，并使企业能够从各种来源获取输入（主要来自安全信息和事件管理系统）。自动化是为收集数据、进行集成和编排、提供操作智能和可视化图形与仪表板而启动的工作流。零信任体系可以适当监测可疑行为。

9.5 部署迁移

零信任聚焦身份、业务、信任和动态访问控制等安全能力，结合现状和需求，与业务建设同步规划、深度结合。在确定零信任建设意愿、制定长期规划和近期建设任务后，将遵循零信任建设的方法论，围绕零信任关键能力，制定零信任技术实施方案，分步实施，如表9-9所示。

表9-9 分步实施

步骤	方法
确定目标	在迁移前，按照战略规划、阶段性计划和用户的实际需求，确定部署迁移目标。例如，多用户通过接入终端访问数据服务的安全性问题，以及在用户、设备、应用等方面进行鉴权、审计，实现用户操作权限的细粒度访问控制
评估任务	在部署前，对可行性、工作量、难易程度和工作进度等进行充分评估，包括网络环境、拓扑、用户数量、技术指标（如业务压力和性能指标等）、数据规模（如各类数据库对象的数量，PL、SQL程序的规模等）
组建团队	成功的项目应有健全的团队，其至少应具备以下能力：熟悉零信任的概念；熟悉访问控制、身份管理、身份鉴别、信任评估等；熟悉网络架构；熟悉应用接口
创造环境	根据新建系统和改建系统的区别，设计零信任架构部署方案，主要包括零信任架构需要对接的基础数据（人员、账户、设备清单）、零信任架构需要改造的应用系统和需要保护的数据资产清单、零信任架构部署的网络环境

零信任架构持续演进，基于业务需求、安全运营现状、技术发展趋势等不断完善零信任能力。

（1）概念验证：在较小的业务范围内构建中等零信任安全能力，对整体方案进行验证。

（2）业务接入：方案验证完成后，对验证过程的一些可优化点进行能力优化，并迁入更多业务，以进一步验证方案并发现新的安全需求。

（3）能力演进：基于验证结果规划后续能力演进阶段，有序提高各方面的零信任能力。

根据零信任项目的性质（新建、扩建、升级改造），在前期战略规划和阶段性方案的支撑下，主要考虑对接业务的情况，优先考虑新建业务和核心业务，面向不同工程，采用不同技术手段。

1）纯零信任架构

（1）根据企业当前的设置和运营方式，确定其应用程序和工作流，形成零信任架构。

（2）确定工作流后，企业可以缩小所需组件的范围，并绘制各组件的交互方式。

2）零信任架构与传统架构共存

零信任迁移的重点是保障现有业务和新建业务混合运行，实现平稳过渡。

对多样的业务场景进行分析、截取，根据典型的业务架构，针对访问的主体、客体和流量模型梳理业务资产，确定保护目标，进行全场景分析，确定业务暴露面，构筑业务保护面。

1. 将控制平面与数据平面分离

控制平面由接收和处理来自希望访问（或准许访问）网络资源的数据平面设备请求的组件组成。控制平面协调和配置数据平面。

数据平面包含所有应用程序、防火墙、代理、路由器，其直接处理网络中的流量。

支持访问受保护资源的请求，该请求通过控制平面发出，设备和用户必须经过身份验证和授权。访问更安全的资源还可以要求进行更严格的身份验证。

控制平面允许请求后，将动态配置数据平面，接受来自该客户端的流量。

2. 分步建设

规划完成后进入建设阶段，根据规划思路进行分步建设。能力优先型需要针对少量业务构建从低到高的能力，通过局部业务场景验证零信任的完整能力，并逐步迁移更多业务；范围优先型在一个适中的能力维度上，先迁移尽量多的业务，再逐步提高能力。

（1）概念验证：按照技术实施方案搭建基础环境，验证零信任架构的能力，在最小化可控生产环境中进行概念验证。

（2）业务接入：在零信任架构能力通过验证后，进行业务和终端的全面接入。

（3）能力演进：对验证过程的一些可优化点进行能力优化，并基于验证结果规划后续能力演进阶段，有序提高各方面的零信任能力。

问题和解决方法如表 9-10 所示。

表 9-10　问题和解决方法

分类	问题	解决方法
可视化问题	零信任架构需要检查和记录网络中的所有流量，并对其进行分析，以识别和应对针对企业的潜在攻击。然而，一些企业网络中的流量对于网络分析工具来说可能是不透明的，这些流量可能来自所有非企业系统（如使用企业基础设施访问网络的外包服务）或抗被动监控的应用程序；企业无法执行 DPI 或检查加密通信，必须使用其他方法评估网络中的攻击者	企业并不是无法分析其在网络中看到的加密流量 （1）企业可以收集与加密流量有关的元数据，并使用这些元数据检测网络中可能存在的恶意软件通信或攻击行为 （2）机器学习技术也可用于分析无法解密和检查的流量 （3）在 SDP 中，只需要检查来自非企业系统的流量，企业系统流量在会话中通过访问代理分析
多数据源互信问题	零信任架构依赖不同的数据源做出访问决策，包括用户、资产、企业和外部情报、威胁分析等 用于存储和处理这些信息的应用系统在交互和交换信息方面没有通用的开放标准，导致多数据源信息不可信	为了解决互操作性问题，可以将数据源集中到一个供应商手中，或者投入高成本进行数据源迁移，将专有格式转化为可操作格式 解决互操作性问题可以有效降低零信任架构对多数据源信息的动态访问依赖

第 10 章 其他零信任架构

除了 SDP，还有其他零信任架构，如 NIST 的零信任架构、Google 的 BeyondCorp、微软的零信任安全模型、Forrester 的零信任架构等。

10.1 NIST 的零信任架构

10.1.1 零信任相关概念

零信任是一种以资源保护为核心的网络安全范式，其前提是信任从来不被隐式授予，而是进行持续评估。零信任架构提供了一种针对企业资源和数据安全的端到端方案，包括身份、凭证、访问管理、操作、终端、主机环境和互联基础设施。重点是将资源访问限制在有实际访问需求的主体，并仅授予其执行任务所需的最小权限（如读取、修改、删除等）。从传统上来看，企业专注于边界防护，为合法用户授予资源访问权限。因此，网络内的未授权横向攻击一直是一项巨大的挑战。

可信互联网连接（TIC）和边界防火墙提供了强大的互联网网关，有助于阻止来自互联网的攻击者，但它们在检测和阻止来自网络内部攻击方面用处不大，且无法保护边界外的用户（如远程工作人员、基于云的服务等）。

NIST 对零信任和零信任架构做了如下定义：

> 零信任提供了一系列概念和思想，在假设网络环境已经被攻陷的前提下，其在执行信息系统和服务中的访问请求时，降低其决策准确度的不确定性。零信任架构则是一种企业网络安全规划，它基于零信任理念，围绕其组件关系、工作流规划与访问策

略构建而成。因此，零信任企业是零信任架构规划的产物，是对企业网络基础设施（物理的和虚拟的）及运营策略的改造。

如果企业决定将零信任作为它的网络安全基准原则，就需要时刻对零信任架构进行规划，并部署零信任环境。关键在于，消除对数据和服务的未授权访问，以及尽可能使访问控制的执行精细化。也就是说，经过授权和批准的主体（用户、应用和设备的组合）可以访问数据，并排除其他主体（攻击者）。可以用"资源"代替"数据"，即对资源进行访问（如打印机、计算资源、IoT 执行器等），而不仅对数据进行访问。

为了降低不确定性（不能完全消除），需要进行身份验证、合法授权和缩小隐含信任区，并使验证机制中的延迟最小化。访问规则被限制为最小权限，并尽可能实现细粒度。

零信任访问模型如图 10-1 所示。

图 10-1　零信任访问模型

零信任访问系统必须确保用户可信且请求合法，PDP、PEP 会做出合适的判断以允许主体访问资源。这表明零信任适用于两个基本领域：身份验证和授权。对于某单一请求来说，用户身份的信任等级是什么？是否允许访问资源？用于请求的设备是否具有正确的安全状态？是否需要考虑其他因素，这些因素是否能改变信任等级（时间、主体位置、主体安全状态）？企业需要为资源访问制定基于风险的动态策略，并建立一个系统以保障策略的执行。企业不应依赖隐含可信性，隐含可信性指如果用户满足基本身份验证级别（如登录到某个资产），则假定所有资源请求同样合法。

隐含信任区表示一个区域，在该区域内所有实体都至少被信任到最后一个 PDP、PEP 网关的级别。例如，在机场的乘客安检模型中，所有乘客通过机场安检（PDP、PEP）进入登机口。乘客可以在候机区内闲逛，所有通过检查的乘客都被认为是可信的。在这个模型中，隐含信任区是登机区。

PDP、PEP 通过采用一系列控制策略，使所有通过检查点的通信流量都具有相同的信任级别。PDP、PEP 不能对访问流量使用超出其位置的策略。为了使 PDP、PEP 尽可能明确，隐含信任区必须尽可能小。

零信任架构提供了一套原则和概念，使 PDP、PEP 更接近资源。其思想是显式验证和授权企业的所有用户、设备、应用程序和工作流。

1. 零信任原则

关于零信任的许多定义和讨论都强调去除广域边界防护（如企业防火墙等）的概念。然而，大多数概念仍然以某种方式定义其与边界的关系（如微隔离或微边界），并将边界作为零信任架构的一部分。

零信任架构的设计和部署遵循以下基本原则。

（1）将所有数据源和计算服务视为资源。

网络可以由几种不同类别的设备组成，可能还拥有小微型设备，这些设备将数据发送到聚合器、存储、SaaS 及执行器的系统等。如果允许个人设备访问企业资源，则企业可以将其归类为资源。

（2）无论网络位置如何，所有通信都必须是安全的。

来自企业网络基础设施上的系统的访问请求必须与来自任何其他非企业网络的访问请求和通信采用相同的安全要求，不应对位于企业网络基础设施上的设备自动授予任何信任。所有通信应以最安全的方式进行，以保证保密性和完整性，并提供源身份验证。

（3）对企业资源的访问授权是基于每个连接的。

在授予访问权限前，需要对请求者进行评估。这表明此特定事务只能在"以前某个时间"发生，且不应在启动会话或使用资源执行事务前直接发生。对某资源访问的身份验证和授权不会自动授予其他资源访问。

（4）对资源的访问权限由动态策略（包括客户身份、应用和请求资产的可观测状态）决定，也可能包括其他行为属性。

企业通过定义其所拥有的资源、成员、成员需要哪些资源访问权限等对资源进行保护。对于零信任模型来说，用户身份包括使用的账号及由企业分配给该账号或组件以验证自动化任务获取的任何相关属性。请求发送者的资产状态包括设备特征，如已安装的软件版本、网络位置、请求时间和日期、观测到的行为、已安装的凭证等。行为属性包括自动化用户分析、设备分析、度量与观测到的使用模式的偏差。策略是一系列基于企业分配给用户、数据资产或应用的属性的访问规则集。这些属性基于业务流程的需要和可接受的风险。资源访问和操作权限策略可以根据资源或数据的敏感度变化。最小权限原则应用于限制可视性和可访问性。

（5）企业应监控并测量其自有或关联资产的完整性和安全性。

没有设备是天生可信的。当企业评估一个资源请求时,应该同时评估资产的安全性。

实施零信任战略的企业应建立 CDM（Continuous Diagnostics & Mitigation）系统，以监控设备和应用的状态，并根据需要使用补丁或修复程序。应将被攻陷、具有已知漏洞和不受企业管理的设备（包括拒绝与企业资源的所有连接设备）与企业拥有的或与企业关联的被认为处于最安全状态的设备区别对待。这种要求也适用于允许访问某些资源但不允许访问其他资源的关联设备。因此，需要一个强大的监控和报告系统，以提供关于企业资源当前状态的可操作数据。

（6）所有资源的身份验证和授权都是动态的，并在允许资源访问前强制实施。

应持续监控整个用户交互过程，根据策略（如基于时间的、新的资源请求、检测到异常用户活动等）的定义和执行，可能重新进行身份验证和授权，以努力实现安全性、高可用性、易用性和成本效率之间的平衡。

（7）企业应尽可能收集关于资产、网络基础设施和通信的当前状态信息，并将其应用于改善网络安全。

上述原则试图实现无技术倾向性（Technology-Agnostic）。例如，"用户身份ID"可以有多种形式，如用户名、口令、证书、一次性密码等。这些原则不适用于面向公众或消费者的业务流程，因为企业不能将内部政策强加给外部参与者（如客户或普通互联网用户），但可以面向与企业有特殊关系的非企业用户（如注册客户、员工家属等）实施。

2. 零信任网络

在网络规划和部署中使用零信任架构的企业都有一些关于网络连接的基本假设。一些假设适用于企业网络基础设施，另一些假设适用于非企业网络基础设施。这些假设用于指导零信任架构的形成。在实施零信任战略的企业中，网络的开发应遵循以下假设。

（1）不将企业专网视为隐含信任区。应始终假设存在攻击者，通信应以最安全的方式进行，需要对所有连接进行身份验证、对所有通信流量进行加密。

（2）网络中的设备可能不归企业所有或不可配置。访客和外包服务可能需要使用非企业设备访问。此外，BYOD策略允许企业用户使用非企业设备访问企业资源。

（3）没有资源是天生可信的。在连接到企业资源前，每个设备资产都必须通过 PEP 评估其安全状态。与来自非企业设备的相同请求相比，企业自有设备可能具有身份验证组件并提供高于同一请求的信任等级。仅使用用户凭证不足以对企业资源进行验证。

（4）并非所有的企业资源都在企业的基础设施上。资源包括远程用户和云服务资源。企业拥有或管理的资产可能需要利用本地网络（非企业网络）实现基本的连接和网络服务（如DNS解析）。

（5）远程用户不能信任本地网络连接。远程用户应假设本地网络是恶意的。资产应假设所有流量都被监控并可能被修改。所有连接请求都应经过身份验证和授权，所有通信都应尽可能以最安全的方式完成（保证保密性、完整性，并提供源身份验证）。

（6）在企业和非企业基础设施之间移动的资产和工作流应具有一致的安全策略。在移入或移出企业的基础设施时，资产和工作负载应保持安全，既包括从企业网络移动到非企业网络的设备（远程用户），又包括从企业内部数据中心迁移到非企业云实例的工作负载。

10.1.2 零信任架构及逻辑组件

在企业中，构成零信任架构的逻辑组件有很多。这些组件可以通过本地服务或基于云的服务运行。核心零信任逻辑组件如图 10-2 所示。该图为显示逻辑组件及其相互作用的理想模型。图 10-2 中，策略决策点（PDP）被分解为两个逻辑组件：策略引擎（PE）和策略管理器（PA）。逻辑组件在单独的控制平面通信，而应用数据则在数据平面通信。

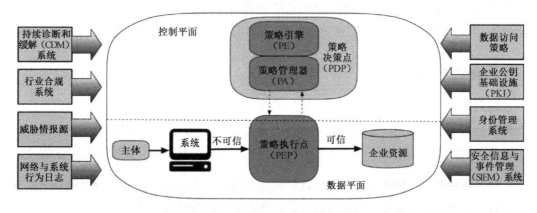

图 10-2　核心零信任逻辑组件

（1）策略引擎（Policy Engine，PE）：该组件负责最终决定是否授予指定访问主体的资源（访问客体）访问权限。PE 将企业安全策略及来自外部信息源（如 IP 黑名单、威胁情报服务）的输入作为信任算法的输入，以决定允许或拒绝对该资源的访问。PE 与 PA 配合使用。PE 做出并记录决策，PA 执行决策。

（2）策略管理器（Policy Administrator，PA）：该组件负责建立和切断主体与资源之间的通信。PA 生成客户端用于访问企业资源的身份验证凭证。PA 与 PE 紧密相关，并依赖其决定允许或拒绝会话。如果允许会话并验证请求，则 PA 配置 PEP 以允许会话启动。

如果拒绝会话,则 PA 向 PEP 发出信号以切断连接。PA 在创建连接时与 PEP 通信,该通信通过控制平面完成。

(3)策略执行点(Policy Enforcement Point,PEP):该组件负责启用、监控和终止访问主体与资源的连接。PEP 与 PA 通信,以转发请求或从 PA 接收策略更新。可以将其分为客户端(如用户计算机上的 Agent 代理程序)和资源端(如在资源前面部署的访问控制网关)。

下列数据源提供输入和策略规则,以供策略引擎在做出访问决策时使用。

(1)持续诊断和缓解(CDM)系统:收集与企业系统当前状态有关的信息,并更新配置和软件。信息包括是否正在运行适当的打过补丁的操作系统和应用程序、企业批准的软件是否完整或是否存在未批准的组件、该资产是否存在已知漏洞等。该系统还负责对活跃在企业基础设施上的非企业设备进行识别并执行子集策略。

(2)行业合规系统(Industry Compliance System):确保企业遵守其可能归入的任何监管制度(如 FISMA、HIPAA、PCI-DSS 等),包括企业为确保合规性而制定的所有策略规则。

(3)威胁情报源(Threat Intelligence Feeds):提供外部信息,帮助策略引擎做出访问决策,包括新发现的软件缺陷、新识别的恶意软件及对其他资源的攻击(策略引擎将拒绝来自该企业设备的访问)。

(4)网络与系统行为日志(Network and System Activity Logs):聚合资产日志、网络流量、资源授权行为和其他事件,这些事件提供对企业信息系统安全态势的实时或非实时反馈。

(5)数据访问策略(Data Access Policies):围绕企业资源创建的数据访问属性、规则和策略。规则可以编码(通过管理界面),也可以由 PE 动态生成。这些策略是授予资源访问权限的起点,因为它们为企业中的参与者和应用程序提供了基本的访问权限。

(6)企业公钥基础设施(PKI):生成由企业颁发给资源、访问主体和应用程序的证书,包括全球 CA 生态系统和联邦 PKI。

(7)身份管理系统(ID Management System):负责创建、存储和管理企业用户和身份记录(如轻量级目录访问协议 LDAP 服务器)。该系统包含必要的用户信息(如姓名、电子邮件地址、证书等)和其他企业特征,如角色、访问属性或分配的系统。该系统通常利用其他系统处理与用户相关的组件。该系统可能是更大的联合社区的一部分,包括非企业员工或与非企业资产的协作。

(8)安全信息与事件管理(SIEM)系统：收集以安全为核心、可用于后续分析的信息。这些数据可用于优化策略并对主动攻击企业系统的行为进行预警。

10.1.3 零信任架构的常见方案

企业可以通过多种方案为工作流引入零信任架构。这些方案因使用的组件和组织策略规则的主要来源不同而有所差异。每种方案都遵循零信任原则，可以将部分原则作为策略的主要驱动元素。完整的零信任解决方案包括增强的身份治理、逻辑微隔离和基于网络的隔离。

不同场景使用不同方案。可能会发现选择的用例和已有策略会导向某种方案。这并不意味着其他方案不起作用，而是意味着其他方案可能更难实施，可能需要针对企业当前业务流程做出更多改变。

1. 基于增强身份治理的方案

基于增强身份治理的方案将参与者身份作为策略创建的关键。如果不是请求访问企业资源的主体，则无须创建访问策略。企业资源访问策略基于身份和分配的属性，资源访问的主要诉求是基于给定主体身份的访问授权。其他因素（如使用的设备、资产状态和环境因素）可以改变其最终信任评分和最终访问授权，或者以某种方式调整结果（如基于网络位置仅授予对给定数据源的部分访问权限）。保护资源的 PEP 组件必须有能力把请求转发到策略引擎，在访问授权前进行主体身份验证和请求核准。

基于增强身份治理的方案通常使用开放网络模型、允许外部访问者访问的企业网络或网络中常见的非企业设备。授予基本的网络连接有一个缺点，恶意攻击者仍然可以利用网络对内部或第三方发起DoS攻击。企业需要在该方案影响工作流前进行监控和响应。

该方案与资源门户网站模型配合得很好，因为设备身份和状态为访问决策提供了数据。其他模型也可以使用，具体取决于现有策略。其还适用于使用基于云的应用或服务的企业，因为这些应用或服务可能不允许使用企业的零信任组件。企业可以以请求者的身份在这些平台上建立和执行策略。

2. 基于微隔离的方案

企业可以将资源放在由网关安全组件保护的私有网段上。在这种方案中，企业将智能交换机或路由器、下一代防火墙等基础设施或具有特殊用途的网关设备作为保护资源的 PEP。企业也可以通过使用软件代理或端点资产上的防火墙来实现基于主机的微隔离，这些网关设备动态授权来自客户端资产的访问请求。根据模式的不同，网关可以是唯一的 PEP 组件，也可以是由网关和客户端代理组成的 PEP 的一部分。

保护设备充当 PEP，该设备的管理充当 PE、PA，因此，该方法适用于各种用例和部署模型。其要求身份管理程序（IGP）完全发挥作用，但由网关充当 PEP，以避免未授权访问。

该方案的必要环节是对 PEP 组件进行管理，根据需要做出反应并重新配置网络，以应对威胁或工作流的变化。可以通过一般网关设备甚至无状态防火墙实现微隔离企业的某些功能，但是管理成本和快速适应变化的难度使其成为非常糟糕的选择。

3. 基于网络基础设施和 SDP 的方案

零信任架构可以通过顶层网络实现。在这种方案中，PA 充当网络控制器，根据 PE 做出的决定来建立和重新配置网络。客户端继续请求通过 PEP（由 PA 组件管理）进行访问。在应用层实施该方案时，最常见的部署模型是代理和资源网关。代理和资源网关（充当单个 PEP，由 PA 配置）建立客户端和资源的安全通道。这种模型可能还有其他变体，也适用于云虚拟网络、非 IP 网络等。

10.1.4 抽象架构的常见部署方式

上述组件都是逻辑组件，一个服务可以具有多个逻辑组件的职责，一个逻辑组件也可以由多个硬件或软件构成。例如，企业管理的 PKI 可能由负责发行设备证书的组件与用于向最终用户颁发证书的组件构成，但两者都使用同一个企业根证书颁发机构颁发的中间证书。在一些零信任产品中，PE 和 PA 组件合并在一个服务中。

组件的不同部署方式如下。由于企业网络的设置方式不同，各部署方式可能适用于一个企业中的不同业务流程。

1. 基于设备代理或网关的部署

PEP 分为两个组件，一个驻留在资源上，另一个位于资源前面。例如，每个企业分配的资源上都有已安装的设备代理程序，用于创建和管理连接，且每个资源前面都有一个组件（网关），使资源仅与网关通信，该组件充当资源的代理。代理是软件组件，它将部分或全部流量引导到相应的 PEP，以评估请求。基于设备代理或网关的部署如图 10-3 所示。

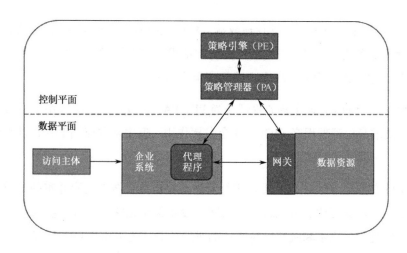

图 10-3　基于设备代理或网关的部署

以典型场景为例，用户希望通过企业分配的计算机连接到特定资源，该访问请求由本地代理接收，并发送给 PA。PA 和 PE 可以是企业本地部署产品或云托管服务。PA 将请求转发到 PE 进行评估。如果请求被授权，则 PA 通过控制平面的资源网关配置设备代理与相关设备之间的通信通道。设备代理程序与网关连接，加密的应用程序数据流开始工作。当工作完成或安全事件（如会话超时、无法重新验证）触发时，设备代理与资源网关之间的连接将终止。

该部署方式适用于拥有强大设备管理程序的企业。对于大量应用云服务的企业来说，该部署方式是 SDP 的客户端—服务器模式的实现，适用于不想制定严格 BYOD 策略的企业。所有对资源的访问只能通过设备代理完成，可以将其安装在企业的设备资产上。

2. 基于飞地的部署

在该部署方式中，网关可能不驻留在资源上或资源前面，而是驻留在资源飞地（如本地数据中心）的边界上。通常这些资源仅用于实现单一业务功能，它们可能无法与网关直接通信（例如，一些陈旧数据库系统可能没有可以与网关通信的 API 接口）。该部署方式可以应用于基于云微服务的业务（如用户通知、数据库查询、工资支出等）。基于飞地的部署如图 10-4 所示，私有云位于网关后方。

基于飞地的部署可以与基于设备代理或网关的部署结合。在该部署方式中，企业设备资产上安装了代理程序，用于连接安全区的网关。

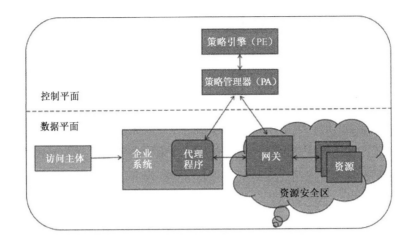

图 10-4　基于飞地的部署

该模型可以应用于较陈旧的应用程序或无法独立部署网关的本地数据中心。企业需要一个比较强大的设备和配置管理系统来安装和配置所有终端上的代理程序。其缺点是网关只能保护一组资源而非每个独立的资源，这将导致访问主体可能会看到一些他们不该看到的资源。

3. 基于资源门户的部署

在该部署方式中，PEP 是用户请求网关的唯一组件。网关门户既可以用于单个资源，也可以用于实现单一业务功能的一组资源所处的飞地。例如，可以通过网关门户连接到运行老旧应用程序的私有云或数据中心。基于资源门户的部署如图 10-5 所示。

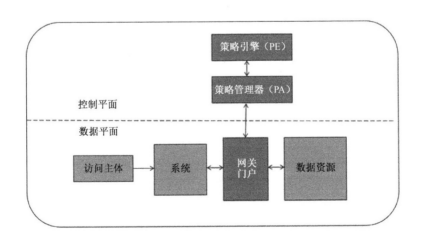

图 10-5　基于资源门户的部署

该部署方式的主要优势是无须在所有客户端设备上安装软件组件，对于采用 BYOD 策略的企业和跨企业协作来说非常灵活。管理员无须确保每个设备在使用前都安装有适当的设备代理程序。但是，来自访问请求设备的信息有限，只能在资产和设备连接到 PEP 门户时进行一次性扫描和分析，无法持续对恶意软件和配置进行监控。

该部署方式无须本地代理程序处理请求，企业可能无法对资产完全可见或有任意控制权，因为当他们连接到门户时才能扫描。企业可以采用浏览器隔离的方式解决该问题。攻击者可以发现并尝试访问门户或对门户进行 DoS 攻击。门户系统应配置完善，可防 DoS 攻击或网络中断。

4. 设备应用沙箱

设备应用沙箱使应用程序或进程在设备的隔离区运行。隔离区可以通过虚拟机、容器等实现，其目标是保护在设备上运行的应用程序或可能受到威胁的主机的应用程序实例。

设备应用沙箱如图 10-6 所示。用户在沙箱中运行已批准和审查的应用程序。这些应用程序可以与 PEP 通信以请求访问资源，但 PEP 将拒绝来自该设备的其他应用程序。在该部署方式中，PEP 可以是企业本地服务或云服务。

该部署方式的主要优点是，单个应用程序与该设备上的其他应用程序隔离。即使无法扫描设备资源漏洞，也能使这些独立运行在沙箱中的应用程序不被主机上潜在的恶意软件感染。该部署方式也有一个缺点，企业必须为所有设备资源维护这些沙箱中的应用程序，但可能无法看到这些资源。企业还需要确保每个沙箱中的应用程序都是安全的，使成本提高。

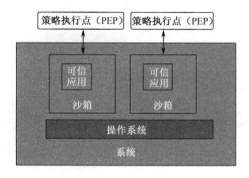

图 10-6 设备应用沙箱

10.1.5 信任算法

对于已经部署零信任架构的企业来说,可以将 PE 看作大脑,将 PE 的信任算法(TA)看作主要的思维过程。PE 通过 TA 控制对资源的访问。PE 接受来自多个数据源的数据输入,包括用户信息、用户属性和角色、历史用户行为模式、威胁情报源和其他元数据源的策略数据库。信任算法输入流程如图 10-7 所示。

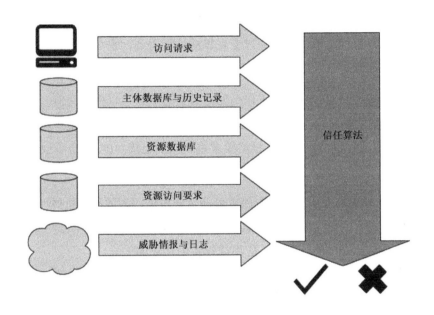

图 10-7 信任算法输入流程

(1)访问请求:指来自访问主体的实际请求。请求信息包括操作系统版本、使用的应用程序和补丁级别。根据这些信息和设备资源的安全状况来判断是否限制对资源的访问。

(2)主体数据库与历史记录:指企业的一组用户(人员和进程)及所分配的用户属性或权限。其构成了资源访问策略的基础(NIST SP800-162)。用户身份验证包括逻辑身份和 PEP 的检查结果。在推导信任度时可以考虑时间和地理位置等。可以将授予多个用户的权限的集合视为角色,但将权限分配给一个用户应独立处理,不能简单认为其属于某个特定角色并授权。此集合应编码并存储在 ID 管理系统和策略数据库中。在一些实践方案中,可能需要包括过去观测到的用户行为数据。

(3)资源数据库:资源数据库中包括企业资源的已知状态(包括物理的和虚拟的),如操作系统版本、使用的应用程序、位置(网络位置和地理位置)和补丁级别等。通过与数据库中的资源状态对比来限制对资源的访问。

（4）资源访问要求：补充了用户 ID 和属性数据库（NIST SP800-63-3），并定义了访问资源的最低要求，如 MFA 网络位置（拒绝来自海外 IP 地址的访问）、数据敏感度（有时称为"数据毒性"）和资产配置等。这些要求应由数据保管人（负责数据的人员）和任务负责人（负责利用数据完成业务流程的人员）共同制定。

（5）威胁情报与日志：指一个或多个与一般威胁和活动恶意软件有关的信息源，包括从设备上看到的可疑通信的具体信息（如查询可能的恶意软件命令和控制节点）。这是唯一有可能由服务方提供而不是由企业控制的组件。

每个数据源都有权重值，可以通过专有算法计算得到，也可以由企业配置。这些权重值可以反映数据源对企业的重要性。

最终结果将传递到 PA，PA 的工作是配置必要的 PEP，以授权通信。根据零信任架构的部署方式，其可能涉及向网关、代理或资源门户发送身份验证结果和连接配置信息。PA 还可以保持或暂停通信，以根据策略要求重新验证连接。PA 还负责根据策略发出终止连接的命令。

TA 的实现方法有很多，不同的实施者可能希望根据因素的感知重要性进行权衡。有两个主要特性可用于区分 TA，一是将其作为二元决策或作为整个"得分"和信任级别的加权部分；二是对比来自同一主体、应用或设备的请求的差异。

1）基于条件与基于分数的 TA

基于条件的 TA 假设在授予对资源的访问权限或允许操作前必须满足一组合格属性。这些条件是企业为每个资源独立配置的。只有在满足所有条件时，才授予对资源的访问权限或允许操作。基于分数的 TA 基于每个数据源的值和企业配置的权重计算信任等级。如果得分大于资源的配置阈值，则授予对资源的访问权限或允许操作；否则拒绝访问或使访问权限降低（如授予读取权限，但不授予对文件的写入权限）。

2）独立与基于上下文

独立的 TA 独立处理每个请求，在进行信任评估时不考虑用户或应用程序的历史。这种评估方式的优点是速度快，但如果攻击者停留在用户允许的角色范围内可能无法检测到攻击。基于上下文的 TA 在评估访问请求时考虑用户或网络代理的最近历史记录。这意味着 PE 必须维护所有用户和应用程序的某些状态信息，当攻击者使用被盗的凭据以一种被 PE 感知到的不寻常的模式访问信息时，可以检测到攻击。对用户行为的分析可用于得出可被系统接受的用户使用方式，与此行为的偏差可能会触发额外的身份验证或资源请求。

可以由一个 TA 为每个用户或设备分配一个信任等级，并独立考虑每个访问请求。然而，基于分数的情境 TA 效果最好，因为分数为请求用户账号提供了当前信任等级。

在理想情况下，零信任算法应该是上下文相关的，但对于企业可用的基础结构组件来说，其未必始终可行。当攻击者利用被破解账号进行内部攻击时，其通常接近于一组"正常"的访问请求，基于上下文的 TA 可以减弱此类威胁。在定义和实现信任算法时，必须平衡安全性、可用性和成本效益。当用户执行任务与历史模型或行为范式不一致时，不断提示用户重新验证可能影响用户体验。例如，人力资源部门的员工通常在一个典型的工作日访问 20~30 个员工记录，如果访问请求在一天中突然超过 100 个记录，基于上下文的 TA 可能发送警报；如果有人在正常工作时间外提出访问请求，基于上下文的 TA 也可能发送警报，可能是攻击者使用受损的 HR 账号提取记录。基于上下文的 TA 可以检测攻击，独立的 TA 可能无法检测新的行为。如果一个通常在正常工作时间访问金融系统的会计正试图在半夜从一个无法识别的位置访问该系统，基于上下文的 TA 可能触发警报，并要求用户满足更严格的信任等级要求或 NIST 800-63A 中的其他标准。

为每种资源制定一套标准需要制订计划和进行测试。在初始阶段，企业管理员可能会遇到问题，如由于配置错误而拒绝应批准的访问请求。因此，需要部署一个初始"调整"阶段，对标准或计分权重进行调整，以确保在执行的同时保障企业业务正常运作。该阶段的持续时间取决于企业定义的进程指标和在业务流程中对错误拒绝或批准的容忍度。

10.1.6 网络与环境组件

在零信任环境中，用于控制和配置网络的通信流与用于完成实际工作的应用程序通信流之间应该存在隔离（可能是逻辑的或物理的）。

控制平面用于维护系统，允许或拒绝对资源的访问及执行必要操作，以建立资源之间的连接；数据平面用于应用程序之间的实际通信。在通过控制平面建立连接前，可能无法使用该通信通道。例如，PA 和 PEP 利用控制平面在用户和企业资源之间建立连接后，应用程序工作负载才能使用已建立的数据平面进行连接。

（1）企业系统应具有基本的网络连接。本地网络（无论是否由企业控制）提供基本的路由和基础设施（如 DNS 等）。远程企业的设备资产不一定能使用所有基础设施服务。

（2）企业必须能区分哪些资产是由企业拥有的或管理的，并了解设备当前的安全状态。

（3）企业能够捕获所有网络流量。企业能够记录在数据平面上看到的数据包，但可能无法对所有数据包进行应用层检查。企业能够过滤与连接有关的元数据（如目的地、时间、设备标识等），在评估访问请求时动态更新策略并通知 PE。

（4）企业资源不应该在未经 PEP 的情况下可达。企业资源不接受来自互联网的任意传入连接。资源仅在客户端经过身份验证后，接受自定义配置的连接，这些连接是由 PEP 建立的。如果不访问 PEP，甚至不可能发现资源。这可以防止攻击者通过扫描 PEP 后方的资源并对其发起 DoS 攻击来识别目标。注意，并非所有资源都以这种方式隐藏，某些网络基础结构组件必须可访问。

（5）数据平面和控制平面在逻辑上是分离的。PE、PA 和 PEP 都在逻辑上独立且企业系统和资源无法直接访问网络通信。数据平面用于应用数据通信，PE、PA 和 PEP 使用控制平面管理系统之间的连接，PEP 必须能够发送和接收来自数据平面和控制平面的信息。

（6）企业设备资产可以到达 PEP 组件。企业用户必须能够访问 PEP 组件以访问资源，可以采用在系统上启用连接的 Web 门户、网络设备或软件代理等方式。

（7）作为业务流的一部分，PEP 是唯一可以访问 PA 的组件。在企业网络上运行的每个 PEP 都与 PA 连接，以从客户端建立连接。

（8）远程企业设备资产应能直接访问企业资源，无须回连到企业的基础网络设施。例如，不应要求远程用户使用回连到企业网络的安全隧道（VPN）访问由企业提供的服务。

（9）用于支持零信任访问决策过程的基础设施应具有可扩展性，以考虑过程负载的变化。PE、PA 和 PEP 成为业务流程中的关键组成部分，延迟或无法访问到 PEP（或 PEP 无法访问到 PA、PE）将对执行工作流的能力产生负面影响。企业需要为预期的工作负载提供组件或在需要时快速扩展基础设施，以处理增加的使用量。

（10）企业设备资产可能由于某些可观测因素而无法访问某些 PEP。例如，可能有一项策略规定，请求的移动设备资产位于企业外时无法访问某些资源。这些因素可能基于位置（地理位置或网络位置）、设备类型或其他标准。

10.1.7 与零信任架构相关的威胁

任何一家企业都不可能完全消除网络安全风险。如果与现有网络安全相关政策和指南、身份和访问管理、持续监控和一般网络可用结合,恰当实施并维护零信任架构,可以降低风险并抵御常见威胁。但是,即使实施了零信任架构,某些威胁也具有独特的能力。

1. 决策过程的破坏

PE 和 PA 是企业的关键组件。企业资源在获得批准并由 PE 和 PA 配置后才能进行通信,因此,必须正确配置和维护组件。具有 PE 规则配置权限的管理员可能会执行未批准的改动,从而干扰企业的运营。同样,被攻陷的 PA 可能会批准一个理论上不应该被批准的资源访问请求。为了降低相关风险,必须正确配置和监控 PE 和 PA 组件,必须对配置的修改进行记录和审计。

2. 拒绝服务或网络中断

在零信任架构中,PA 是资源访问的关键组件。未经 PA 许可,企业资源无法互相连接。如果攻击者破坏对 PEP 或 PA 的访问(DoS 攻击或路由劫持),可能会为企业运营带来不利影响。企业可以通过制定强制驻留在云中的策略来弱化威胁或根据网络弹性技术规范在几个位置进行复制(NIST SP 800-160)。

上述操作可以降低风险,但不能消除风险。僵尸网络产生大量 DoS 攻击,主要攻击关键的 ISP,并中断对数百万个互联网用户的服务。攻击者还可能拦截企业中所有账号的流量。这也会出现在传统 VPN 访问场景中,并非零信任架构独有。

托管供应商也可能意外将基于云的 PE 或 PA 宕机。如果 PE 或 PA 组件无法从网络中访问,操作错误可能影响整体运行。

在 PA 无法访问企业资源的情况下,即使授予用户访问权限,PA 也无法配置网络上的通信通道。该问题与其他网络中断事故类似,部分或全部企业用户由于某种原因而无法访问特定资源。

3. 凭证被盗与内部威胁

正确实施零信任、信息安全和弹性策略及最佳实践可以降低攻击者通过窃取的凭证或内部攻击获得大规模访问权限的风险。零信任应防止受攻击的账号或设备资产访问超出其正常值的资源权限或访问模式。这表明具有攻击者感兴趣的资源的访问权限策略的账号,是攻击者的主要目标。

攻击者可能使用网络钓鱼、社交工程或多种攻击组合来盗取有价值账号的登录凭证。根据攻击者的动机,"有价值"的东西不同。例如,管理员账号可能很有价值,但从财务收益的角度来看，具有财务或支付资源的账号更有价值。在网络访问中实施 MFA 可以降低账号被盗的风险。但是，与传统企业一样，具有有效登录凭证的账号（或恶意内部人员）可能仍然能够访问授予该账号访问权限的资源。零信任架构可以降低风险，并防止账号或资产被盗后横向移动攻击整个网络。如果泄露的凭证未授权访问特定资源，它们将继续拒绝访问该资源。此外，基于上下文的信任算法更有可能检测攻击并做出快速响应，基于上下文的信任算法可以检测异常行为的访问模式，并拒绝被入侵的账号或内部威胁访问敏感资源。

4. 网络的可见性

如前所述，所有流量都经过网络检查和记录，分析识别针对企业的潜在攻击并做出响应。然而，一些企业网络流量可能对传统网络分析工具不透明。这些流量可能来自非企业设备资产（如外包服务人员使用企业网络访问互联网）或拒绝网络流量监控的应用程序。企业无法执行 DPI 或检查加密流量，必须使用其他方法来评估可能的攻击者。

这并不意味着企业无法分析网络。企业可以收集与加密流量有关的元数据，并用它来检测活跃攻击者或可能在网络上通信的恶意软件。机器学习技术可用于分析无法解密和检查的流量，其允许企业将流量归类为有效或可能的恶意流量。

5. 系统和网络信息存储

企业网络流量分析的相关威胁可能是分析组件本身。如果将网络流量和元数据存储，用于构建上下文策略、取证或分析，该数据将成为攻击者的目标。像网络结构图、配置文件等各类网络架构文档一样，这些资源应受到保护。如果攻击者可以成功访问存储的流量信息，他们也许能够深入了解网络架构，并找到用于进一步攻击的资源。

攻击者还可以利用用于编辑访问策略的管理工具进行攻击，该组件包含资源访问策略，并可以向攻击者提供最有价值的账号。

应对所有有价值的企业数据提供适当的保护，以防止未授权访问。这些资源对安全来说至关重要，应采用最严格的访问策略。

6. 依赖专有数据格式或解决方案

零信任架构依赖几个不同的数据源做出访问决策，包括用户请求、设备资源、企业和外部智能及威胁分析等信息。通常用于存储和处理此类信息的资源没有通用的关于如何交互和交换信息的开放标准，可能由于互操作性问题被个别产商锁定。如果某个产商有安全性问题或突然中断，企业可能无法迁移到新的产商，除非付出高昂的成本或经历较长的过渡期（如将策略规则从一个专有格式转换到另一个专有格式）。与 DoS 攻击类似，此风险并不是零信任架构独有的，但由于零信任架构严重依赖对信息的动态访问（包括企业和服务供应商），中断可能会影响企业核心业务的正常运行。为了降低相关风险，企业应对供应商进行整体评估，除了考虑性能、稳定性等典型因素，还要考虑供应商安全控制、企业切换成本、供应链风险管理等因素。

7. 管理非专利实施主体（NPE）

人工智能和其他软件代理逐步用于管理企业网络中的安全问题。这些组件需要与 ZTA 的管理组件（如 PE 和 PA）交互，甚至代替管理员，但身份验证问题仍未解决。通常假设大多数自动化系统在调用 API 资源时以某些方式进行身份验证。

在使用自动化技术进行配置和实施策略时，最大的风险是可能出现误报（将无害操作误认为攻击）和漏报（将攻击误认为正常操作），可以通过定期重新调整来改善。

相关风险是攻击者能够诱使或强迫 NPE 执行某些攻击者无权执行的任务。与用户相比，软件代理可能以较低的标准（如 API 密钥与 MFA）执行和管理与安全相关的任务。如果攻击者能够与代理交互，则理论上可以诱使代理允许攻击者获得更大的访问权限或代表攻击者执行某些任务。同时，攻击者有可能获得软件代理凭证的访问权限，并在执行任务时冒充该代理。

10.1.8 零信任架构及与现有指引的相互作用

当前，一些围绕零信任架构的规划、部署、运营政策和指南已经发布，其不断促进企业对零信任架构的开发和应用。结合现有网络安全政策和指南、ICAM、持续监控和一般网络安全，零信任架构能够保护企业安全，并防御常见威胁。

1. 零信任架构与 NIST 的风险管理框架（RMF）

零信任架构的部署过程涉及与指定任务或业务流程的制定风险相关的访问策略。为了保证安全，可以默认拒绝所有对资源的访问，仅允许通过已连接的终端进行访问。但是在大多数情况下，这种不成比例的过度限制会阻碍工作的完成。在执行工作任务时，需要将风险控制在可接受的水平，且必须确定、评估和规避风险，因此，NIST 制定了风险管理框架（RMF）。

零信任架构的应用可能会更改企业定义的授权边界。原因在于其增加了新的组件（如

PE、PA 和 PEP），并减少了对网络边界防护的依赖。RMF 中描述的整个过程在零信任架构中不会改变。

2. 零信任架构与 NIST 的隐私框架

保护用户隐私是首要任务之一。隐私和数据保护包含在合规项目中，如 FISMA 和《健康保险可移植性和责任法案》（HIPAA）。NIST 制定了隐私框架，用于描述与隐私有关的风险和缓解策略，以及企业对用户隐私存储及处理的识别、衡量和风险规避。用户隐私包括企业用于支持零信任操作的个人信息及访问请求评估中使用的生物统计属性。

零信任架构的核心要求之一是企业应检查和记录其环境中的流量（或加密流量中的元数据），一些流量可能包含私人信息，企业需要确定与拦截、扫描和记录网络流量有关的风险（NISTIR 8062），包括通知用户、获得同意（通过登录页面、横幅或类似方式）及指导用户等。NIST 的隐私框架有助于形成正式流程，以识别和规避企业开发零信任架构面临的与隐私有关的风险。

3. 零信任架构与身份、凭证和访问管理（ICAM）

用户配置是零信任架构的关键组成部分。如果 PE 没有足够的信息来标识关联的用户和资源，则其无法确定连接是否成功。企业需要采用一套清晰的用户属性和策略评估访问请求。

美国公共与预算管理办公室（OMB）发布了 M-19-17，内容涉及改善身份管理，其目标是"将身份作为实现国家使命、信任度和安全的推动力的共同愿景"。其呼吁所有联邦机构组建 ICAM 办公室，以进行身份管理，大部分管理策略应使用 NIST SP 800-63-3 "数字身份准则"中的建议。零信任架构高度依赖精确的身份管理，几乎任何工作都需要整合该机构的 ICAM 政策。

4. 零信任架构与可信互联网连接（TIC）

可信互联网连接（TIC）是一项网络安全计划，由美国管理和预算办公室（OMB）、国土安全部网络安全和基础设施安全局（DHS CISA）及总务管理局共同管理，以建立网络安全基准线。从历史上看，TIC 是基于边界的网络安全策略，要求各机构整合和监控其外部网络连接。TIC 1.0 和 TIC 2.0 中假设边界内部可信，而零信任架构则假设不能根据网络位置推断是否可信（认为内部网络也是不可信的）。TIC 2.0 提供了一系列基于网络的安全功能（如内容过滤、监控、身份验证），将其部署在边界的 TIC 接入点上，其中许多功能都与零信任架构保持一致。

TIC 3.0将更新以适应云服务和移动设备（M-19-26）。在TIC 3.0中，人们认识到"信任"的定义可能会随具体计算环境的变化而变化，且各机构在定义信任区时有不同的风险容忍度。此外，TIC 3.0还更新了《TIC安全能力手册》，定义了两类安全能力：①通用安全能力，适用于企业级；②PEP安全能力，是网络级能力，适用于有多个策略执行点的情况。PEP安全能力可应用于给定数据流传输过程中的任何适当的PEP，而不是机构周边的单个PEP。TIC 3.0的安全能力直接支持零信任架构（如加密流量、默认或拒绝、虚拟化安全、网络和资产清单等）。TIC 3.0定义了具体用例，这些用例描述了在具体应用程序、服务和环境中的信任区和安全能力。

TIC 3.0专注于实现基于网络的安全，零信任架构的包容性更强，可以解决应用程序、用户和数据的保护问题。随着TIC 3.0用例的演进，将来可能开发ZTA TIC用例，以定义在零信任架构实施点部署的保护。

5. 零信任架构与NCPS

NCPS是一个提供入侵检测、高级分析、信息共享和入侵防范功能的集成系统，可使政府免受网络威胁。NCPS的目标与零信任的总体目标一致，旨在管理网络风险和加强保护，并赋予合作伙伴确保网络空间安全的能力。

NCPS基于网络边界进行防护，而零信任架构更接近数据和资源。NCPS不断发展，以确保能够利用云端流量的安全信息来维护态势感知，为零信任架构扩展态势感知遥测奠定基础。NCPS的入侵防范功能也需要不断发展，随着零信任架构的应用，NCPS需要不断部署新功能。零信任架构可以更好地为事件影响量化提供信息；机器学习工具可以使用零信任架构的数据改进检测方法；零信任架构中的额外日志可以用于事件响应的事后分析。

6. 零信任架构与CDM计划

CDM计划的目标是改善信息技术。各机构需要发现和了解其基础结构中的基本组件和参与者。

（1）连接了什么？使用哪些设备、应用程序和服务？

（2）谁在使用网络？哪些用户是内部用户或虽然是外部用户但允许访问企业资源？

（3）网络中发生了什么？企业需要深入了解系统的流量模式和交互信息。

（4）如何保护数据？企业需要制定一套在存储、传输和使用中保护信息的策略。

完善的CDM计划是零信任架构成功实施的关键。例如，要迁移到零信任架构，企业必须具有发现和记录物理和虚拟资产以创建可用清单的系统。CDM计划已启动了多项工作，如硬件资产管理（HWAM）计划可以识别网络基础设施上的设备以进行安全配置。企业必须对网络中的活动资产（或远程访问资源的资产）可见，以对网络活动进行分类、配置和监控。

7. 零信任架构与智能云和联邦数据策略

智能云和联邦数据策略会影响一些零信任架构的规划要求。这些策略要求企业盘点和评估其收集、存储和访问本地及云上数据的方法。这项工作非常重要，它可以确定哪些业务流程和资源可以从零信任架构中受益。零信任架构可以使企业提高可用性、可扩展性和安全性。在制定策略时，需要考虑协作或发布要求。

10.1.9 迁移到零信任架构

迁移到零信任架构是一个过程，不需要全面替换基础设施或流程。企业应寻求逐步实施零信任架构的原则、流程和技术解决方案，以保护其数据资产具有最高价值。大多数企业将在一段不确定的时间内以"零信任+边界防护"的混合模式运营，并努力实现IT现代化。制订IT现代化计划和迁移到零信任架构，可以帮助企业形成小规模工作流迁移路线图。企业如何迁移到某一战略，取决于其当前的网络安全态势和运营情况。

企业应达到能力基准，再部署以零信任架构为中心的重要环境。该基准包括为企业确定资产、用户和业务流程，并对其进行分类。

1. 零信任架构

可以从头开始建立零信任架构。如果企业有想要在运营中使用的应用和工作流，就可以建立零信任架构。确定了工作流后，企业可以缩小所需组件的范围，并绘制各组件的交互方式，即构建基础设施和配置组件，包括根据企业当前的设置和运营方式进行变更。

实际上，这种模式对于拥有现有网络的企业来说，基本不可行。然而，有时可能会要求一家企业履行一项新的职责，其需要建立新的基础设施。在这种情况下，可以在一定程度上引入零信任架构。例如，企业需要建立新的应用程序和数据库，可以围绕零信任架构设计新的基础设施，在授予访问权限前，对用户的信任度进行评估，并在新资源周围设置微边界。是否成功取决于新的基础设施对现有资源（如身份管理系统等）的依赖程度。

2. 混合型零信任架构和基于边界防护的架构

具有一定规模的企业不太可能在单一的技术更迭周期内迁移到零信任架构。零信任架构工作流在传统企业中可能会有一段不确定的共存期。企业向零信任架构迁移可以在各业务流程中进行。企业需要确保其共同的元素（如身份管理、设备管理、事件记录等）足够灵活，以在零信任架构和基于边界防护的混合安全架构中运行。企业架构师可能也希望在零信任架构方案选型时选择能够与现有组件对接的解决方案。将现有工作流迁移到零信任架构，可能需要重新设计部分组件。

3. 将零信任架构引入基于边界防护的架构的步骤

迁移到零信任架构需要企业对其资产（物理和虚拟）、用户（包括用户权限）和业务流程有详细了解。在评估资源请求时，PE 会访问这些信息。不完整的信息往往会导致业务流程失败，即 PE 因信息不足而拒绝请求。如果企业内部存在未知的"影子 IT"，则该问题尤为突出。

在引入零信任架构前，企业应该对资产、用户、数据流和工作流进行调查。这是部署零信任架构前必须达到的基础状态。这些调查可以同时进行，并与企业业务流程的检查关联。部署零信任架构的步骤如图 10-8 所示，这些步骤可以与 RMF（NIST SP800-37）中的步骤关联，零信任架构的应用过程是降低业务职能风险的过程。

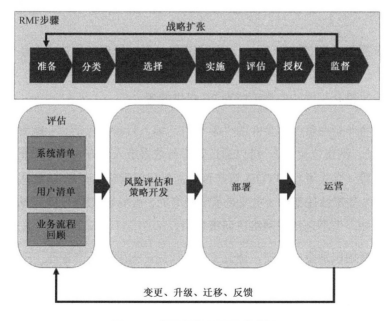

图 10-8　部署零信任架构的步骤

在建立初始清单后，需要定期维护和更新，可能会改变业务流程，也可能不会产生任何影响，但应该对业务流程进行评估。例如，数字证书供应商的变更可能看起来没有明显影响，但可能涉及证书根库管理、证书透明日志监控及其他因素。

1）确定参与方

PE 应对企业主体有一定的了解，企业主体包括人和可能的非专利实施主体（NPE），如与资源交互的服务账号等。

当为拥有特殊权限的用户（如开发人员或系统管理员）分配属性或角色时，需要进行额外的审查。在传统的安全架构中，其可能拥有访问所有企业资源的一系列权限。零信任架构应使开发人员和管理员有足够的灵活性，满足其业务需求，并使用日志和审计操作来识别访问行为模式。零信任架构的部署可能要求管理员满足 NIST SP 800-63A 中概述的更严格的信任级别或标准。

2）识别企业自有资产

零信任架构的关键要求之一是具有识别和管理设备的能力。零信任架构还要求有能力识别和监控访问企业资源和在企业自有网络基础设施上的非企业设备。具有管理企业资产的能力是零信任架构成功部署的关键，企业资产包括硬件（如笔记本电脑、电话、IoT 设备等）和数字产品（如用户账户、应用程序、数字证书等）。因为无法对所有企业资产进行普查，所以企业应进行能力建设，以对企业基础设施上的新资产进行快速识别、分类和评估。

企业不仅需要对资产进行维护，还需要进行配置、管理和监控。企业应能配置、调查和更新资产，如虚拟资产和容器等，还应了解其物理位置（尽量预估）和网络位置。在做资源访问决策时，这些信息可以为 PE 提供参考。

应尽可能将非企业资产和企业的"影子 IT"编入目录，包括企业能看到的任何信息（如 MAC 地址、网络位置等），可以通过管理员数据录入的方式进行补充。这些信息不仅用于访问决策（合作者和 BYOD 资产可能需要访问策略执行点），还用于企业的监控和取证记录。某些零信任架构（主要是基于网络的）可能导致影子 IT 无法使用，因为它们可能不为人知，也不包括在网络访问策略中。

许多机构开始识别企业资产，建立 CDM 计划，如硬件资产管理（HWAM）和软件资产管理（SWAM）等，在制定零信任架构时有丰富的数据可以借鉴。各机构可能有涉及高价值资产（HVA）的零信任架构候选流程清单，需要在企业内部进行设计，再用零信任架构（重新）设计。这些流程设计必须具有可扩展性和适应性，以适应企业的变化。

3）确定关键流程并评估风险

企业应对业务流程、数据流及其关系进行识别和排序。业务流程应说明在何种情况下批准和拒绝资源访问请求。企业可以从低风险的业务流程开始向零信任架构过渡，在获得足够经验后，逐渐过渡更关键的业务流程。

基于云的资源和远程员工使用的业务流程通常是零信任架构的良好候选对象，可以看到其可用性和安全性的改善。企业用户应能直接访问云服务，而不是将企业边界扩展到云上或通过 VPN 将用户接入企业内网。企业的 PEP 确保在授予客户端访问资源权限之前，执行企业安全策略。规划人员在为特定业务流程部署零信任架构时，应考虑性能、用户体验和工作流的脆弱性。

4）零信任架构实施对象的选择

候选应用程序或业务工作流的确定取决于其重要性、受影响的用户群体及使用资源的当前状态。可以使用 NIST 风险管理框架（NIST SP800-37）对资产或工作流的价值进行评估。

需要确定所有使用或受影响的上游资源（如身份管理系统、数据库、微服务等）、下游资源（如日志、安全监控等）和实体（如用户、服务账号等），其可能影响第一次迁移到零信任架构的待选对象。与对企业来说至关重要的应用程序（如电子邮件）相比，一个确定性强、范围小的企业用户群使用的应用程序（如采购系统）迁移得更早。

管理员需要为候选业务流程中使用的资源确定一组阈值（使用基于阈值的信任算法）或信任等级权重（使用基于评分的信任算法）。管理员可能需要在调优阶段对这些阈值或权重进行调整，调整应确保策略有效但不影响对资源的访问。

5）确定候选解决方案

制定候选业务流程清单后，企业架构师可以编制候选解决方案清单。有的部署方式更适合特定的工作流和生态系统，有的解决方案更适合某些用例。通常考虑以下因素。

（1）解决方案是否要求在终端资产上安装组件？如果要求，则可能不利于使用非企业资产访问业务流程，如 BYOD 或跨机构协作等。

（2）在业务流程资源完全位于本地的情况下，该解决方案是否可以工作？有的解决方案假设所请求的资源部署在云端（南北流量），而不在企业边界内（东西流量）。在候选业务流程中，资源的位置将影响候选解决方案及流程的零信任架构。

（3）解决方案是否提供可以进行分析的交互记录？零信任架构的关键是收集和使用与流程相关的数据，在做出访问决策时，这些数据会反馈到 PE 中。

（4）解决方案是否为不同的应用、服务和协议提供广泛的支持？有的解决方案支持协议（Web、SSH 等）和传输（IPv4 和 IPv6），有的解决方案仅支持 Web 和电子邮件等。

（5）解决方案是否需要改变用户行为？一些解决方案可能需要额外的步骤来运行给定的工作流，可能会改变企业用户执行工作流的方式。

有的解决方案将现有的业务流程建模为试点程序，这种试点程序可以是通用的，适用于多个业务流程，也可以特定用于一个用例。在将用户过渡到零信任架构并脱离传统的流程基础设施前，可以将试点程序作为零信任架构的"试验场"。

6) 初期部署和监控

一旦选择了候选工作流和零信任架构组件，就可以开始部署了。管理员必须使用选定的组件实现所制定的策略，初期可能希望以观察和监控的方式操作。在进行第一次迭代时，很少有策略是完整的，可能会拒绝重要的用户账号（如管理员账号）访问他们需要的资源，或者分配给他们的全部访问权限不是必需的。

新的零信任业务工作流可以在一段时间内以报告模式运行，以确保策略有效且可行。报告模式为大多数请求授予访问权限，并将连接的日志和跟踪的痕迹与最初制定的策略进行比较。应强制执行基本策略并记录，在初始部署完成后，访问策略应更加宽松，从零信任工作流的实际交互中收集数据。如果无法做到使其更加宽松，企业网络运营者应密切关注日志，并根据运营经验随时修改访问策略。

7) 扩大零信任架构的范围

工作流策略细化后，企业进入稳定运行阶段。在该阶段，仍然需要对网络和资产进行监控，并对流量进行记录，但响应和策略修改的节奏较慢，涉及资源和流程的用户和利益相关者应该提供反馈，以改善运营。在该阶段，管理员可以开始规划下一阶段的部署，需要确定候选工作流和解决方案，并初步制定策略。

如果工作流发生变化，则需要重新评估零信任架构。系统的重大变化，如新设备、软件（尤其是零信任逻辑组件）的重大更新及组织结构的变化，可能导致工作流或策略变化。实际上，应该在假设部分工作已经完成的前提下重新考虑整个流程。

10.1.10 当前的零信任技术水平

NIST 调查得到：零信任生态系统还没有成熟到可以大范围应用的程度。虽然可以使用零信任战略来规划和部署企业环境，但是没有一个解决方案能提供所有需要的组件。能够在企业所有工作流场景下应用的组件还很少。

第 10 章 其他零信任架构

1. 技术调查

调查的目标是找到阻碍企业迁移到零信任架构或维护现有零信任架构的部分。部署零信任架构的认知盲区如表 10-1 所示。

表 10-1 部署零信任架构的认知盲区

分类	问题示例	认知盲区
立即部署	如何编制采购要求 零信任规划如何与 TIC、FISMA 等整合	缺乏零信任架构通用框架和词汇 认识到零信任架构与政策的冲突
系统性	如何防止供应商锁定 不同的零信任环境如何相互作用	过于依赖供应商 API
需要进一步研究的领域	面对零信任架构,威胁如何演变 面对零信任架构,业务流程如何变化	在已经采用零信任架构的企业中,成功的入侵是什么样的? 记录采用零信任架构的企业的最终用户体验

2. 阻碍迁移至零信任架构的因素

1) 缺乏零信任架构设计、规划和采购的通用术语

在企业基础设施的设计和部署方面,零信任架构仍然在不断发展。目前还没有用于描述零信任架构的通用术语和概念,因此,很难制定一致的要求和政策。

本章试图为零信任架构的术语和概念的提出给出建议,并开发抽象的组件和部署模型。目标是为开发企业需求和进行市场调研提供共同的视图、模型和讨论方法。

2) 对零信任架构与现有网络安全政策的冲突的认识

有一种误解是零信任架构是一个带有解决方案集合的单一框架,与现有的网络安全政策不兼容。实际上,应将零信任架构视为当前网络安全战略的演变,因为许多概念和想法已经存在并发展了很长时间。如果一家企业拥有成熟的 ID 管理系统和强大的 CDM 能力,那么它已经在部署零信任战略的路上了。

3. 影响零信任架构的系统性差距

一些差距影响了零信任战略的实现和部署,以及持续运营和成熟,表明了企业的接受程度和零信任架构的碎片化程度。

1) 组件接口的标准化

无法采用单一厂商的解决方案实现零信任架构,其可能导致供应商锁定和在组件内

部产生互操作性问题，该问题会随着时间推移而持续存在。

组件的范围非常广，许多产品专注于单一市场定位，并依赖其他产品向另一个组件提供数据或服务。供应商常常依赖合作伙伴提供的专有 API 实现集成。这种方法的问题在于，专有 API 由供应商控制，当供应商改变 API 的行为时，集成商需要更新他们的产品。供应商社区需要具有亲密的合作伙伴关系，以提早通知 API 修改。这给供应商和消费者增加了负担：供应商需要花费资源对其产品进行改变，当供应商对其专有 API 进行变更时，消费者需要将变更应用于多个产品。另外，供应商需要为每个合作伙伴实现和维护一个封装器，以提供兼容性和互操作性。例如，MFA 产品供应商需要为不同的云服务商或身份管理系统创建不同的封装器，以使其在不同种类的客户组合场景下可用。

在不同产品的身份兼容方面，购买者没有标准可依赖。因此，很难创建零信任架构的迁移路径图，原因在于无法为组件确定最小依赖性需求。

2）解决过度依赖专有 API 问题的新兴标准

若没有开发零信任架构的完整解决方案，也没有完整的工具服务集，仅用一个单独的协议或框架来推动企业迁移到零信任架构几乎是不可能的。

应开发一套开放的标准化协议或框架，以帮助企业迁移。标准开发组织（SDO）已经制定了在交换威胁信息时应用的协议。

4. ZTA 的认知差距与研究方向

下列差距不影响企业零信任战略的应用，其位于灰色区域。大多数差距存在的原因是缺乏零信任战略部署的时间和经验。

1）攻击者的反击

零信任架构可以加强企业的网络安全，缩小暴露面，并在主机系统被攻陷时，使攻击在企业内部的横向扩展最小化。

然而，攻击者不会坐视不管，攻击者可能将窃取凭证的攻击扩展为以多因子身份验证为目标的攻击。在以边界防护为主或部署混合型架构的企业中，攻击者将重点关注尚未应用零信任架构的业务流程。

2）零信任环境中的用户体验

目前，还没有对最终用户在使用零信任战略的企业中的表现进行严格审查，主要是因为缺乏可供分析的大型零信任战略落地案例。这项工作可以成为在企业中使用零信任架构预测最终用户体验和行为的基础。

一些企业 MFA 落地应用和安全疲劳方面的研究预测了零信任架构对最终用户体验的影响。安全疲劳指最终用户面对的大量安全策略和挑战以负面方式影响其生产力的现象。MFA 改变用户行为，但整个改变是混合的，一些用户很容易接受 MFA，一些用户拒绝接受 MFA，他们不喜欢用个人设备处理业务，觉得自己被持续监控。

3）零信任架构对网络中断的适应能力

对零信任架构供应商的调查表明，企业部署零信任架构需要考虑广泛的 IT 基础设施。目前没有一个供应商能提供完整的零信任解决方案，因此，企业需要购买许多服务和产品，导致组件依赖网络。如果一个关键组件被破坏或不可达，可能出现一连串故障，影响一个或多个业务流程。

大多数被调查的产品和服务，都依赖云保持稳定，然而云服务也会在遭受攻击或出现简单错误时变得不可用。当这种情况发生时，用于做出访问决策的关键组件可能无法访问或无法与其他组件通信。例如，位于云中的 PE 和 PA 组件，可能在分布式拒绝服务攻击期间可访问，但可能无法访问所有资源中的 PEP。需要研究零信任架构的单点依赖瓶颈及组件不可访问或可访问性有限对网络的影响。

在应用零信任战略时，可能需要修订企业的运营连续性计划（COOP）。零信任战略使许多 COOP 因素获利更容易，因为远程工作人员可以与在本地拥有相同的资源访问权限。然而，如果用户缺乏经验，也可能产生负面影响。用户可能会在突发情况下忘记或无法访问企业设备，影响企业的业务流程。

5. 安全控制表

安全控制表如表 10-2 所示，表中列出了 NCCoE 适用于网络安全挑战的商业产品的特征，这些特征与《改善关键基础设施网络安全框架》中描述的适用标准和最佳实践及 NIST 的其他活动吻合。

表 10-2 安全控制表

网际安全框架（Cybersecurity Framework）			适用组件
功能	分类	子分类	
识别 （ID）	资产管理 （ID.AM）	ID.AM-1：清点物理设备和系统	SIEM 用户、设备 数据资源
		ID.AM-2：清点软件平台和应用程序	SIEM
		ID.AM-5：根据资源（如硬件、设备、数据、时间、人员和软件）的分类、关键程度和业务价值确定优先级	SIEM PE

续表

网际安全框架（Cybersecurity Framework）			适用组件
功能	分类	子分类	
识别（ID）	风险评估（ID.RA）	ID.RA-1：识别和记录资产漏洞	SIEM 威胁情报
		ID.RA-3：识别和记录内部和外部威胁	SIEM 威胁情报
防护（PR）	身份管理验证和访问控制（PR.AC）	PR.AC-1：授权设备、用户和流程颁发、管理、验证、吊销、审核标识和凭证	身份管理系统 PE
		PR.AC-3：管理远程访问	PE PA PEP
		PR.AC-4：管理访问权限和授权，纳入最小权限原则和职责分离原则	PE PA PEP
		PR.AC-5：保护网络完整性（如网络隔离、网络分段）	PEP
		PR.AC-6：标识被证明并绑定到凭证，在交互中验证	身份管理系统 PKI PE
		PR.AC-7：用户、设备和其他资产经过身份验证与交易风险（如个人的安全和隐私风险及其他组织风险）匹配	身份管理系统 PKI PE PA
	数据安全（PR.DS）	PR.DS-2：传输数据受保护	PE PA PEP
		PR.DS-5：防数据泄露	PE PA PEP
		PR.DS-6：完整性检查机制用于验证软件、固件和信息的完整性	SIEM PE
		PR.DS-8：完整性检查机制用于验证硬件的完整性	SIEM PE
	信息保护流程和程序（PR.IP）	PR.IP-1：创建和维护信息技术及工业控制系统的基线配置，纳入安全原则	SIEM
		PR.IP-3：配置更改控制进程	SIEM

第10章 其他零信任架构

续表

网际安全框架（Cybersecurity Framework）			适用组件
功能	分类	子分类	
防护（PR）	防护技术（PR.PT）	PR.PT-3：通过配置系统提供基本功能，纳入最小功能原则	PE PA PEP
		PR.PT-4：保护通信和控制网络	PE PA PEP
		PR.PT-4：保护通信和控制网络	SIEM 威胁情报 PE PA PEP
检测	异常和事件（DT.AE）	DE.AE-2：分析检测到的事件，了解攻击目标和方法	SIEM 威胁情报 PE PA
		DE.AE-3：从多个传感器收集事件数据并关联	SIEM 威胁情报 PE PA
		DE.AE-5：建立事故警报阈值	SIEM 威胁情报 PE PA
	安全持续监控（DE.CM）	DE.CM-1：监控网络，检测潜在的网络安全事件	SIEM 威胁情报
		DE.CM-2：监控物理环境，检测潜在的网络安全事件	SIEM
		DE.CM-4：检测恶意代码	SIEM 威胁情报
		DE.CM-5：检测未授权移动代码	SIEM 威胁情报
		DE.CM-6：监控外部服务供应商活动，检测潜在的网络安全事件	
		DE.CM-7：对未授权人员、连接、设备和软件进行监控	SIEM 威胁情报

续表

网际安全框架（Cybersecurity Framework）			适用组件
功能	分类	子分类	
检测	安全持续监控（DE.CM）	DE.CM-8：进行漏洞扫描	SIEM 威胁情报
	检测流程（DE.DP）	DE.DP-5：不断改进检测流程	SIEM 威胁情报
响应	缓解（RS.MI）	RS.MI-1：控制事故	SIEM 威胁情报 PEP
		RS.MI-2：事故得到缓解	SIEM 威胁情报 PEP

10.2 Google 的 BeyondCorp

Google 通过开创全新的安全访问模式，为企业员工提供了与网络位置无关、不依赖传统 VPN 接入企业内部、通过设备和用户身份验证即可在任意地点访问所有企业内部资源且保证用户体验一致的安全架构。Google 将其命名为 BeyondCorp。

10.2.1 BeyondCorp 概述

BeyondCorp 由大量交互组件构成，对接入设备及用户进行严格验证和授权。BeyondCorp 涉及的关键组件如图 10-9 所示。

（1）信任引擎（Trust Inferer）：指持续分析和标注设备状态的系统。该系统可设置为设备可访问资源的最高信任等级，并为设备分配对应的 VLAN，相关信息会记录在设备清单服务中。设备状态的更新及信任引擎无法接收设备的状态更新信息，都会触发对其信任等级的重新评估。

（2）设备清单服务（Device Inventory Service）：BeyondCorp 系统的中心，它不断收集、处理和发布清单上所有设备状态的变化。

(3)访问控制引擎(Access Control Engine):一种集中式策略判定点,它为每个访问网关提供授权决策服务。一般基于访问策略、信任引擎的输出结果、请求的目标资源和实时身份凭证信息授权,并返回成功或失败的二元判定结果。

(4)访问策略(Access Policy):描述授权判定必须满足的一系列规则,包含对资源、信任等级和其他影响授权判定的因子的程序表示。

(5)网关(Gateway):访问资源的唯一通道,负责执行决策。

(6)资源(Resource):代表所有访问控制机制覆盖的应用、服务和基础设施,包括在线知识库、财务数据库、数据链路层访问、实验室网络等,需要为每个资源分配访问所需的最低信任等级。

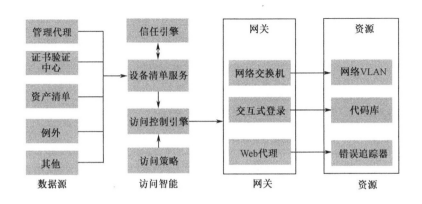

图 10-9　BeyondCorp 涉及的关键组件

BeyondCorp 组件及交互关系如图 10-10 所示。

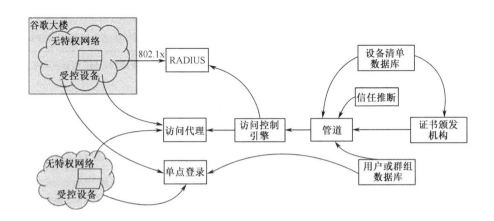

图 10-10　BeyondCorp 组件及交互关系

BeyondCorp 组件与服务如表 10-3 所示。

表 10-3 BeyondCorp 组件与服务

BeyondCorp 组件与服务	用途
设备和主机	物理或虚拟计算机，主机指某特定时间点上设备状态的快照。例如，设备可能是一台笔记本电脑或一部手机，而主机则是运行在该设备上的操作系统和软件的详细信息
基于信任等级的访问	可以分为若干信任等级，并由信任引擎为每个设备分配信任等级。另外，需要为每个资源事先分配访问所需的最低信任等级，简称访问信任等级。分配给设备的信任等级高于资源的访问信任等级或两者相等时才能访问该资源
设备清单服务	持续更新的数据管道从广泛的数据源导入数据，如活动目录、其他设备代理、配置管理系统及 ERP 系统
设备管理数据库	BeyondCorp 严格管理接入企业网络的设备，追踪、监控和分析设备的变化，并将结果发送至其他下游组件，以实现对设备接入的控制
设备标识	所有接入企业网络的设备都需要具备唯一性标识，且可以在设备管理数据库中查询到相应记录，可以通过为设备颁发证书实现
用户与工作组管理数据库	用户被管理且与人事系统集成。人员变动时，应实时更新员工信息
单点登录系统（SSO）	为员工从任意地点进行访问验证提供统一入口
无特权网络	所有申请访问企业内网的客户端都接入该网络。该网络仅提供有限服务（如互联网访问、DNS、DHCP、NTP 等）。该网络到企业内部的其他网络被严格的访问列表控制
802.1x	通过基于 802.1x 的 RADIUS 服务器将接入设备分配到适当的网络，实现动态 VLAN 分配。在 BeyondCorp 中，不通过网络设备提供静态 VLAN 的管理，而是通过服务器验证并通知交换机进行动态分配。将通过验证的终端分配到无特权网络，而未通过验证的设备则被分配到访客网络进行隔离
访问代理	企业内部的应用都通过代理服务器访问，所有访问流量被加密，并且可以充分利用代理服务器的特性，提供全局可达、负载均衡、访问控制检查、应用健康检查和拒绝服务防护等功能
DNS 记录	所有企业应用均对外提供服务，且在公共 DNS 中注册。使用 CNAME 可以将企业应用指向面向公共互联网的访问代理
访问控制引擎	访问代理中的访问控制引擎基于每个访问请求，为企业应用提供服务级的细粒度授权
访问控制引擎的信息管道	通过信息管道不断推送信息到访问控制引擎，该管道动态提取对访问控制决策有用的信息，包括证书白名单、设备和用户的信任等级，以及设备和用户清单库的详细信息
信任引擎	用户和设备的访问等级可能随时发生变化。通过查询多个数据源，能够动态推断出分配给设备或用户的信任等级，该信任等级是后续访问控制引擎进行授权判断的关键参考信息

访问示例：员工使用企业分配的计算机访问企业网络。

（1）这台计算机在与 RADIUS 服务器进行 802.1x 握手的过程中提供设备证书。

(2)当证书有效时,为这台计算机在无特权网络上分配一个地址。

(3)如果计算机不是由企业分配的或其设备证书过期了,可以为这台计算机分配一个补救网络上的地址,该地址的访问权限有限。

授权检查基于每个请求进行:

(1)确认用户是企业员工。

(2)确认用户有足够的信任等级。

(3)确认请求设备是安全的受控设备。

(4)确认设备有足够的信任等级。

(5)如果上述检查通过,请求被转发到应用后端获取服务。

(6)如果上述任何检查失败,请求被拒绝。

基于上述方法和流程实现了丰富的服务级验证及对每个请求的授权检查。

10.2.2　802.1x

为每个用户设备安装证书并基于802.1x实现网络访问控制是建立零信任网络架构的基础。为了实现基于802.1x的网络访问,需要完成下列工作。

(1)建立并管理一个证书颁发机构(CA)。

(2)使用工具将证书部署在企业管理的设备上。

(3)支持策略驱动的RADIUS服务器。

(4)在网络设备上启用802.1x。

通过证书颁发机构(CA),每个操作系统平台管理团队都能够以API的形式在对应的平台上获取并安装证书。每个平台团队独立部署软件、工具和监测系统,执行和监测每个设备的证书安装过程。在与接入交换机集成时,还应建立批量分发和维护证书的流程。

同步开展的还有对接入交换机的重新配置工作,为接入交换机配置新的VLAN,启用802.1x,支持基于RADIUS服务器的VLAN分配。自动脚本通过审计交换机的升级,来识别尚未配置新VLAN的交换机,以防止RADIUS服务器为这些交换机分配尚未开通的VLAN。

通过 802.1x 可以将 VLAN 分配的控制权从网络层转移到 VLAN 策略服务器。为了减少新 RADIUS 服务器可能出现的故障，初始策略仅匹配现有 VLAN（包括复杂的黑名单和白名单）。最初，配置策略服务器在审计模式工作，将新的 VLAN 分配与既有的 VLAN 分配进行对比。当两者差异足够小时，启用新策略。此后，可以使用软件和数据驱动策略，实时管理设备的 VLAN 分配。当最终状态（和过渡）策略仍在开发中时，可以在网络层率先启用动态 VLAN 分配。

10.2.3 前端架构（访问代理）

Google 将前端访问代理（AP）作为中心化的强制策略执行点，实现粗粒度访问控制。访问代理的设计具有足够的通用性，基于同一套代码实现了不同逻辑网关。目前，访问代理支持 Web 代理和 SSH 网关组件。由于 AP 是员工访问内部 HTTP 服务的唯一机制，所有内部服务都需要迁移到 AP 后方。

仅支持 HTTP 协议是不够的，随着零信任架构应用的推进，不得不为更多协议（其中多数都需要端到端加密，如 SSH）提供解决方案。支持这些协议通常需要对客户端进行改造，以确保 AP 准确识别设备。

将 AP 与集中的访问控制引擎（Access Control Engine，ACE）结合的好处有两点：一是所有请求都经过同一个日志记录点，便于进行流量分析；二是能够更迅速、统一地改变执行策略。

任何大规模部署的现代 Web 应用程序都采用前端基础设施（通常是负载均衡和 HTTP 反向代理的组合），企业 Web 应用也不例外，前端基础设施为策略执行点的部署提供了理想位置。因此，Google 的前端基础设施对 BeyondCorp 访问策略的强制执行至关重要。

Google 的前端基础设施的主要组件是 HTTP 反向代理集群，即 Google 前端（Google Front End，GFE）。GFE 有很多优点，如实现了负载均衡和 TLS 卸载服务。Web 应用的后端可以专注于服务请求的具体内容，几乎不必考虑请求的路由细节。BeyondCorp 将 GFE 作为访问策略强制执行的逻辑中心。通过逻辑上的集中，带来请求的汇集。在此基础上，可以自然而然的扩展 GFE 的功能，如开通自助服务、验证、授权和集中式日志记录等，扩展后的 GFE 即访问代理。下面详细阐述访问代理提供的具体服务。

1. 用户身份验证

为了正确处理授权请求，AP 需要识别发出请求的用户和设备。在多平台环境中，设备验证面临许多挑战，这里重点介绍用户身份验证。

AP 通过集成的身份提供服务（Identity Provider，IdP）完成用户身份验证。要求后端服务只有修改它们自身的身份验证机制才能迁移到 AP，该情况不具备伸缩性，因此，AP 需要支持一系列验证机制，包括 OpenID Connect、OAuth 和一些定制化协议。

AP 还需要处理不能提供用户凭证的情况。例如，当软件管理系统试图下载最新的安全补丁时，AP 可以禁用用户身份验证。当 AP 完成用户身份验证后，将请求中的用户凭证信息去除并转发至后端服务至关重要，原因有两点。

（1）可以确保后端不能通过访问代理重放请求或凭证，防止出现重放攻击。

（2）代理对后端服务透明。后端服务可以在独立于访问代理的数据流的情况下叠加自身验证逻辑，避免暴露 cookie 和用户凭证。

2. 授权

下列设计推动了 BeyondCorp 授权机制的实施。

（1）可通过远程过程调用（RPC）查询集中访问控制列表。

（2）采用领域特定语言（Domain-Specific Language，DSL）表达访问控制列表，使其同时具有可读性和可扩展性。

以服务形式提供 ACL 评估能够保证多种前端网关的一致性（如 RADIUS 网络访问控制基础设施、AP 和 SSH 代理）。

集中式授权的优点在于，通过集中策略执行点，由前端访问代理负责授权可以将后端开发者从处理授权的细枝末节中解放出来，并增强一致性。缺点在于，代理可能无法执行细粒度策略，细粒度授权仍由后端处理。

根据过去的实践经验，将 AP 提供的粗粒度、集中式授权与后端实现的细粒度授权结合对于前端和后端来说都是最佳选择。这种方法不会导致重复工作，因为针对特定应用的细粒度策略与前端基础设施执行的企业级策略通常相互独立。

3. 代理和后端之间的双向验证

因为后端业务将访问控制逻辑完全交给前端的 AP，所以迫切需要能够确保后端业务信任 AP 转发的业务流量已经通过验证和授权的机制。这种机制十分重要，因为 TLS 握手和传输终结于前端代理，前端代理通过另外的加密通道将 HTTP 请求传输到后端业务。

可以基于 TLS 和企业公钥基础设施实现验证。BeyondCorp 采用 Google 内部开发的验证和加密框架 LOAS（低开销验证系统）对代理和后端之间的所有通信进行双向验证和加密。

前端和后端之间进行双向验证和加密的优势有两点。第一，后端可以信任 AP 插入的任何元数据（通常以 HTTP 消息头的形式插入）。在反向代理和后端之间额外插入元数据、使用自定义协议不是什么新方法，但 AP 的双向验证机制确保了元数据完整。第二，当 AP 逐渐部署了更多新功能时，后端可以通过简单解析相应的消息头来获取 AP 插入的新功能数据，并选择所需信息。可以使用该功能将设备的安全等级传递到后端，后端可据此调整服务内容。

4. ACL

ACL 是解决集中式授权问题的关键。这种语言支持静态编制（有助于提高性能和可测试性），可以缩小策略表述和具体实现之间的逻辑鸿沟。

（1）安全策略团队：对访问策略进行抽象和静态编制。

（2）清单管道团队：根据发起访问请求的用户和设备，使资源访问决策实例化。

（3）访问控制引擎团队：评价和执行安全策略。

（4）采用首次匹配（First-Match）模型，与传统防火墙规则类似。虽然这种模型存在一些极端情况（如规则之间会相互覆盖），但好在这些情况已知，安全团队理解起来相对容易。当前的 ACL 结构包括两部分：全局规则（通常是粗粒度的，影响所有服务和资源）和针对特定服务的规则（专属于某服务或主机）。

上述结构基于一个假设，即服务所有者可以识别应用策略的 URL 地址范围，除非请求对象不在 URL 中指定而在报文主体中指定（可以通过修改 AP 来处理这种情况）。不可避免地，针对特定服务的规则的规模会越来越大，因为访问代理会对越来越多的服务负责，而这些服务都需要特定的 ACL。

全局规则在处理一些特殊的安全状况（如员工离职）和应急响应时十分便利。例如，这种机制曾成功处理 Chrome 浏览器某个第三方插件的 0Day 漏洞攻击，通过创建一条全新的高优先级规则，使用老版本的 Chrome 浏览器时将重定向到一个带有更新指南的页面，该规则在 30 分钟内完成部署并强制执行。最终，存在漏洞的浏览器的数量急剧减少。

5. 集中式日志记录

为了进行必要的事件响应和取证分析，所有请求日志必须长时间存储。AP 提供了理想的日志记录点。日志记录主要包括部分请求头、HTTP 响应码、调试或重构访问决策

第 10 章 其他零信任架构

和 ACL 评估所需的元数据,一般包括访问请求的设备标识和用户标识。

6. 自助服务

一旦访问代理准备就绪,企业应用的开发人员和所有者就可以着手配置通过代理的服务访问模式了。Google 逐渐从网络层开始限制用户对企业资源的访问,访问代理成为在迁移过程中保持服务正常运行的最佳方案。显然,单一团队无法支撑 AP 配置的全部更改,因此将 AP 配置过程结构化,可以使用户更便利的使用自助服务。用户保留了对配置片段的所有权,AP 团队保留了构建配置系统的所有权,可以校对、测试和更新配置。

7. 设备验证

进行准确的设备验证至少需要两个组件:设备标识和能追踪任何设备当前状态的设备清单库。

BeyondCorp 的目标之一是以适当的设备信任替代基于网络的信任。每个设备都应有一致的、不可克隆的标识,软件、用户和位置等相关信息必须集成到设备清单库中。构建和维护设备清单库面临许多挑战。

1)台式机和笔记本电脑

台式机和笔记本电脑使用 x.509 证书,以及系统证书库中对应的私钥。密钥存储是现代操作系统的标准功能,其确保通过 AP 与服务器通信的命令行工具(和守护进程)可以与正确的设备标识匹配。因为 TLS 要求客户端提供拥有私钥的加密证明,且设备标识存储在与可信平台模块(Trusted Platform Module,TPM)类似的安全硬件中,所以能够确保标识具有不可欺骗性和不可克隆性。

上述实现方式有一个缺点:证书验证提示通常会影响用户体验。幸好大多数浏览器都支持通过策略配置或插件扩展自动提交证书。如果客户端提供了无效证书,服务器拒绝 TLS 握手,也会影响用户。TLS 握手失败时,浏览器会显示特定的错误信息,且大多不可定制。为了增强用户体验,AP 可以接受没有有效客户端证书的 TLS 会话,但必要时会按需弹出 HTML 拒绝页面。

2)移动设备

上述解决证书提示问题的策略,在几个主流移动平台中无须考虑。移动设备的验证可以不依赖证书,因为移动操作系统本身可以提供安全性较高的设备标识。例如,IOS 设备使用苹果的供应商标识符(Identifier for Vendor,IDFV),安卓设备使用企业移动管理(EMM)应用提供的设备 ID。

8. 一些特殊情况

虽然在过去的几年中已经将绝大多数 Web 应用程序迁移到访问代理，但是仍然有些特殊用例，要么自身无法与访问代理模式兼容，要么需要经过特殊处理才能兼容。

1）非 HTTP 协议

一些企业的应用程序使用了非 HTTP 协议，这些协议需要端到端加密。为了通过 AP 为这些协议提供服务，需要将它们封装在 HTTP 请求中。

在 TLS 上将 SSH 业务封装成 HTTP 流量并不难，可以开发一个与 Corkscrew 类似的本地代理，使用 WebSockets 封装。虽然 WebSockets 和 HTTP CONNECT 请求都能兼容 AP 的 ACL 评估，但 WebSockets 可以从浏览器继承用户和设备的身份凭证。

TLS 流量使用 HTTP CONNECT 请求进行封装。封装会使传输性能损失（虽然可以忽略不计），但能够将设备标识与用户标识分离，并在协议栈的不同层实现。

在封装 CONNECT 请求的 TLS 层执行设备验证，不需要通过重写应用来识别设备证书。例如，客户端和服务器能够使用 SSH 证书进行用户身份验证，但是 SSH 证书本身不支持设备验证。此外，不能通过修改 SSH 证书来传递设备身份，因为 SSH 客户端证书默认是可移植的：一个 SSH 证书可以应用于多个设备。与 HTTP 的处理方式类似，CONNECT 封装确保用户和设备身份验证分离。使用 TLS 验证设备时，可以使用用户名和密码。

2）远程桌面

在 Chrome 代码库中公开的 Chrome 远程桌面，是 BeyondCorp 使用的主要远程桌面解决方案。虽然 HTTP 的封装协议可以满足很多应用场景，但还有一些专门用于远程桌面的协议，它们对通过 AP 后可能产生的额外延迟格外敏感，需要单独考虑。

为了确保请求得到授权，Chrome 远程桌面在连接建立的交互流程中引入了基于 HTTP 的授权服务器。该服务器位于 Chromoting 客户端和 Chromoting 主机之间，其作为第三方授权服务器并帮助两个实体共享密钥，与 Kerberos 协议的工作方式类似。

可以将授权服务器作为 AP 的简化后端服务，并为其配置特殊的 ACL。这种实现的效果很好，AP 带来的额外延迟仅在每个远程桌面会话发起时发生，确保了访问代理能对每个会话创建请求实施 ACL。

3）第三方软件

第三方软件可能无法提供 TLS 证书，也可能假设网络总是直连的。为了适配这些软件,我们设计了一种可以自动建立点到点加密通道(使用 TUN 设备)的方案。软件对通道无感知,就像直连到服务器一样。从理论上来看,通道建立机制与远程桌面方案类似。

(1)客户端运行辅助程序建立通道。

(2)服务器运行辅助程序并作为 AP 的后端。

(3)AP 执行访问控制策略并协助会话信息和加密密钥在客户端和服务器的辅助程序之间交换。

10.2.4 部署

1. 上线

BeyondCorp 上线的第一阶段包含一部分网关和初步的元清单服务,这些服务由少数数据源构成,主要是一些预设数据。最初实现的访问策略模拟了 Google 已有的基于 IP 的边界安全模型,并应用于不可信设备上,为来自特权网络的设备保留不变的访问权限。这种策略能够确保在系统完善前,安全地部署一些组件,不影响用户的平滑使用。

与此同时,BeyondCorp 团队设计、开发并持续迭代一个规模更大、延迟更低的元清单解决方案。其从超过 15 个数据源收集数据,根据主动生成数据的设备数量,每秒可能有 30 至 100 个数据变更。设备清单服务主要提供企业设备的信任资格标注和强制授权。随着元清单解决方案的成熟,可以获得的设备信息越来越多,能够依靠信任等级分配并逐步替代基于 IP 的策略。在验证低信任等级设备的工作流后,对高信任等级设备进行细粒度访问控制,并逐步实现最终目标,即随着时间的推移,有序扩大设备和企业资源的信任等级分配范围,并基于信任等级进行访问控制。

考虑到从不同来源关联数据较为复杂,BeyondCorp 将 x.509 证书作为固定的设备标识符。x.509 证书提供了两个核心功能。

(1)如果证书发生变化,即使其他标识符相同,也会将设备标记为不同设备。

(2)如果证书安装在不同设备上,关联逻辑会发现证书冲突及与辅助标识不匹配,及时做出反馈,降低设备信任等级。

证书未降低数据关联的必要性,其本身也不足以获得访问权限。但它确实能提供一个基于密码学的 GUID,访问网关还可将其用于流量加密,并持续、唯一的标识设备。

2. 移动设备

Google 试图使移动设备成为主流，移动平台必须能够完成与其他平台相同的任务，因此也需要相同的访问等级。与其他平台相比，在移动平台上部署信任等级访问模型更容易。移动设备的特点是没有太多传统遗留通信协议和访问方法，因为几乎所有通信都是基于 HTTP 的。安卓设备使用加密的安全通信，允许在设备清单中识别设备。值得一提的是，因为 API 位于与访问控制引擎集成的访问代理后方，所以原生应用程序与通过 Web 浏览器访问的资源都能通过相同的授权机制进行保护。

3. 遗留平台和第三方平台

为了支持遗留平台和第三方平台，需要采用比移动设备更广泛的访问方法，通过 SSH、SSL、TLS 通信。网关仅允许符合访问控制引擎策略的业务通过。RADIUS 服务器是一个特例，它与设备清单服务集成，但它从信任引擎接收的是 VLAN 的分配结果，而不是信任等级的分配结果。在进行网络连接时，RADIUS 服务器将 802.1x 的证书作为设备标识符，通过信任引擎分配的结果动态设置 VLAN。

4. 避免干扰用户

在部署 BeyondCorp 的过程中，面临的挑战之一是如何在不干扰用户的情况下完成大规模任务。制定策略需要确认哪些工作流可以与无特权网络兼容，以及哪些工作流允许进行超出预设的访问或哪些工作流允许用户绕过已经存在的限制。

一方面，开发一个模拟管道，它可以检查 IP 级元数据，将流量划分到服务，并在模拟环境中应用预期的网络安全策略；另一方面，将安全策略转化为每个平台本地防火墙的配置语言，可以在企业网络上记录流量元数据，这些流量是访问 Google 企业服务所必需的，迁移到无特权网络后，稍有差池可能无法访问服务。在此过程中，还发现一些早就应该下线的服务仍在运行。

在收集相关数据后，与服务所有者合作将服务迁移到支持 BeyondCorp 的网关。有的服务很容易迁移，有的服务则比较困难，需要一些特殊处理机制。不过，这种情况都明确指定了责任人，确保服务所有者能在限定期内解决。随着越来越多的服务进行了更新和改造，越来越多的用户在不对例外情况进行处理的情况下也可以正常工作很长时间，此时，可以将用户设备分配到一个无特权的 VLAN，迁移压力基本在服务所有者和应用程序开发人员身上，可以使他们正确配置相关服务。

特殊处理使 BeyondCorp 更复杂，随着时间的推移，访问被拒绝的原因越来越复杂。需要基于清单数据和实时请求数据明确判断特定请求在特定时间内失败或成功的原因，应与终端用户沟通（提醒其潜在问题，支持其自我修复），并培训 IT 运维人员。此外，还开发了一种服务，它可以分析信任引擎的决策树和影响设备信任等级分配的事件的时间顺序，从而提出补救措施。有的问题可以由用户自行解决，不需要权限更高的人员支持。拥有额外访问路径的用户通常能够自我修复。

10.2.5 迁移

1. 以成功为导向的迁移

全面部署 802.1x 花费了几年时间，随后又花费了更长的时间基于清单、按信任等级动态分配 VLAN，并将其作为 RADIUS 系统的输入。在完成开发工作时，需要识别两类主要用户群和应用服务：已准备好采用 BeyondCorp 的用户和需要升级网络和安全能力才能兼容 BeyondCorp 的用户。应捕获和分析网络流量，通过记录和分析经过路由器的流量，发现不兼容的情况。此外，还可以发现网络异常、意外和未授权流量。识别不兼容的 BeyondCorp 应用，尽早对其进行兼容性改造，避免对使用者造成干扰。

一些网络用例（如使用 NFS、CIFS 的工作站）显然不兼容 BeyondCorp。虽然 NFS、CIFS 是实现文档共享和协同的最简单方法，但其底层协议不支持我们所需的安全属性（强加密和身份验证）。为了消除对 NFS、CIFS 的依赖，Google 很早就启动了一个项目，以实现两个目标：一是将 NFS 的主目录移动到本地磁盘，并通过自动备份同步至安全的云存储；二是使用 Google Drive 或其他安全的文件共享技术取代其他 NFS 的使用。即便如此，还是存在非常依赖 NFS 的应用程序，如 CAD（计算机辅助设计）编辑器，对于这种情况，在将用户和工作站移动到受限的 MNP VLAN 前，需要定制解决方案。

一些不兼容的工作流不易判断，但受到 MNP 网络的 ACL 限制时，会运行失败。失败是必要的，因为我们无法假设 NFS、RDP、SQL 等具有足够的身份验证、授权和加密能力。当不得不在网络层面进行修复时，将检测出不兼容的工作流并通过改变设备的网络分配来恢复其生产力，该方法费时费力。为了避免对生产力产生巨大影响，需要一个分析驱动的策略，在将用户分配到 MNP VLAN 前，预先检测并修正可能失败的工作流。

为了方便在无特权网络上进行简单的分析和用户工作流测试，我们创建了一个基于 C/S 架构的网络 ACL 仿真器，仿真器能识别被 MNP ACL 阻塞的网络数据包。底层技术采用 Capirca，并根据真实的 MNP ACL，创建本地 IPtable 规则或其他包过滤规则。在分析和迁移阶段，用户设备继续在特权网络上运行，而 MNP 仿真器监控网络流量，并将所有非 MNP 兼容的流量的源地址和目的地址记录到中心数据库。IP 源地址标识潜在故障用户，IP 目的地址标识潜在故障服务。通过分析日志（必须考虑适当的隐私限制）可以识别已经兼容 MNP 的设备，从而将它们分配到 MNP VLAN，也可以识别暂不兼容流量的设备、用户和服务，并启动项目将这些服务转移到其他解决方案。随着时间的推移，更多设备成为兼容设备并自动分配到 MNP VLAN。

MNP 仿真器也可以阻止或丢弃非 MNP 流量，从而在不依赖 MNP VLAN 和 802.1x 的情况下强制执行 MNP ACL。尽管 ACL 的最终执行在网络设备中完成，设备中将 ACL 与用户（或攻击者）的滥用隔离，但在试用和过渡阶段，在客户端工作站上启用和禁用"强制"模式会更容易、更迅速。客户端强制执行模式既是迁移过程中的重要步骤，也是用于测试和验证的自助服务工具。如果没有这种工具，BeyondCorp 迁移团队可能难以实现快速、成功的设备迁移。将 Google 电脑迁移到受控的无特权（MNP）网络的管道如图 10-11 所示。

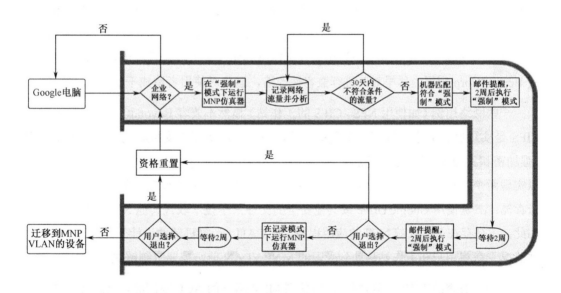

图 10-11　将 Google 电脑迁移到受控的无特权（MNP）网络的管道

1）使用访问代理处理简单用例

Google 的基本安全策略要求所有从工作站流向服务器的业务流量都需要验证（识别发出请求的设备和用户）、授权（验证用户和设备是否被允许访问后端资源）、加密（防止窃听）、单独记录日志（为了协助取证分析）。

对于 HTTP 封装的 SSH 流量，访问代理可以满足以上要求。

幸运的是，大多数高频使用的 Google 应用程序都是基于 B/S 架构的 Web 应用，因为 Google 的核心理念是尽可能使用基于 B/S 架构的应用。Google 为每个 Web 应用提供者准备了工具和文档，使其可以配置自己的应用。

当应用运行在访问代理后端时，企业和公共 DNS 包含可以解析到访问代理的 CNAME，此类应用的 URL 在企业和公共网络中具有同样的易用性和安全性。能从公共网络访问企业应用表示经过身份验证的远程用户可以直接访问企业 Web 应用，不需要通过 VPN 访问。因此，使用和支持 VPN 连接用于远程办公所需的费用会大幅减少。粗略估算得到，由此产生的生产力提高轻松超过了 BeyondCorp 的实施成本。

一旦基于 B/S 架构的应用在访问代理后受到安全保护，就可以继续推进了。通过启动自动化流程，分析、验证并将设备迁移到无特权网络，在不到一年的时间内，超过 50% 的设备将迁移到无特权网络访问模式。

2）修复疑难用例

虽然可以通过访问代理处理大多数应用，但还有些应用难以通过此方法处理。整个迁移的时间安排必须考虑非 Web 案例的长尾问题，因为其需要更多时间和资源。为保证这些用例能够兼容 BeyondCorp，需要新工具、新技术和工作流改造。

一些工作组使用基于非 HTTP 协议的第三方桌面或"胖客户端"应用程序，涉及一系列特殊问题。

（1）有些工具原本就依赖网络文件共享。

（2）Java 应用程序可能使用远程方法调用（Remote Method Invocation，RMI）或通过其他直接套接字连接。

（3）许多工具可能需要使用非 HTTP 套接字和协议连接许可服务器。

基于 HTTP 的应用程序也可能遇到一些莫名其妙、出乎意料的问题。例如，有些应用无法支持客户端证书或适当的用户凭证，有些应用则内置了一些负载均衡逻辑，导致不易与访问代理整合。对于其中一些案例，可以通过调整访问代理，允许来自 MNP VLAN 的流量在没有证书的情况下通过。这种临时策略的效果较好，因为设备必须出示证书才能访问 MNP。

为了解决此类问题，可以使用多端口加密通道传输客户端和服务器之间的流量。

（1）当客户端向服务器发起连接时，访问代理使用常规的用户和设备身份验证及授权。

（2）客户端上的路由表将数据包发送到 TUN 设备，该设备可以捕获和加密到特定后端服务器的流量。

（3）加密后的数据包采用基于 UDP 的封装协议直接在客户端和加密服务器之间传输。

(4) 加密服务器仅允许应用程序必需的服务和端口流量通过。

该方法可以使第三方传统应用更安全的从网络连接到服务器，也满足了 BeyondCorp 要求的身份验证、授权和加密。

解决问题工作流的方法如表 10-4 所示。在一些场景下，表 10-4 中的解决方案还要求用户通过运行脚本或在访问后端资源前提供必要的身份验证来修正工作流。

一些基本框架服务不具备兼容性。当然，这些关键服务的兼容问题并未影响迁移的整体推进，可以通过开通从 MNP 到特定端口或服务器的临时访问权限解决。为了防止这些例外变成常态甚至颠覆 BeyondCorp 的基本目标，只有服务所有者给出实现和部署兼容解决方案的明确计划时，才允许临时放行。

随着应用或用例完成整改或调整，借助自动化分析、验证和迁移工具，越来越多的用户和设备转移到无特权 VLAN 上。随着工作的推进，网络日志记录和分析可以用于度量已成功迁移到 MNP 的用户和设备数量。

表 10-4 解决问题工作流的方法

用例	解决方法
B/S 架构的 HTTPS 连接	访问代理
HTTP 命令行的原生应用：提供客户端代理服务器程序，该服务器提供平台证书，以建立与访问代理的验证及加密连接。将简单应用定向到本地主机代理	本地验证代理程序
单个 TCP 连接：对于需要 TCP 套接字连接到服务器的应用，一般通过与后端堡垒机建立 SSH 连接来解决，并为简单 TCP 应用端口建立通道	SSH 通道和端口转发
多端口或无法预测端口号	加密服务通道
对延迟敏感，UDP 流	加密服务通道

3）逐步上线并不断完善迁移方法

MNP 仿真器、分析管道及设备自动分配到 MNP VLAN，组成了重要的软件开发和流程再造项目。整个项目的开发和部署逐步完成。

针对各阶段进行小规模测试，持续修复软件，进行合适的用户调整，培训技术支持团队，逐步推进全面部署。

仿真和预分析有助于规避不兼容工作流的用户的负面影响。然而，这种方法将所有新配置的和尚未分析的设备分配给特权网络，且不阻止未迁移用户使用或创建新的不兼容应用，因此不能作为长期策略。在纠正大量用例、减少异常案例后，实施方法变为"默认采用 MNP"。随着工作逐项推进，全部设备默认分配到 MNP，应对需要使用未修复应用的设备进行特别处理。基于策略的分配完成了从"证明用户会成功，然后迁移设备"到"假设用户会成功，直接迁移设备"的演变。

2. 扩大支持并尽量减小对员工的影响

使用上述工具和流程，能够自动识别、联系和迁移整组用户。但无论在迁移开始前，还是在出现问题时，都需要帮助用户并与用户沟通。技术支持的专业培训和增加与用户的沟通和互动对将工作流迁移到新模型来说至关重要。

1）技术支持赋能

在支持团队中培训一批技术人员，将他们培养成 BeyondCorp 专家和本地的主要对接人员。在项目上线初期，这些技术人员帮助用户在不影响迁移策略的情况下迅速恢复工作，将问题准确反馈给策略专家。作为 BeyondCorp 上线的第一批"观察员"，他们可以提前思考接下来的技术支持需要哪些方式、工具和流程。此外，他们还通过全球科技论坛、讨论列表等为其他支持团队提供培训。随着信息的传播，可以将系统访问权限赋予全部支持人员。

成立本地专家组，使 BeyondCorp 团队能直接与工作流不兼容的部门沟通。在本地专家组中确定一个资深对接人，问题部门可以与 BeyondCorp 团队项目经理直接沟通，一起找到解决方案。与此同时，鼓励技术人员在发现问题后立即在内部文档中添加新的临时变通办法或修复手段，使解决问题的方法尽可能遍布全网，更有效的实现信息共享并获得规模化支持。

2）自助服务

为了避免出现海量问询，需要尽量减少员工疑问，并在无须技术人员人工干预的情况下解答常见问题。迁移用户时，系统会自动发送一封邮件，内容包括时间安排、迁移将如何影响他们的工作、项目信息、常见问题答疑、加急服务点等。此外，还提供自助服务门户网站，允许受业务关键时间节点约束的用户延迟迁移。为了回答问题和进一步扩大信息传播范围，需要创建一个内部讨论列表，征集答案。

在上线过程中，通过专门的 Web 应用可以快速迭代并改进故障处理指南。该应用能够清晰识别常见问题，提供解决问题的方案，并连接到知识库。Web 应用还通过将来自不同层面和系统的信息合并，帮助技术人员解决问题。

3）内部宣传活动

可以通过组织内部宣传活动来提高对 BeyondCorp 的认识，BeyondCorp 团队坚持宣传、提供和指导帮助，直接与用户建立信任，得到了用户的理解和支持。在整个过程中，企业内部的沟通和技术专家的参与十分重要，尤其在早期阶段，急需针对项目的愿景和潜在影响给出清晰的蓝图。

4）分阶段上线

BeyondCorp 最初是一个小规模试点，试点位置与项目团队很近。随着时间的推移，逐步延伸至具有本地技术专家的试点位置，最终扩展到风险高的工作流和距项目团队较远的地点。有了成功经验、用户支持及对策略的信心，才开始实现关键业务流的迁移。在此过程中，上线规模扩大，受影响的工作流增加，但技术支持负载却不断减少。分阶段上线实施是迁移成功的关键。

5）最终结果

通过持续分析和改进上述方法，BeyondCorp 团队还建立了一个系统，以确保 BeyondCorp 能够在全球范围内扩展，且不对业务、支持或用户体验造成负面影响。通过构建系统和流程有效处理问题、进行升级和培训，基于良好的沟通、开放和高度一致的目标，用户会与团队一起实现变革。

10.2.6 关注用户体验

在实施过程中，除了技术，还要考虑用户。必须始终将用户牢记于心，增强用户体验。在出现问题时，我们希望用户知道如何解决及去哪里寻求帮助。本节讨论员工在 BeyondCorp 中的工作体验。

1. 提供无缝的新员工体验

对于许多新员工来说，BeyondCorp 的概念比较陌生，他们习惯通过 VPN 等访问日常工作所需的资源。通过 BeyondCorp，用户有远程访问需求时，无须申请访问配置，无须考虑技术站的支持负担，可以直接访问资源。

2. 新员工入职培训

用户应该尽早了解这种新的访问模式，在培训中，应避免介绍模型的技术细节，而是关注用户体验。通过培训，向用户展示 BeyondCorp 的 Google 浏览器（Chrome）扩展程序，以及 BeyondCorp 中的连接"正确"图标，显示该图标时，用户可以通过任何网络连接访问他们需要的大多数工具和资源。

3. 新设备安装配置

当用户初次使用账号和密码登录其设备时，将自动配置访问设置。清单进程和平台管理工具在后台工作，以配置新的租用设备并进行初始化。BeyondCorp 根据大量数据判定设备的信任等级，包括观察数据（最近安全扫描时间、补丁级别、安装软件等）和预设数据（分配的所有者、VLAN 等）。其遵循自动配置流程，确保首次登录时正确信任新租用设备。验证必要的用户账号和密码后，可以自动将自定义 Chrome 扩展程序推送到用户设备。从用户的角度来看，只要能看到扩展中的绿色图标，就能访问企业资源。

4. 减少 VPN 的使用

虽然新员工在培训中了解了 BeyondCorp，但要回忆起培训中的每个细节不太现实。可以通过修改 VPN 申请流程和工具来强调 BeyondCorp。

默认新员工没有访问 VPN 网关的权限，他们必须通过在线门户申请 VPN 访问权限。在此门户上，我们明确提醒用户 BeyondCorp 是自动配置的，他们在请求 VPN 访问前应尝试直接访问他们需要的资源。

自动分析和取消 VPN 的流程如图 10-12 所示。

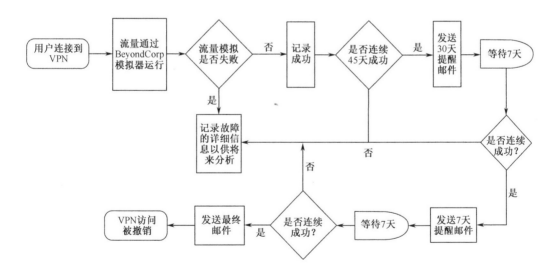

图 10-12　自动分析和取消 VPN 的流程

5. 借用项目

实现 BeyondCorp 自动配置还为用户改进了其他方面的技术体验。其中一项最明显的改进是借用笔记本电脑的项目。许多企业的工作方式非常灵活，员工可以在办公室、会议室、休息室工作或居家工作。移动设备（特别是笔记本电脑）对生产力来说至关重要。为了处理笔记本电脑忘带、遗失或被窃的情况，提供一种自助借用笔记本电脑的程序，可以使用户尽快恢复正常工作。

使用遍布全球的自助式 Google Chromebook 笔记本电脑借用站，任何用户都可以将借用的笔记本电脑临时注册为自己的工作电脑，最长可达 5 天。借用设备开通简单，需要支持的服务少，技术站的资源可以释放并用于处理其他问题。当用户归还设备或超过借用时间时，系统会自动撤销证书，并降低其信任等级，为其他用户借用做准备。

6. Chrome 浏览器扩展程序

通过 Chrome 扩展程序几乎可以封装所有访问需求。Chrome 扩展程序能自动管理用户的代理自动配置（Proxy Auto-Config，PAC）文件，明确将一些特定访问场景路由到访问代理。当用户连接到网络时，该扩展程序会自动下载最新的 PAC 文件并显示"正确"连接图标。浏览器根据 PAC 文件中的规则自动将企业服务的访问请求路由到访问代理。因此，内部开发人员可以在不明确配置客户端访问入口参数的情况下部署企业内部 Web 服务：客户端访问入口配置要求开发人员在公网 DNS 中配置 CNAME 指向访问代理，访问代理能够自动处理用户身份验证和授权。

由于 BeyondCorp 扩展程序将所有流量路由到访问代理，用户将无法访问那些访问代理不可达的设备。另外，必须下载正确的 PAC 文件，以准确路由业务流量。这种设置在某些场景下可能会出现问题，我们需要向用户解释这些问题并提供补救方法，最好不增加技术站的支持负担。Chrome 扩展程序的状态图标如图 10-13 所示，其提示了进一步排除故障的方法。

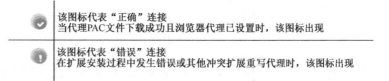

图 10-13 Chrome 扩展程序的状态图标

7. 出现问题

当出现故障或用户遇到复杂的边界情况时，应确定常见场景，制订计划并尽可能顺利解决这些问题。使用户能够理解问题，并在可能的情况下自我修复。

8. 可以自我修复的问题

1) 强制验证门户

在机场、酒店或咖啡馆办公时经常会遇到强制验证门户。这些门户的网页通常在私有网络的默认网关上，当用户连接到这样的网络时，Chrome 扩展程序会尝试下载 PAC 文件，但强制验证门户的网页会阻拦 PAC 文件下载。

当扩展程序检测到网络状态变化时，应确定设备是否位于强制验证门户后方，在访问指定页面时，正常情况下应返回 HTTP 204 的空页面。如果我们收到 HTTP 204 以外的任何内容（最可能出现 HTTP 302），则认为该设备需要先通过强制验证门户的验证。在这种情况下，Chrome 扩展程序会直接使用内置的预定义 PAC 文件，并警示用户。

当用户遇到强制验证门户时，可以点击 Chrome 扩展程序图标，BeyondCorp 的工作不会受影响，只需要将 BeyondCorp 的设置更改为"Off: Direct"，当用户完成强制验证后，即可成功下载最新 PAC 文件。用户可以在最短时间内完成自我修复且不增加技术站的负担。

2) 本地网络设备

用户经常尝试访问私有网络中的设备，因为 BeyondCorp 配置通过访问代理路由所有连接，所以启用 BeyondCorp 后，连接会失败。与强制验证门户的情况类似，解决方案是将 BeyondCorp 的设置更改为 "Off: Direct"。不同的是，我们无法轻松检测到此故障状态。在这种场景下，用户通常有一个激活的且功能正常的互联网连接。因此，从 BeyondCorp 的角度来看，一切正常，用户可以通过 BeyondCorp 访问所有资源，没有理由发出警报。

为了了解在这种情况下如何与用户交互，我们进行了一次典型的用户体验测试。工程师把企业的笔记本电脑带回家，想用它更改家里打印机的设置，两台设备通过 IP 地址连接。BeyondCorp 成功连接，下载最新的 PAC 文件，并配置浏览器代理。当用户在新建的浏览器 Tab 标签页中输入打印机的 IP 地址时，对私有网络的访问流量一起重定向到访问代理。网络请求失败，用户得到错误提示。

我们将解决问题的关键放在最终的错误页面上，并提出解决方案：通过访问代理展示错误页面。创建自定义的 HTTP 502 错误提示页面，以便在某些场景下将警示信息插入错误页面。具体来说，用户试图访问 RFC1918 或 RFC6598 约定的地址时，我们返回的 HTTP 502 错误提示页面可以给出明确提示，用户会知道他们在访问本地网络设备（如家用路由器或打印机）时，需要将 BeyondCorp 的设置更改为 "Off: Direct"。通过这种方式，我们能够基于现有基础设施和流程，使用户自行修复问题。

3）自定义代理设置

有时需要为海外员工配置一些自定义代理，以测试广告。如果用户安装了多个扩展程序，每个扩展程序都试图配置代理，那么这些扩展程序会相互冲突，可能影响用户对企业资源的访问。我们可以将海外的代理配置直接集成到扩展程序中。当用户需要从特定位置对外访问时，他们可以从支持国家的下拉菜单中选择该位置。

当用户需要运行额外的代理以管理扩展程序时，他们的 BeyondCorp 图标将从绿色变为红色。

9. 复杂问题的解决

1）门户

对于上述简单问题来说，可以通过自定义错误页面或 Chrome 扩展程序使用户快速完成自我修复。然而，对于一些看似正常的访问失败情况来说，用户和支持团队迫切需要了解被拒绝的原因。后端基础设施中的 ACL 逻辑复杂、层级多，对于用户和支持团队来说，想要理解特定决策背后的逻辑十分困难。经验丰富的 SRE 工程师可能也需要花费很多时间来查询许多内部服务，以发现错误原因。考虑到访问代理每天可能发生的 403 错误的数量级，人工参与故障排除无法规模化且不切实际。

为了方便诊断和解决更复杂的 BeyondCorp 访问问题，我们设计了一个门户。门户是独立的，不直接集成到访问代理服务器中，其使用的是更细粒度的 ACL，具体取决于最终用户的当前信任级别。因为访问代理默认公开，所以需要限制攻击者从 403 错误页面中获得的信息量。

2）架构

门户分为前端和后端，两者之间采用 API 通信。

（1）前端是一个交互式 Web 服务，其根据用户的输入内容向后端 API 发出请求。

（2）后端可以查询参与访问决策的多个基础设施服务。该过程会绕开各种缓存层，用户可以接收到最新信息。

（3）前端和后端之间的 API 可以用于批处理、分析，以及将输出能力嵌入其他工具中等。

3）解释引擎

除了查询和表示 ACL，门户还需要向用户展示相关信息。针对被拒绝请求的响应报文细节构建解释引擎（Explanation Engine），以进行错误诊断。其通过递归遍历负责提供授权决策的子系统来完成操作。例如，访问代理的 ACL 可能要求设备完全可信才能访问特定的 URL。在查询 ACL 后，解释引擎会与设备推断管道交互，并获取访问此资源的必要条件，然后该信息发送至前端，并翻译成通俗语言，使用户可以通过访问门户发现当前存在的问题及解决方法。

4）定义 ACL

虽然解释引擎可以提供有效信息，但它可能会暴露敏感信息。为这些信息定义 ACL 非常棘手，因为需要在满足工具易用性和保护敏感信息之间实现平衡。

根据用户和设备请求故障诊断信息，可以使用不太具体的信息替换输出中的敏感信息。在极端情况下，可以将敏感信息替换为联系技术站的提示信息，使技术站和 SRE 工程师可以验证用户身份并以用户的名义查看相关信息，能够帮助用户且不泄露敏感信息。403 错误页面如图 10-14 所示。

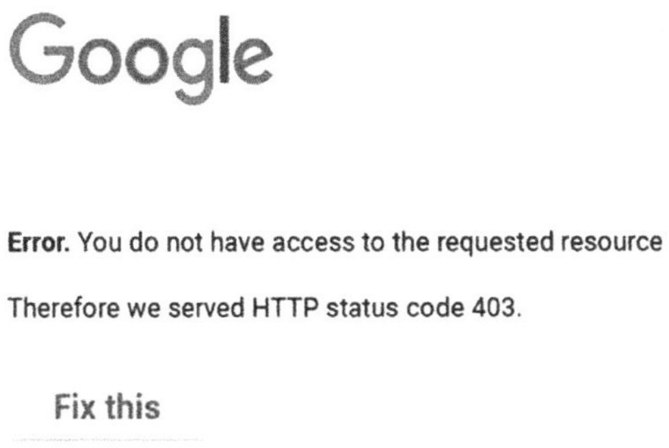

图 10-14　403 错误页面

5）访问拒绝登录页

门户开发完成后，可以将门户集成到访问代理，向用户展示错误信息。当用户遇到 403 错误时，可以一键返回门户，查看错误细节，如图 10-15 所示。门户将向后端重新发送访问请求，并解释出现问题的原因。例如，如果资源只能被特定群组成员访问，门户会提供群组名和到群组管理系统的超链接，使用户可以申请访问权限。门户通过在后台查询后端访问控制列表服务来判断资源的授权要求，并与用户当前的归属组信息比较，门户前端将比较结果转化为通俗语言。该过程发生在几秒内。

6）排除临时故障

尽管希望大多数用户通过错误页面访问门户，我们还是提供了独立页面。以支持排除更多临时故障。前端的登录页面是根据用户身份和访问设备自定义的，它会显示用户及其名下设备的信息，并突出可能导致拒绝访问的问题。用户可以主动对其进行访问，以了解其名下设备的全局视图和潜在访问问题。

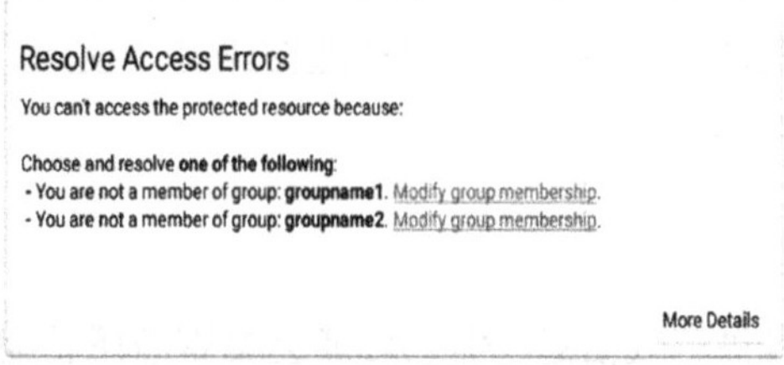

图 10-15　查看错误细节

7）支持赋能

门户前端使技术站能快速进行故障诊断，提供可执行的方案，缩短了解决问题的时间。例如，技术人员可以使用门户登录页面查询特定的用户名或设备标识，锁定到某个特定设备，确认它是否完全可信。如果不完全可信，系统会给出不可信的原因，以及解决方法。故障排除指引如图 10-16 所示。

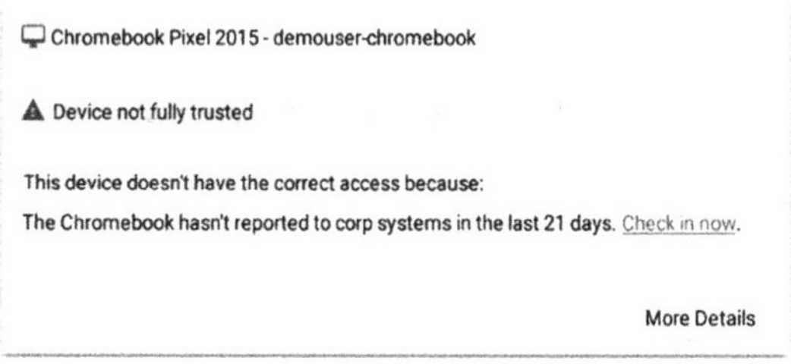

图 10-16　故障排除指引

10.2.7　挑战与经验

1. 沟通

对安全基础设施的根本性改变可能会对企业的生产力带来负面影响。在与用户沟通过程中出现的问题和可行的补救措施十分重要，但是很难找到过度沟通和沟通不足之间的平衡点。沟通不足会使用户感到困惑，导致补救效果差及支持人员的工作超负荷；过度沟通会使用户倾向于高估变化带来的影响并使用户对潜在影响的判断出现偏差，由于 Google 的基础设施在许多互不关联的方面同时开展工作，用户很容易将与访问相关的问题与其他项目的问题混淆，导致补救效果差及支持人员的工作超负荷。

2. 数据质量及相关性

资产管理的数据质量问题可能导致设备在无意中失去对企业资源的访问权限。拼写错误、标识错误和信息丢失都是常见问题。此类问题可能由采购团队收到资产并将其添加至系统时的人为失误及制造商工作流的失误导致。

数据质量问题也经常发生在设备维修过程中（因为需要替换设备的零部件或在设备之间交换某个零部件），可能会破坏设备记录，除非人工检查设备，否则很难修复记录中的差错。例如，单条设备记录可能包括两个不同设备的数据，自动修复和分离数据甚至需要调整设备硬件的资产标签与主板序列号。最有效的解决方法是通过本地工作流改进并增加自动输入验证，以在输入时发现并减少人为错误。复式记账法有一定作用但不能发现所有错误。

做出准确的信任评估需要设备清单库提供高精度数据，使人们不得不重新关注设备清单库中数据的质量。这种对数据精度的要求前所未有，但也带来了前所未有的价值。例如，能够精确了解终端信息及安装最新补丁的情况，从而增大整个系统安装最新补丁的百分比。

3. 稀疏数据集

上游数据源未必有重叠的设备标识符，场景如下。

新设备可能有资产标签，但没有主机名；在设备生命周期的不同阶段，硬盘序列号可能与不同主板序列号关联，MAC 地址可能冲突。一组简单的启发式算法可以将大部分增量与数据源的某个子集关联，为了将精度提高到接近 100%，需要一组非常复杂的启发式算法，用于处理看似无穷无尽的边缘情况。

一小部分数据不匹配的设备，可能使数百甚至数千名员工无法使用他们工作中必需的应用。为了减少这种情况，应监控并验证各种综合数据，并精细设计和验证信任评估路径，以获得符合预期的信任等级评估结果。

4. 管道延迟

设备清单服务从几个不同的数据源获取数据，每个源可能需要特定的实施方案。自研系统或基于开源系统的数据源很容易扩展，能够异步向现有管道发布增量。对于其他数据源必须定期轮询，需要在轮询频率和服务器负载之间取得平衡。尽管将变更信息传递到网关所用的时间通常不到一秒，但是对于轮询的场景，一些变更可能需要几分钟才能获悉。此外，串行处理本身也会产生延迟。因此，需要采用流式处理方法。

5. 灾难恢复

BeyondCorp 基础设施的组成非常复杂，灾难性问题甚至会导致支持人员无法访问恢复所需的工具和系统，因此，在 BeyondCorp 中构建了各种故障保护系统。除了监测信任等级分配的潜在或明显变化，还可以确保在发生紧急情况时，BeyondCorp 仍能发挥作用。BeyondCorp 的灾难恢复协议基于最小依赖关系，并允许一部分特权维护人员重放清单变更的日志记录，以恢复设备清单和信任评估的良好工作状态。我们有能力在紧急情况下以细粒度变更访问策略，以确保维护人员能够启动恢复流程。

6. ACL

可以通过下列操作减少实施 ACL 的困难。

（1）确保语言的通用性。AP 的 ACL 不断增加新信息（如用户和组）。因此，需要定期更新可用功能，并确保语言自身不会妨碍这些更新。

（2）尽早启动 ACL。应确保用户尽快了解 ACL 及访问被拒绝的可能原因，并确保开发者尽快调整代码以满足 AP 的要求。

（3）完善自助服务。单个服务配置团队无法支撑多个团队。

（4）建立能将数据从 AP 传递给后端的机制。AP 能够将额外数据安全传递给后端，允许其进行细粒度访问控制，以尽早规划所需要的功能。

7. 紧急情况

事先进行充分测试和准备，以应对紧急事件。尤其注意以下两类紧急事件。

（1）产品类紧急事件：服务访问的逻辑链路上关键部件中断或失灵造成的紧急事件。

（2）安全类紧急事件：迫切需要授权或撤回特定用户访问造成的紧急事件。

1）产品类紧急事件

为了确保 AP 在大多数宕机期间存活，应根据 SRE 最佳实践进行设计和运维。为了避免出现数据源中断，需要定期对所有数据进行快照以进行本地访问。此外，还需要设计不依赖 AP 本身的 AP 修复路径。

2）安全类紧急事件

安全类紧急事件比产品类紧急事件敏感，因为其在设计时往往容易被忽略。在用户撤销、设备撤销、会话撤销时，都需要考虑 ACL 推送频率和 TLS 问题。

用户撤销相对简单，已撤销的用户将自动添加到特殊组，通过一条靠前的 ACL 全局规则确保禁止这些用户访问任何资源。会话和设备有时会泄露或丢失，也需要撤销。

如果未收到设备清单管道的状态上报，则设备标识不可信。这意味着即使丢失 CA 密钥（意味着不能撤销证书）也不会失控，因为只有列入清单管道的目录中，新的证书才可信。

基于上述特性，我们决定彻底忽略证书撤销过程：如果怀疑与证书相关的私钥丢失或泄露，则不再发布证书撤销列表（Certificate Revocation List，CRL），而是降低证书的清单信任等级。清单本质上是可信设备标识的白名单，且不依赖 CRL。该方法的主要缺点是可能带来额外延迟，在清单和访问代理服务器之间设计快速传播通道，可以消除延迟。

为了确保执行策略及时可达，需要 ACL 的标准快速推送机制。在 ACL 超出一定规模后，必须将部分 ACL 定义过程委托给服务所有者，这会导致出现一些不可避免的错误。虽然单元测试通常可以发现明显错误，但逻辑错误会通过安全措施渗透，并进入生产阶段。工程师必须具备快速回滚 ACL 变更的能力，才能恢复丢失的访问权限和锁定意外的访问权限。

8. 工程师需要支持

迁移到 BeyondCorp 不可能一蹴而就，需要多个团队的协调和沟通。在大型企业中，将整个迁移任务委托给单个团队是不可能的。迁移很可能涉及一些不能向后兼容的变更，需要得到管理层的支持。迁移的成功在很大程度上取决于团队在访问代理背后配置服务的难易程度。以减轻开发人员的开发负担为目标，要使异常情况最少，并提供合理的默认设置，为常见用例撰写指南和文档。可以使用沙箱应对更高级和更复杂的变化，如创建一个访问代理的单独实例，负载均衡器会忽略该实例，但开发人员可以访问（如临时覆盖其 DNS 配置）。沙箱在大部分情况非常有用，如在对 x.509 证书或底层 TLS 库进行重大变更后，需要确保客户端的 TLS 连接成功。

10.3 微软的零信任安全模型

微软的零信任安全模型的范围主要集中在整个企业的信息工作者（内部员工、合作伙伴和供应商）使用的通用企业服务上。重点是员工日常使用的核心应用（如 Office 应用、业务应用等），任何访问企业资源的设备都需要通过 Microsoft Intune 管理。

10.3.1 微软的零信任安全模型

零信任方法应扩展到整个数字产业，并成为一种综合安全理念和端到端战略。要做到这一点，需要在6个基本要素中实施零信任方法：身份、设备、应用、数据、基础设施和网络，每个要素都是信息源，是执行的控制平面，也是需要防御的重要资源。

1）身份

人、服务和物联网设备的身份，都定义了零信任控制平面。当一个身份试图访问资源时，需要进行强身份验证，以确保访问是合规的、典型的，并遵循最小权限原则。

2）设备

一旦授权访问资源，数据就会流向各种设备，从IoT设备到移动设备，从BYOD到合作伙伴管理的设备，从企业内部工作负载到云托管服务器。这种多样性形成了巨大的攻击面，要求我们监控设备健康情况和合规性，以确保安全访问。

3）应用

应用和API提供了消费数据的接口，可以进行传统的本地部署，也可以迁移到云工作负载或SaaS应用。应用控制和技术可以用于发现影子IT，确保适当的应用权限、基于实时分析的门禁访问、监控异常行为，以控制用户操作，并验证安全配置选项。

4）数据

归根结底，安全团队的重点是保护数据。在可能的情况下，即使数据离开设备、应用、基础设施和网络，也应保持安全。应对数据进行分类、标记和加密，并根据属性进行访问限制。

5）基础设施

基础设施（企业内部服务器、云端虚拟机、容器、微服务）是重要的威胁载体。评估版本、配置和JIT访问可以加强防御，使用遥测来检测攻击和异常，自动阻止和标记风险行为并采取保护措施。

6）网络

所有数据最终都通过网络基础设施访问。网络可以提供关键的"管内"控制，提高可视性，并防止攻击者在网络中横向移动。网络应细分并进行实时威胁防护、端到端加密、监控和分析。

为了实现零信任，确定4个核心应用场景。这些场景满足了强身份验证、设备管理和设备健康验证、非企业设备的替代访问及应用健康检查等。

场景1：员工可以将设备注册到设备管理，以获得对企业资源的访问权限。

场景2：安全团队可以对每个应用或服务进行设备健康检查。

场景3：员工和业务用户在不使用管理设备时，也可以安全访问企业资源。

场景4：员工可以通过用户界面选项（门户、桌面应用）发现和使用他们需要的应用程序和资源。

10.3.2 简化参考架构

微软提供了零信任的简化参考架构。该架构基于 Azure 云平台服务实现。涉及的主要组件包括用于设备管理和设备安全策略配置的 Intune、用于设备健康验证的 Azure AD 有限访问，以及用于用户和设备清单的 Azure AD。

系统与 Intune 一起工作，将设备配置需求推送给被管理的设备。设备生成健康声明，并将其存储在 Azure AD 中。当设备用户请求访问资源时，设备健康情况会作为与 Azure AD 进行身份验证交换的一部分进行验证。

10.3.3 零信任成熟度模型

企业要求、现有技术实施和安全阶段会影响实施计划。微软利用其经验，开发了零信任成熟度模型，以帮助企业评估准备情况，并制订零信任计划。

企业应对自身的零信任成熟度进行评估并进行有针对性的规划。

1. 传统安全架构

（1）使用静态规则及一些 SSO 的静态规则和本地身份。

（2）对设备合规性、云环境和登录的可见性有限。

（3）扁平化网络基础设施导致风险。

2. 高级零信任架构

（1）混合身份和微调的访问策略逐渐对数据、应用和网络进行访问限制。

（2）设备已注册并符合 IT 安全策略。

（3）网络逐渐细分并逐渐建立云端威胁保护。

（4）开始评估用户行为，并主动识别威胁。

3．持续优化

（1）具有实时分析功能的云身份对应用、工作负载、网络和数据进行访问限制。

（2）数据访问决策由云安全策略引擎管理，共享的数据通过加密和跟踪来保障安全。

（3）信任已完全从网络中移除。

（4）实现了自动威胁检测和响应。

10.3.4 零信任架构的部署

微软采用结构化方法部署零信任架构。一个按阶段组织的路线图包括里程碑、目标和当前状态。该过程强调身份驱动的安全解决方案，并以强身份验证及消除密码、设备健康验证和安全访问企业资源为核心，确保用户身份安全。

1．身份验证阶段

通过智能卡为所有用户实施双因子身份验证（2FA），以远程访问企业网络。移动设备在工作中的快速应用（需要连接企业资源）推动 2FA 从基于物理智能卡到手机，再到 Azure Authenticator 的现代体验。目前正在进行的最大、最有战略意义的工作是通过 Windows Hello for Business 等服务取消密码，采用生物识别验证。

2．设备健康验证阶段

在该阶段，试图将所有用户设备注册到设备管理系统中（如 Intune），以实现设备健康验证。应对设备进行管理（通过云管理或传统的企业内部管理注册到设备管理中）并使设备保持健康，以访问生产力应用程序（如 Exchange、SharePoint 和 Teams 等）。

3．访问验证阶段

在该阶段，应尽量减少企业资源的访问方式，并要求对所有访问方式进行身份和设备健康验证。随着用户能够从互联网中获取越来越多的主要服务和应用，访问方式将从传统（企业网络）过渡到通过互联网和 VPN 访问，再过渡到仅通过互联网访问，将减少用户访问企业网络的大部分场景。

虽然我们非常重视设备健康,但有些场景需要用户在非托管设备上工作。例如,在供应商的人员配置、收购场景、访客项目等方面,计划通过建立一套可管理的虚拟化服务,使应用程序或完整的Windows桌面环境可用,从而满足用户使用非托管设备的需求。

4. 服务验证阶段

该阶段的主要目标是将验证从身份和设备扩展到服务,使其在交互开始时确保服务健康。该阶段可以验证概念和潜在的操作能力。

10.4 Forrester的零信任架构

Forrester提出了零信任的概念,经过不断发展,该概念演进为零信任扩展(Zero Trust eXtended,ZTX)。ZTX是零信任框架在企业中的应用,其以数据为中心,可以将技术采购和战略决策直接映射到零信任战略实施方面。

(1)网络,如何实现网络隔离、分割和安全?

(2)数据,如何实现数据分类、模式化、隔离、加密和控制?

(3)劳动力,如何保障网络和业务基础设施的使用安全?该解决方案是否减小了用户造成的威胁?

(4)工作负载,解决方案或技术是否能确保云网络、应用程序的安全?

(5)自动化和协调,如何自动化和协调零信任原则并使企业能够加强对不同系统的控制?

(6)提高可见性并分析,是否提供有用的分析和数据并消除系统和基础设施的黑暗角落?

零信任架构的范围不断扩大,其遵循以下原则。

(1)不管用户和资源所处位置如何,都要确保资源访问安全。

(2)记录和检查所有流量。

(3)最小权限原则。

这些原则与SDP提供的能力一致,SDP是实施这些原则的最佳方法。对用户和设备进行强身份验证,并对网络连接进行加密,可以确保安全访问资源。SDP通常作为覆盖层部署在现有网络上，可以确保对部署在内部、云或其他位置的资源进行安全访问。在 SDP 的实现中，网络连接受控，并提供了一个中心位置，用于记录哪些个体（人或机器）正在访问哪些资源。如果需要对数据包进行深度检测，SDP 易与网络流量探测系统集成。SDP 遵循最小权限原则。

SDP 从网关开始，严格按照白名单访问模型进行访问，仅在明确被 SDP 允许时才能访问 SDP 应用。

ZTX 的系统、工具必须具有强大的特定技术能力及 API 集成能力。

如果一个工具具有自动化和协调能力，且能进行微隔离，则其满足一些标准，但不足以成为平台。但是，如果一个工具能够实现微隔离和加密，集成了自动化和协调，且有完善的 API，则开发人员可以通过它来构建额外的零信任功能，可以将其作为平台。

此外，验证、身份管理、资产控制、加密等技术和能力都是零信任计划和 ZTX 计划的组成部分。

第 11 章
SDP 和零信任实践案例

11.1 奇安信：零信任安全解决方案在大数据中心的实践案例

奇安信零信任安全解决方案包含以身份为基石、业务安全访问、持续信任评估和动态访问控制四大核心特性，能够有效解决用户访问应用和服务之间的 API 调用等业务场景的安全访问问题，是适用于云计算、大数据等新业务场景的新一代动态可信访问控制体系。解决方案已在部委、能源企业、金融企业等正式部署或建设 PoC 试点。下面以某大数据中心的安全保障体系为例进行介绍。

11.1.1 安全挑战

1. 数据集中导致安全风险提高

大数据中心的建设实现了数据的集中存储与融合，促进了数据的统一管理和价值挖掘；但数据集中意味着风险集中，数据更容易成为攻击目标。

2. 基于边界的安全措施难以应对高级安全威胁

现有安全防护技术大多基于传统网络边界，缺乏对访问用户的持续验证和授权控制，无法有效应对日益复杂的内部和外部威胁。

3. 静态访问控制规则难以应对数据动态流动场景

大数据中心在满足不同用户的访问需求时，面临各种复杂的安全问题。访问请求可能来自不同部门或外部人员，难以确保其身份可信；访问人员可能随时随地在不同终端设备上发起访问，难以确保访问终端的设备可信；在访问过程中，难以有效度量可能发生的高风险行为并持续进行信任评估，以及根据信任程度动态调整访问权限。这些安全问题难以通过现有静态安全措施和访问控制策略解决。

大数据中心的安全场景如图 11-1 所示。

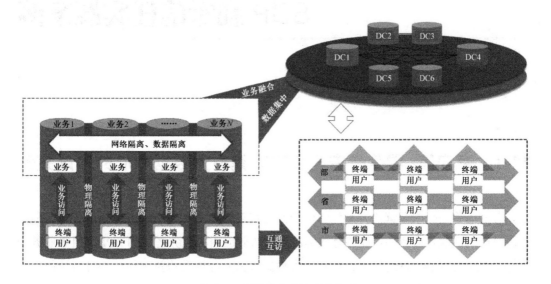

图 11-1　大数据中心的安全场景

为应对上述安全挑战，基于零信任架构构建安全接入区，在用户、外部应用和大数据中心应用、服务之间构建动态可信访问控制机制，以确保用户访问应用和服务之间的 API 调用安全可信，保护大数据中心的数据资产。

11.1.2　部署

奇安信零信任安全解决方案应用于某部委的整体安全规划与建设，在新建大数据共享业务平台的情况下，访问场景和人员复杂，数据敏感度高。基于零信任架构设计，数据子网不再暴露物理网络边界，通过建设跨网安全访问控制区隐藏业务应用和数据。所有用户接入、终端接入、API 调用都通过安全接入区访问内部业务系统，实现了内部和外部人员对部委内部应用和外部应用及数据服务平台对部委大数据中心 API 服务的安全接入，并且可以根据访问主体实现细粒度授权。在访问过程中，可以基于用户环境的风险状态对授权进行动态调整，以保障数据访问的安全。奇安信零信任安全解决方案如图 11-2 所示。

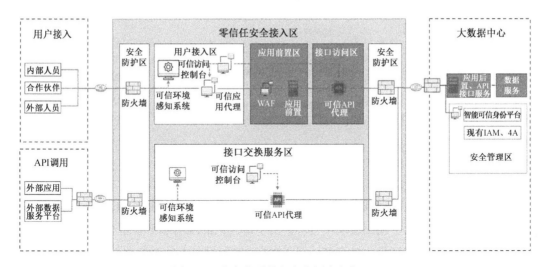

图 11-2 奇安信零信任安全解决方案

目前，奇安信零信任安全解决方案已在某部委的大数据中心稳定运行超过半年，通过零信任安全接入区覆盖 60 多个应用，用户终端超过 1 万个，每天的应用访问次数超过 200 万次、数据流量超过 600G，有效保障了大数据中心的安全。奇安信零信任安全解决方案能够帮助客户实现终端环境感知、业务访问控制及动态授权与鉴权，并确保对业务的安全访问，最终实现全面身份化、授权动态化、风险度量化、管理自动化，构建企业的"内生安全"能力，缩小暴露面，有效缓解外部攻击和内部威胁，为数字化转型奠定基础。

11.2 云深互联：SDP 在电信运营领域的实践案例

11.2.1 需求分析

对电信运营商营业厅业务支撑系统的安全访问一直以来存在诸多挑战。由于营业厅地理位置分散、人员结构复杂，运营商通常将某些支撑系统开放在公网上，某些系统通过 VPN 拨网访问，为安全运维部门带来了很大困扰。以中国某大型省级运营商为例，该运营商将营业厅常用的业务系统（包括移动客户端体验管理平台、综合外呼平台、渠道销售实况监控、BSS3.0 等）开放在公网上，运营现状如图 11-3 所示。

这种方式面临下列安全挑战。

（1）攻击面暴露：暴露在公网上的业务服务器、VPN 服务器经常受到来自全球各地黑客的网络爬虫及 7×24 小时的扫描和攻击。这些核心业务支撑系统一旦被黑客扫描和攻破，将会给运营商带来巨大的损失并造成不良社会影响。

图 11-3 运营现状

（2）运维复杂：访问业务支撑系统的人员结构比较复杂，包括员工、运维人员、渠道代理商、外呼人员、施工监理单位等。由于每个人的应用水平参差不齐，VPN 经常掉线，为运维部门带来了很大的负担，且 VPN 可能把设备上的恶意软件引入内网。此外，VPN 对权限的分配和管理难度极大，很难进行精细化授权管理，可能导致访问权限被滥用并出现数据泄露问题。

（3）设备安全风险高：人员结构复杂，无法严格管控软件环境，极有可能中了病毒未能及时发现。终端上的病毒会不断窃取终端数据，而且会通过 VPN 渗透到内网，造成严重的安全风险。

（4）弱口令导致账号劫持：代理商、上下游供应商的安全意识薄弱，登录验证的方式较单一，容易被攻击。

11.2.2 深云 SDP 解决方案

深云 SDP 解决方案是基于零信任网络安全理念和 SDP 网络安全模型构建的业务系统安全访问解决方案。其基于互联网或各类专网分别构建以授权终端为边界的针对特定应用的虚拟网络安全边界，基于用户身份提供访问特定应用的最小权限；对虚拟边界以外的用户屏蔽网络连接，并在传统网络安全设备上设置严谨的安全策略以减少隐患，最小化开放网络端口以减少网络协议自身漏洞导致的攻击，可有效缩小网络攻击面，提高全域网络安全。

深云 SDP 包含 3 个组件：深云 SDP 客户端、深云 SDP 安全大脑、深云隐盾网关，如图 11-4 所示。

深云 SDP 客户端主要面向企业办公场景，为保护数据安全、提高工作效率而设计，全面支持企业当前的 C/S 及 B/S 应用程序。深云 SDP 客户端用于进行身份验证，包括硬件身份、软件身份、生物身份等。

第 11 章　SDP 和零信任实践案例

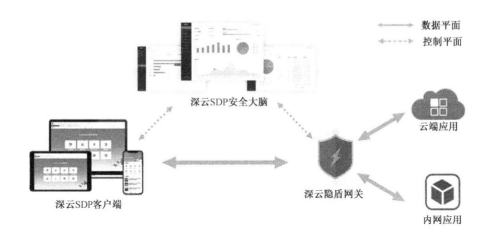

图 11-4　深云 SDP 的 3 个组件

深云 SDP 安全大脑是一个管理控制台，用于对所有的深云 SDP 客户端进行管理和制定安全策略。深云 SDP 安全大脑还可以与企业已有的身份管理系统对接。

所有对业务系统的访问都要经过深云隐盾网关的验证和过滤，实现业务系统的"网络隐身"。

深云 SDP 可以有效解决应用上云带来的安全隐患并缩小业务系统在互联网中的暴露面，使业务系统对授权的深云 SDP 客户端可见，对其他工具完全不可见，以避免企业的核心应用和数据成为攻击目标，保护企业的核心数据资产。深云 SDP 解决方案如图 11-5 所示。

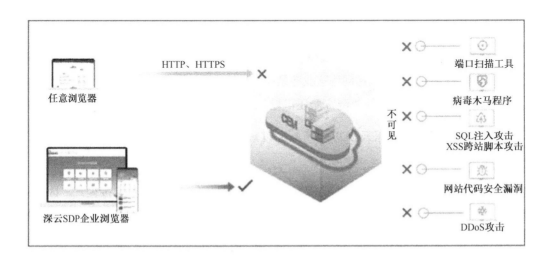

图 11-5　深云 SDP 解决方案

245

11.2.3 部署

深云 SDP 部署在 DMZ 和云资源池，业务系统分别部署在内网和云资源池，外网用户通过隐盾网关访问业务系统，部署架构如图 11-6 所示。

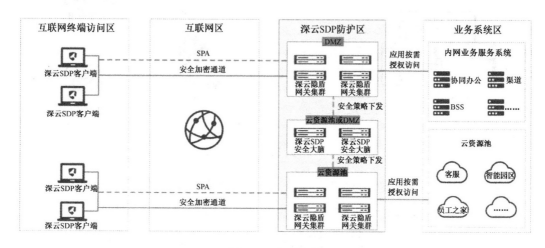

图 11-6 部署架构

11.2.4 实施效果

（1）网络隐身、最小化攻击面：深云隐盾网关使业务系统在互联网上彻底"隐身"。在内部和外部开展的威胁监测处置工作中，持续对深云 SDP 进行安全监测，目前未发现任何安全风险。

（2）按需授权，实现细粒度授权控制：深云 SDP 安全大脑对业务人员进行细粒度访问控制，具体到哪些人员可以访问哪些业务系统，拥有授权的用户才能够访问对应的业务系统。此外，通过深云 SDP 企业浏览器还可以控制用户是否可以进行复制、下载等操作。

（3）身份安全增强：深云 SDP 客户端通过短信验证、硬件设备绑定等功能，使业务系统的身份验证更安全。

（4）提高效率，降低运维成本：深云 SDP 不采用传统 VPN 的长连接模式，因此不会掉线，上手简单，且由深云 SDP 安全大脑进行远程管理，提高了工作效率，降低了运维成本。

（5）高并发，稳定运行：深云 SDP 上线实施后，每天支撑超过 1 万名业务人员同时办公，保障业务操作安全。

11.3 深信服：基于零信任理念的精益信任安全访问架构

11.3.1 身份管理

零信任理念的研究、传播和实践面临一系列挑战。

1. 零信任命名不准确

信任是在两个实体之间建立的双向信赖，信任总是带来风险，但信任是实体之间进行通信的基础能力，所有访问行为都建立在信任的基础上。新访问的建立必然伴随信任的扩展。同时，信任不是静态的，信任水平会随行为、环境的变化而变化。从宏观上来看，信任不是二进制的，在可信和不可信之间，应该有中间地带。对零信任的严格解释是对任何实体、访问都不信任，信任是静态的，不具有扩展、变化的能力。但实际上，正常访问行为的发起意味着访问者信任被访问者，访问行为的接受意味着被访问者信任访问者。双方的信任是连接、访问、业务交互的基石。

2. 错误解读零信任的实现效果

零信任常常与零风险联系在一起，认为实现了零信任就能实现零风险。实际上，信任伴随风险，可行的办法不是消除风险，而是以可接受的代价降低和控制风险。

3. 零信任与传统网络安全手段的关系

在众多零信任实践中，零信任用于解决应用访问问题。同时，很多观点认为零信任仅实现身份层面的安全访问，对于来自内部或外部的网络攻击行为（如恶意代码注入、数据大规模窃取、远程控制、扫描，其检测、防御和响应等），只能依赖传统的边界和内网安全手段。实际上，从 Forrester 提出零信任，到 Gartner 对零信任的最新阐述，零信任的定位都针对整个网络安全技术架构，从信任的角度进行方法论重构，其中包括对传统网络安全手段的整合和改造。

4. 已有零信任方案的缺陷

已有零信任方案（如 Google 的 BeyondCorp 和 Cisco 的 Duo Beyond 方案）的关键是取消 VPN，采用 HTTP、HTTPS 和 SSH 等方式对内网进行访问。其要求内网业务系统进行大范围改造，已有 VPN 设备几乎完全得不到复用。另外，零信任的实现常常包括多种安全设备的升级、改造、协同，需要考虑投资成本。已有零信任方案信任等级的计算侧重于设备信息，很少考虑设备安全日志、攻击流量信息，只考虑静态的设备信息，不考虑动态行为或攻击信息，得到的信任评估结果是不完备甚至不正确的。

上述零信任概念的表述缺陷和架构落地的不足，导致业界对网络安全架构设计和建设的认识不准确，如认为 SDP 能够完全代替现有网络边界、内网安全设备，以及零信任能实现零风险等。

2018 年，Gartner 的研究报告指出，零信任是实践持续自适应的风险和信任评估（Continuous Adaptive Risk and Trust Assessment，CARTA）的第一步。即在交互开始前和不需要通信交互时，所有访问者都是不可信的。出现了访问交互的需要，就必须建立足够且适度的信任。建立多少信任取决于用户身份、设备、网络环境、历史行为等多维信息，并应充分考虑被访问的服务资源的现状。已建立的信任并非静态或二元的，当访问者环境、行为变化时，应对访问者的信任进行相应调整。Gartner 基于 CARTA 提出了精益信任的概念，认为信任应基于风险持续评估，实现精益控制，应该是"足够而及时"的。零信任是实现精益控制的第一步。

从精益信任安全访问架构及风险、信任评估控制流程中可以看到，精益信任的控制过程包含防御—检测响应的闭环。精益信任安全访问架构与对资源访问行为的控制，不能替代传统的云端、边界、内网、数据安全手段，其与已有安全防护手段共存。同时，传统安全手段中设备的攻防日志、检测日志、流量信息、事件处置信息等，都可以用于扩展多源上下文信息，并作为信任等级计算的输入，用于对信任进行更精细、更准确的评估。

精益信任安全访问架构的运转是各层面相互交织、相互依赖的自适应过程。从零信任开始，基于多源上下文信息对风险、信任进行持续评估，不断进行反馈和控制。精益信任可以应用于包括身份、数据、内网、计算环境等场景的网络安全架构中，进而改造传统安全建设方法论，提高防护能力。

11.3.2 优秀实践

精益信任安全访问架构的实现，需要满足下列关键指标。

（1）建立访问前，默认所有用户和设备不可信。

（2）信任的建立基于对用户身份、设备信息、环境信息的综合评估。

(3)持续监测设备、用户的多源上下文信息(设备信息、行为信息、环境信息),进行风险评估。

(4)基于风险评估结果,对风险和当前的信任等级进行比较,持续调整信任等级。

(5)支持 C/S、B/S 架构下的加密访问,支持本地和云化部署,支持组件的扩展。

精益信任安全访问架构如图 11-7 所示。

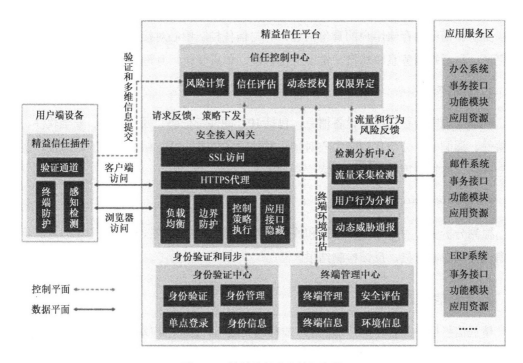

图 11-7　精益信任安全访问架构

精益信任安全访问架构包括精益信任平台和精益信任插件。

1. 精益信任平台

精益信任平台部署在应用服务区前端,控制对应用服务区的访问。平台由 5 个模块组成,即信任控制中心、安全接入网关、身份验证中心、终端管理中心和检测分析中心。

1)信任控制中心

信任控制中心负责进行信任评估和权限管理。在访问建立前,信任控制中心通过对接用户设备上的精益信任插件进行验证。用户身份验证信息、设备和环境信息由精益信任插件上传至信任控制中心,与身份验证中心和终端管理中心的数据进行对比,以确定用户的合法身份和信任等级。在访问过程中,基于用户、设备的身份和状态变化,以及访问行为、失陷信息，计算用户、终端的风险状况等，变更信任等级，更改控制策略。

2）安全接入网关

安全接入网关接收信任控制中心下发的策略，实现对访问行为的控制并支持C/S和B/S架构下的加密访问。通过安全接入网关，访问过程只能看到权限内的应用资源和端口信息，其他应用后端被隐藏。

3）身份验证中心

身份验证中心存储用户的身份信息，并与信任控制中心对接，进行用户身份的核对和更新；与后端业务系统对接，实现身份管理、单点登录、身份验证等功能。

4）终端管理中心

终端管理中心存储终端设备信息，包括IP、硬件特征码、操作系统、安全软件、应用软件、漏洞等。与信任控制中心对接，对比设备信息，并与精益信任插件对接，实现安全评估、终端管理和终端与环境信息收集。

5）检测分析中心

检测分析中心对用户访问行为和流量进行检测，以发现异常、攻击行为和恶意流量。与信任控制中心对接，反馈检测结果。

2. 精益信任插件

精益信任插件部署在用户端的PC或移动终端上，实现用户端设备防护、环境感知，并建立对接精益信任平台的验证通道。

在零信任架构的落地过程中容易出现业务改造要求高、现有设备难以复用、投资高等困难。精益信任安全访问架构针对这些问题进行了设计，可以通过下列关键技术解决上述问题。

1）支持代理模式与隧道模式

Google的BeyondCorp仅支持以代理模式访问。但是，很多客户都通过VPN从外部网络访问应用服务资源。应用服务资源普遍存在C/S和B/S架构并存的现象。精益信任安全访问架构支持B/S和C/S，实现了对现有VPN设备和应用系统的兼容。同时，在VPN、HTTPS、SSH等访问协议下，均可实现对风险、信任的持续评估和动态控制。

2）本地部署和云化部署

精益信任安全访问架构中的平台支持本地部署与云化部署。在云化部署模式下，平台模块通过网络功能虚拟化形式在公有云或私有云平台中实现,对云资源提供保护。

3)按需部署

精益信任平台包含多个模块,共同实现风险、信任的持续评估和动态控制。整体支持模块裁剪,检测分析中心、终端管理中心、身份验证中心都属于可裁剪模块。当缺失某模块时,信任控制中心承担此模块的部分功能,用户的访问仍然可以进行,并仍具有精益信任控制功能。例如,身份验证中心缺失,则信任控制中心承担弱化的登录验证和身份信息存储,但此时的多源上下文信息缺失,评估得到的信任准确度和精度将降低。

4)风险、信任传递标准化

在精益信任安全访问架构中,信任建立和持续评估过程依靠模块间的持续互动和通信。因为已有安全设备也能发挥精益信任平台中部分模块的功能,如4A平台能发挥身份验证中心的功能,所以精益信任安全访问架构需要支持对多厂商、多类型设备的兼容。通过在信任控制中心建立风险、信任接口标签库来实现对多厂商、多类型设备的兼容;通过接口标签库来实现标准接口、各厂商私有接口的转换;通过将接口协议转化为特定的风险、信任标签来实现设备的兼容和按需接入扩展。

11.4 360:SDP 在 360 安全大脑中的设计和考虑

2019年,一系列项目实践证明了360安全大脑在360政企安全3.0战略中的重要地位,在北京市、天津市、重庆市与政府部门、企业合作,共建分布式安全大脑。360在全网安全大数据方面,汇集了230亿个恶意样本、22万亿条安全日志、80亿条域名信息、超过2EB的安全大数据;在威胁情报云方面,累计报告主流厂商漏洞超过2000个,7次独立捕获野外APT 0Day漏洞攻击,发现针对中国的境外APT组织超过40个;通过威胁情报云可以形成大量攻击知识库,以此驱动AI实现高精度的人工智能辅助筛选;在安全专家方面,360拥有超过200人的安全精英团队、超过3800人的安全专家团队、17支攻防专家团队、12个安全研究中心。

SDP是CSA开发的一种安全框架,它根据身份控制对资源的访问。该框架基于美国国防部的"need to know"模型,每个终端在连接服务器前必须进行验证,以确保每台设备都被允许接入。其核心思想是通过SDP架构隐藏核心网络资产与设施,使其不直接暴露在互联网中,使网络资产与设施免受外部安全威胁。

11.4.1　360 安全大脑

360 安全大脑以安全大数据分析为基础，构建网络空间的雷达系统。基于大范围、长时间、多维度的安全大数据，综合运用大数据分析、机器学习等技术，发现高级网络攻击的蛛丝马迹并"看见"攻击行为的全貌。基于 360 安全大脑的云服务能力，360 为客户提供安全大脑本地化落地方案，包括安全运营中心、威胁情报中心、实战攻防靶场、漏洞管理平台和网络培训学院，帮助客户提高安全能力。

11.4.2　SDP 如何在 360 安全大脑中落地

360 安全大脑是分级部署的架构，包括云端安全大脑、区域与行业安全大脑和本地安全大脑。云端安全大脑依托 360 最核心的资源，对外提供一系列安全 SaaS 服务，包括威胁情报、专家知识、漏洞和知识库等，这些内容对于 360 和使用具体数据的客户来说，是非常宝贵的资源。开放的 API 难免会受到一些来自互联网的攻击和渗透，因此在对外提供服务时，安全大脑设计者应进行下列风险评估。

（1）使用者与云端安全大脑的连接应安全可靠。

（2）360 安全大脑必须对数据使用者有身份鉴别和授权能力。

（3）应能阻止所有类型的网络攻击，包括 DDoS 攻击、数据库注入攻击、中间人攻击和高级持续性威胁（ATP）等。

（4）须考虑访问终端风险的动态变化。

360 安全大脑在外通过 SDP 屏蔽攻击风险，在内通过 SDN 网络实现对各种安全资源的调度和编排，将 SDN 与 SDP 结合能够使网络更安全。在越来越多业务的云化趋势下，企业在虚拟环境中管理的数据不断增长，网络的透明度和可见性必不可少；SDN 和 SDP 提供的网络流量编排自动化和对业务流程的重组，便于提供实时检测和发出警报，提高了 IT 运维人员处理安全事件的应急能力；SDN 与 SDP 紧密结合，提供了一条从访问设备到应用程序的点对点网络通道，可以动态评估风险和最小化攻击面。

11.5 绿盟科技：零信任安全解决方案

11.5.1 企业数字化转型的安全挑战

企业在数字化转型过程中面临很多安全挑战，如 IT 环境复杂、网络边界消失、静态网络访问控制不足以应对当前网络威胁等。

CNCERT 的报告显示，2018 年我国互联网安全状况不容乐观，安全漏洞、勒索软件和 APT 攻击的影响最大。

（1）CNVD 收录 14201 个新增漏洞，高风险漏洞占三分之一。

（2）捕获超过 14 万个勒索软件样本，变种数量呈增长趋势。

（3）高级持续性威胁案例达到 478 个，数据泄露事件频发。

绿盟科技围绕零信任理念，在终端安全、身份识别与管理、网络安全、应用和数据安全、安全分析协作与响应等方面，为客户提供完整且可落地的零信任安全解决方案。

11.5.2 零信任安全解决方案

绿盟科技的零信任安全逻辑架构分为控制平面和数据平面。数据平面是用户访问应用系统的网络；控制平面构成 SDP，是实现零信任访问控制的管理网络。零信任安全逻辑架构如图 11-8 所示。

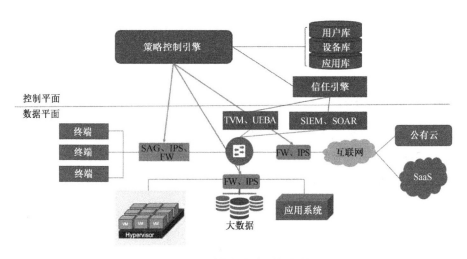

图 11-8 零信任安全逻辑架构

策略控制引擎基于用户身份和权限、设备安全性决定是否通过用户的访问请求。在用户访问过程中，持续评估用户和设备的安全风险，必要时由策略控制引擎下发指令，中断当前的访问会话。

部署零信任安全解决方案时，在原有网络安全的基础上，增加了零信任安全组件，实现对零信任网络的访问控制。零信任安全解决方案的部署如图 11-9 所示。

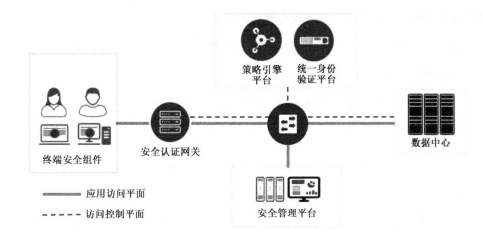

图 11-9　零信任安全解决方案的部署

11.5.3　解决方案组件

1. 安全认证网关（SAG）

以反向代理方式对外发布应用资源，SAG 将外网用户与内网资源隔离，过滤非法访问。SAG 为内部应用资源提供加密访问通道，提高安全性。

2. 统一身份验证平台

统一身份验证平台集成了验证、授权、应用、审计等功能，是用户身份和访问管理平台。其将各子系统的账号关联到主账号，实现账号体系的统一，方便进行员工的生命周期管理。统一身份验证平台可以利用第三方数据实现同步。

3. 策略引擎平台

策略引擎平台持续评估设备安全状态、用户身份、用户与实体行为等，并根据评估结果动态调整授权与访问控制策略。

4. 终端安全组件

终端安全组件提供对终端设备安全状态的评估。终端安全状态包括操作系统的版本、补丁更新、软件和进程、安全配置等。策略引擎平台可以根据这些选项，判断对终端设备的访问是否达到策略要求的基线，决定是否允许访问。

5. 安全管理平台

安全管理平台能够对全网设备的漏洞、威胁、日志持续进行监控和分析，使风险可视化，获得安全编排和自动化响应（SOAR）能力。安全管理平台的 UEBA 模块持续检测用户和终端行为，并评估访问主体的安全风险。

11.5.4　零信任安全解决方案的访问流程

零信任安全解决方案的访问流程如图 11-10 所示。

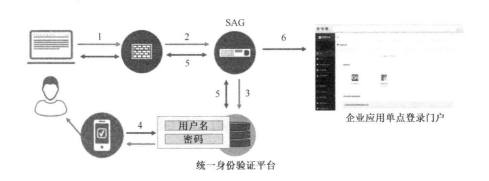

图 11-10　零信任安全解决方案的访问流程

（1）用户打开浏览器，访问企业应用。

（2）SAG 接收访问请求，第一次访问没有访问凭证，重定向到验证页面。

（3）验证页面发送多因子身份验证请求。

（4）验证请求发送，生成一次性验证码，输入后验证成功。

（5）验证成功信息返回 SAG，开放访问控制策略。

（6）用户访问企业应用资源。

上述流程实现了先验证后访问。这是零信任安全解决方案的第一步，在部署终端安全组件和安全管理平台后,将增加终端安全状态评估及用户和实体持续评估环节,实现完整的零信任安全解决方案。

11.5.5 零信任安全解决方案的实施效果

零信任安全解决方案持续验证访问实体的身份,动态调整访问控制规则,这种访问控制是主动的、动态的、受控的。通过先验证后访问的方式,把应用隐藏在后方(通常先访问代理设备),减少了应用或资产的暴露,缩小了攻击面。

降低安全风险。默认不信任任何设备和用户,并基于持续风险评估完成访问决策和加密传输,能够降低安全风险。对应用和数据的保护,降低了数据泄露的安全风险。

可视化。对访问实体持续评估并进行异常行为分析。

零信任安全解决方案实现了全面的用户和设备身份验证、安全评估、自适应策略下发及自动响应。

零信任网络访问是零信任体系建设的第一步。企业可以根据自身情况,规划零信任体系建设的目标和计划,逐步实现零信任体系,保护应用和数据安全,控制访问风险。

11.6 缔盟云:SDP 和零信任在防 DDoS 攻击方面的实践

SDP 和零信任的基本原理是在一个或一组应用程序周围创建基于身份和环境的逻辑访问边界,应用服务器隐藏在一批 SDP 代理网关后方。在允许访问前,代理验证指定参与者的身份、环境及是否符合政策,使服务器不暴露在公网中,大大降低了被攻击的可能性。

防 DDoS 攻击的传统方案通过增加入口带宽并在机房部署设备,基于已知特征库对访问服务器的流量进行规则匹配检测,依靠网络带宽进行清洗。

SDP 架构从设计上仅允许"合法"报文进入,丢弃"非法"报文。在 SDP 网络中,主机被隐藏,SDP 客户端和 SDP 边缘节点互相配合以识别"合法"报文。

2017 年,缔盟云基于零信任理念研发了"太极盾"。其上市以来,为 2500 万个终端,近 200 万名日活跃用户提供了防 DDoS 攻击服务。率先实现零信任理念在防 DDoS 攻击领域的落地。缔盟云防 DDoS 攻击的原理如图 11-11 所示。

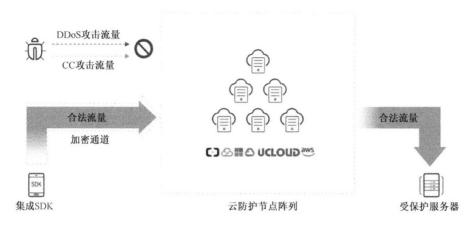

图 11-11　缔盟云防 DDoS 攻击的原理

11.6.1　遵循 SDP 和零信任原则

1. 分布式部署 SDP 网关

在公有云上部署一系列 SDP 网关和 SDP 控制器,将服务器隐藏在后方。

2. 验证设备

要实现零信任安全,就要把控制扩展到设备级。携带唯一硬件标识码和客户端证书的终端用户才能获得授权。未验证设备不具有可信度,使用常用可信设备访问的可信度较高。

3. 验证应用

提取移动应用证书签名信息和设备指纹,确保只有合法终端和合法移动应用接入。在客户端移动应用中集成的太极盾 SDK 与 SDP 网关之间建立加密通道,仅允许通过 SDK 接入的合法业务进入。

4. 验证报文

应用创新的报文基因技术,确保每条报文具有唯一的基因标识,SDP 网关对每条报文进行可信验证,拒绝重放报文通过 SDP 代理网关进入网络。

5. 自学习和自适应

SDP 控制器收集用户的访问行为信息,形成日志数据库并进行分析,对设备访问策略进行分类。

11.6.2 产品优势

1. 去中心化

采用云化的分布式架构，云防护节点可以实现自主调度、业务分流、无调度中心、全程无硬抗环节，消除了对带宽流量的依赖。

2. 彻底防御 CC 攻击

通过创新的报文基因技术，在用户与防护节点之间建立加密通道，准确识别合法报文，阻止非法流量进入，彻底防御 CC 攻击等资源消耗型攻击。

3. 全网 BGP

具有含超过 16 条线路的优质 BGP 网络环境，网络质量好。

4. 防 DNS 攻击

客户端通过虚拟防护 IP 接入云防护节点，无须通过 DNS 服务器解析。因此，攻击者无法通过 DNS 服务器发起攻击或劫持。

5. 智能防护

可以智能识别并屏蔽恶意终端，使攻击处于自耗尽状态；智能调度云防护节点；基于细胞再生修复原理，主动上线云防护节点，自动接管业务，实现秒级切换。

11.7 上海云盾：基于 SDP 和零信任的云安全实践

云安全产品大多基于 DNS 方式接入，存在解析生效时间长、易被劫持、安全节点易暴露等问题。该防御方式通过统一接管互联网流量，将风险识别和安全能力前置到各边缘，本质上还是被动式"替身"对抗模式，考验防守方的资源能力。

与替身的概念不同，端安全加速的核心思想是默认不信任任何外部人、事、物，反对通过验证的用户和授权用户开放访问通道，实现被保护对象的隐身。通过贯通云端弹性防护资源、网络和终端设备，形成安全可信的虚拟边界，实现全网的协同防护和有效管控。终端可信检测如图 11-12 所示。通过终端可信检测后，不可信终端将被赋予唯一可信的身份，云端 AI 大脑根据用户信任等级为终端智能分配指定数量和质量的安全访问代理节点，最小化攻击面，确保业务安全稳定运行。

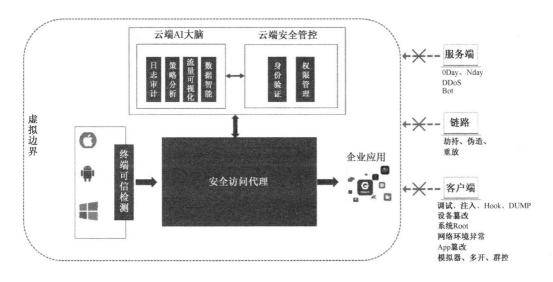

图 11-12　终端可信检测

11.7.1　核心模块

在终端嵌入端安全加速 SDK 后，可精准评估每个终端的运行环境信息（虚拟机、模拟器等），并通过应用风险监测（注入、调试、重打包等）综合评估信任等级，为智能调度、身份可信识别提供多维参考数据。核心模块如下。

1. 云端安全管控

该模块支持用户在虚拟边界内个性化定义访问控制规则，可针对终端进行多因子身份验证、精细化权限管理与控制。安全规则实时下发到弹性安全代理节点，只有满足规则的请求可以访问企业应用，有效解决了传统安全产品有效性差、控制粒度粗、云租户共用防火墙策略等问题。

2. 云端 AI 大脑

基于安全代理日志与终端风险监测数据，云端 AI 大脑为终端划分不同信任等级，将具有不同风险的终端拆分调度到独立的隔离网络中，彻底隔离非法攻击流量和正常访问流量。结合日志，多维事件关联可快速定位风险终端，大大提高了攻击溯源效率。

总体来看，通过为每个通过可信检测的终端智能分配不同安全节点，以及隔离具有不同风险的终端访问的资源，增大了恶意用户攻击的难度。每个终端和云端安全代理通过私密安全通道进行数据交互，创新报文验证与校验技术，不同终端使用的密钥不同，能够防止网络破解和嗅探。通过云端协同形成零信任网络，拒绝一切外部攻击威胁。

11.7.2 端安全加速的应用场景

端安全加速的应用场景如图 11-13 所示。

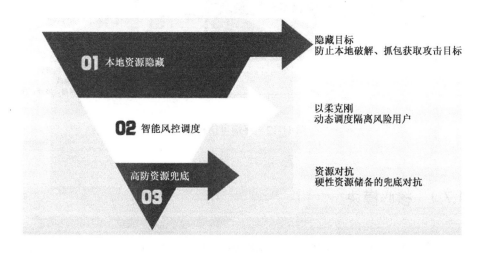

图 11-13 端安全加速的应用场景

（1）防 DDoS 攻击：将传统"单一硬件+硬性资源对抗"转移到"多维软件+弹性资源对抗"。

（2）防 Bot 自动化攻击：依托设备风险识别和可信通信能力，拒绝一切未验证流量，可防止恶意注册、撞库、大流量 CC 攻击等安全问题。

（3）入侵防范：隐藏业务真实主机，使攻击者无法在互联网上发起扫描和定向入侵，无须担心 0DAY、NDAY。

（4）链路安全：一机一密、一链一密，保障数据传输安全，攻击者无法获取业务内容数据，无法伪造和进行重放攻击。

（5）App 防篡改：对移动应用的每个文件分配唯一识别指纹，替换任何文件均会导致无法运行，防止广告病毒植入、二次打包、网络钓鱼等恶意破解行为。

（6）反外挂：通过设备风险识别功能，可以动态防止调试、注入、设备篡改等外挂。

（7）替代 DNS：SDK 智能风控调度替代域名解析，无须 DNS，可以避免 DNS 攻击和劫持。

（8）安全合规：符合等保 2.0 通信传输、入侵防范要求。

基于 SDP 的端安全加速不再使用传统的攻防资源对抗模式，而是注重终端治理、风险隔离、安全可信、海量分布式防护资源部署，目前已广泛应用于游戏、电商、医疗、教育等各类移动应用，保障超过数千万个终端的安全访问。随着 5G 时代的来临，基于 SDP 和零信任安全理念的创新安全产品成为解决全球网络安全问题的基石。

11.8 缔安科技：SDP 解决方案在金融企业中的应用

11.8.1 客户需求

客户通过统一的资产配置管理平台、共享服务和信息技术平台，实现价值管理的优化组合，满足最终客户的综合金融服务需求。随着业务的发展，集团人员规模扩大。为适应业务的快速发展需求，需要将集团业务系统和网络等 IT 基础设施平滑升级。

1. 现状

在项目立项前，客户在 A 地和 B 地均设置了 IDC，并运用了虚拟化技术。因此，网络边界很难通过单一的防火墙进行防护。内部应用服务器较多且位于不同网段，对于员工来说，仅关心是否能使用指定应用。

2. 期望

（1）有效实现边界防护，保障两地服务器的安全。

（2）保证用户访问应用安全，实现基于应用的访问授权。

（3）员工可能同时访问分布在两地的应用，为优化体验，需要实现双站点统一登录，客户端同屏显示双站点的应用。

11.8.2 解决方案

通过需求分析发现，缔安科技的 SDP 解决方案能有效满足客户需求，为企业提供以身份为中心的网络安全平台，具有灵活的可扩展性。

1. 架构及主要组件

1）SDP 验证服务器

提供标准接口，复用企业内部原有验证系统，实现用户身份验证，通过后才能建立与网关的连接。

2）SDP 客户端

用户通过 SDP 客户端发起访问请求。统一展示两地的授权应用，应用默认使用内置安全浏览器打开，通过国密算法提高安全性；内置插件，兼容多种浏览器内核，实现最佳用户体验。

3）SDP 网关

贴近服务器放置，将企业应用服务器隐藏在后方。经过验证后，实现 SDP 网关与服务器在授信区域的数据交换。架构及主要组件如图 11-14 所示。

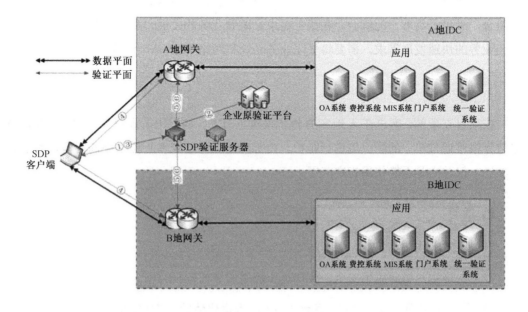

图 11-14 架构及主要组件

2. 工作流

张三是一家保险企业的销售人员，经常出差，但又需要访问企业内部的 CRM 系统和 OA 系统。

张三在 SDP 客户端输入账号和密码，传递给 SDP 验证服务器进行验证。SDP 验证服务器需要验证以下信息：

（1）用户名、密码（企业原验证服务器）。

（2）硬件码。

（3）地址位置（可选）。

（4）登录时间（可选）。

SDP 验证服务器确认信息无误，将有效令牌返回 SDP 客户端。SDP 客户端获得令牌后，确认可连接的 SDP 网关身份，并将令牌发送至对应的 SDP 网关，请求连接。SDP 网关与 SDP 验证服务器确认令牌的有效性后，接收连接，并将在张三访问权限内的应用返回 SDP 客户端。张三会看到 SDP 客户端界面上显示了他需要访问的应用图标，并通过安全浏览器顺利访问。

为了保证安全，在此过程中所有的数据传输都是端到端加密的。此外，由于验证是基于身份的，在 SDP 客户端已经登录的状态下，即使张三用本地浏览器打开，也无法访问应用服务器。

11.9 安几科技：天域 SDP 解决方案

11.9.1 背景

传统企业网络架构通过建立固定的边界，使内部网络与外部网络隔离。该边界包含一系列防火墙策略，可以阻止外部用户进入，但允许内部用户对外部进行访问。由于其封锁了外部对内部应用和设施的可见性和可访问性，传统的固定边界确保了内部服务的安全。对于远程用户来说，最有效的办法是通过 VPN 接入。但后期出现了各种问题，云租户不满足共用防火墙，希望得到个性化服务，传统防火墙和 VPN 不仅接入体验、访问速度受限，还无法满足租户动态迁移、业务快速部署、策略随需生成、策略及时收回、策略路径可视等要求。另外，还存在 BYOD 和网络钓鱼攻击提供对内部网络的不可信访问、SaaS 和 IaaS 不断改变边界的位置、企业网络架构中的固定边界模型逐渐过时等问题。

（1）很多企业使用过时的方法，应用旧的网络安全模型，缺乏限制授权用户访问和第三方访问的解决方案。

（2）大部分信息安全方面的破坏来自内部威胁。

（3）一些企业不经常回顾访问策略，在策略制定好后不自动实施。

11.9.2 描述

安几科技的天域 SDP 解决方案设计了新的安全模型，该模型可以在有效的安全策略下获得更好的用户体验。可以将用户信息集成到特定的访问规则中，基于参数的验证检查和对资源的访问能够提供对边界内部和外部威胁的防护。

天域 SDP 解决方案要求端点在进行身份验证并获得授权后才能获得对受保护实体的访问权限。通过在请求系统和应用程序基础结构之间实时创建加密连接，实现了连接的安全。甚至允许数据包在到达目标服务前，对用户和设备进行身份验证和授权，通过向未授权用户隐藏网络资源来缩小攻击面。

安几科技的天域 SDP 解决方案提供对企业内部网络、公有云、混合云环境的安全远程访问，并实现了细粒度访问控制，能够有效解决使用 VPN 存在的缺点，为便捷、安全的实现对远程用户的访问控制，天域 SDP 解决方案通过在访问期间自动创建动态通道，在请求实体和可信资源之间建立一对一映射，以实现对安全连接的控制，实现企业云资源对未授权用户的访问控制。此外，通过在服务器周围部署暗网，在连接建立前不传输任何 DNS 信息、内部 IP 地址、内部网络基础结构的可见端口等信息，使应用不可见。

无论网络基础结构如何，天域 SDP 解决方案都能直接授予用户对应用程序和资源的访问权限。

天域 SDP 解决方案基于 SDP 的加密通信协议、流式传输协议和多路复用传输协议，构造了基于 SDP 的访问控制代理和访问控制引擎，员工不需要通过 VPN 进入内网，可以从任何网络成功访问企业内部资源。其在云端对远程访问用户进行检测和管理，可以在数据包到达目标服务前，对用户和设备进行身份验证和授权。

每个内部资源都隐藏在设备后方。用户通过身份验证才能使授权服务可见并获得访问权限。SDP 架构如图 11-15 所示。

第 11 章 SDP 和零信任实践案例

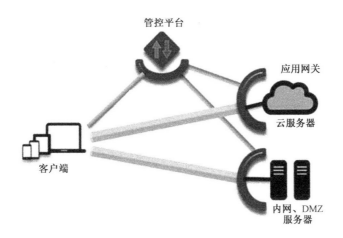

图 11-15 SDP 架构

安几科技的天域 SDP 解决方案不仅能帮助客户做好企业的网络安全建设,还能满足等保 2.0 的基本要求。SDP 满足安全区域边界、安全通信网络、安全计算环境、安全管理中心要求。

参考文献

[1] Brent Bilger. SDP Specification 1.0[EB/OL]. Cloud Security Alliance Software Defined Perimeter Working Group, 2014.

[2] Jason Garbis, Puneet Thapliyal. Software Defined Perimeter for Infrastructure as a Service[EB/OL]. Cloud Security Alliance Software Defined Perimeter Working Group, 2016.

[3] Juanita Koilpillai. Software Defined Perimeter Glossary[EB/OL]. Cloud Security Alliance Software Defined Perimeter Working Group, 2018.

[4] Evan Gilman, Doug Barth. Zero Trust Networks Building Secure Systems in Untrusted Networks[M]. Sebastopol California: O'Reilly Media, 2017.

[5] Michael Rash. fwknop: Single Packet Authorization > Port Knocking[EB/OL]. Cipherdyne, 2018.

[6] Jason Garbis, Juanita Koilpillai. Software-Defined Perimeter Architecture Guide[EB/OL]. Cloud Security Alliance Software Defined Perimeter Working Group, 2019.

[7] Juanita Koilpillai, Jason Garbis, Michael Roza, Nya Murray. Anti-DDoS Software-Defined Perimeter as a DDoS Prevention Mechanism[EB/OL]. Cloud Security Alliance Software Defined Perimeter Working Group, 2019.

[8] Rory Ward, Betsy Beyer. BeyondCorp Part I: A New Approach to Enterprise Security[J]. ;login:, Winter 2014, 39(6):6-11.

[9] Barclay Osborn, Justin McWilliams, Betsy Beyer, Max Saltonstall. BeyondCorp Part II: Design to Deployment at Google[J]. ;login:, Spring 2016, 41(1):28-34.

[10] Luca Cittadini, Batz Spear, Betsy Beyer, Max Saltonstall. BeyondCorp Part III: The Access Proxy[J]. ;login:, Winter 2016, 41(4):28-33.

[11] Jeff Peck, Betsy Beyer, Colin Beske, Max Saltonstall. BeyondCorp Part IV: Migrating to BeyondCorp Maintaining Productivity While Improving Security[J]. ;login:, Summer 2017, 42(2):49-55.

[12] Victor Escobedo, Betsy Beyer, Max Saltonstall, Filip Żyźniewski. BeyondCorp Part V: User Experience[J]. ;login:, Fall 2017, 42(3):38-43.

[13] Hunter King, Michael Janosko, Betsy Beyer, Max Saltonstall. BeyondCorp Part VI: Building a Healthy Fleet[J]. ;login:, Fall 2018, 43(3):24-30.

[14] Jon-Michael C. Brook, Scott Field, Dave Shackleford. The Treacherous 12 Top Threats to Cloud Computing[EB/OL]. Cloud Security Alliance Software Defined Perimeter Working Group, 2017.

[15] Scott Rose, Oliver Borchert, Stu Mitchell, Sean Connelly. SP 800-207 (Draft) Zero Trust Architecture (2nd Draft)[EB/OL]. National Institute of Standards and Technology, 2020.

[16] Juanita Koilpillai, Nya Alison Murray. Software-Defined Perimeter (SDP) and Zero Trust[EB/OL]. Cloud Security Alliance Software Defined Perimeter Working Group, 2020.

[17] NIST. Framework for Improving Critical Infrastructure Cybersecurity[EB/OL]. National Institute of Standards and Technology, 2018.

[18] Scott Rose, Oliver Borchert, Stu Mitchell, Sean Connelly. Zero Trust Architecture[EB/OL]. National Institute of Standards and Technology, 2020.

[19] 陈本峰. SDP 标准规范 1.0[EB/OL]. 云安全联盟大中华区软件定义边界工作组, 2019.

[20] 陈本峰. 软件定义边界 SDP 帮助企业安全迁移上云[EB/OL]. 云安全联盟大中华区软件定义边界工作组, 2019.

[21] 埃文·吉尔曼, 道格·巴斯. 零信任网络：在不可信网络中构建安全系统[M]. 北京：人民邮电出版社, 2019.

[22] 陈本峰. SDP 架构指南[EB/OL]. 云安全联盟大中华区软件定义边界工作组, 2019.

[23] 陈本峰. 抗DDoS攻击：SDP作为分布式拒绝服务（DDoS）攻击的防御机制[EB/OL]. 云安全联盟大中华区软件定义边界工作组, 2019.

[24] 陈本峰. 十二大顶级云安全威胁[EB/OL]. 云安全联盟大中华区软件定义边界工作组, 2020.

[25] 陈本峰. SDP 实现等保 2.0 合规技术指南[EB/OL]. 云安全联盟大中华区软件定义边界工作组, 2020.

[26] 陈本峰. NIST 特别出版物 800-207 零信任架构[EB/OL]. 云安全联盟大中华区软件定义边界工作组, 2020.

[27] 陈本峰. Google BeyondCorp 系列论文合集[EB/OL]. 云安全联盟大中华区软件定义边界工作组, 2020.

[28] 陈本峰. 软件定义边界与零信任[EB/OL]. 云安全联盟大中华区软件定义边界工作组, 2020.

[29] Coalition. Cybersecurity Framework DDoS Profile[EB/OL]. Coalition, 2017.

[30] Doug Montgomery. Advanced DDoS Mitigation Techniques[EB/OL]. NIST, 2018.

[31] Kelley Dempsey, Nirali Shah Chawla, Arnold Johnson, Ronald Johnston, Alicia Clay

Jones, Angela Orebaugh, Matthew Scholl, Kevin Stine. Information Security Continuous Monitoring (ISCM) for Federal Info. Systems and Organizations[EB/OL]. NIST, 2014.

[32] Rashmi V. Deshmukh, Kailas K. Devadkar. Understanding DDoS Attack & Its Effect in Cloud Environment[J]. Procedia Computer Science, 2015:202-210.

[33] R. K. Deka, D. K. Bhattacharyya, J. Kalita. DDoS Attacks: Tools, Mitigation Approaches, and Probable Impact on Private Cloud Environment[EB/OL]. Arxiv, 2017.

[34] Pierluigi Paganini, Paul Samwel, Jason Finlayson, Stavros Lingris, Jart Armin. ENISA Threat Landscape Report 2017 15 Top Cyber-Threats and Trends[EB/OL]. ENISA, 2018.

[35] Andrew Carlin, Mohammad Hammoudeh, Omar Aldabbas. Defence for Distributed Denial of Service Attacks in Cloud Computing[EB/OL]. Procedia Computer Science, Volume 73, 2015:490-497.

[36] MS-ISAC. Technical White Paper-Guide to DDoS Attacks[EB/OL]. CISSecurity, 2017.

[37] Kotikalapudi Sriram, Douglas Montgomery. Resilient Interdomain Traffic Exchange: BGP Security and DDoS Mitigation[EB/OL]. NIST, 2019.

[38] Sheila Frankel, Richard Graveman, John Pearce, Mark Rooks. Guidelines for the Secure Deployment of IPv6[EB/OL]. NIST, 2010.

[39] Alienvault. Beginner's Guide to Brute Force & DDoS Attacks[EB/OL]. AT&T, 2020.

[40] NCCIC. DDoS Quick Guide[EB/OL]. US-CERT, 2014.

[41] Joseph Latanicki, Philippe Massonet, authors Massimo Villari. Scalable Cloud Defenses for Detection, Analysis and Mitigation of DDoS Attacks[EB/OL]. Future Internet Assembly, 2010.

[42] InetDaemon. A Comparison of OSI Model vs. TCP/IP Model[EB/OL]. InetDaemon, 2018.

[43] NIST. Advanced DDoS Mitigatton Techniques Project[EB/OL]. NIST, 2018.

[44] NST. Information Security Continuous Monitoring (ISCM) for Federal Information Systems and Organizations[EB/OL]. NIST, 2011.

附录 A 缩写

缩写	英文全称	中文全称
2FA	2 Factor Authentication	双因子身份验证
ABAC	Attribute Based Access Control	基于属性的访问控制
ACL	Access Control List	访问控制列表
ACT-IAC	American Council for Technology and Industry Advisory Council	美国技术和工业咨询委员会
AD	Active Directory	微软活动目录
ADP	Application Delivery Platform	应用程序交付平台
AES	Advanced Encryption Standard	高级加密标准
AI	Artificial Intelligence	人工智能
AID	Agent ID	代理标识
AP	Access Proxy	访问代理
API	Application Programming Interface	应用程序编程接口
APT	Advanced Persistent Threat	高级持续威胁攻击
ARP	Address Resolution Protocol	地址解析协议
ATM	Asynchronous Transfer Mode	异步传输模式
B/S	Browser/Server	浏览器/服务器
BGP	Border Gateway Protocol	边界网关协议
BYOD	Bring Your Own Device	自带设备
C/S	Client/Server	客户端/服务器
CA	Certification Authority	证书颁发机构
CAD	Computer Aided Design	计算机辅助设计
CASB	Cloud Access Security Broker	云访问安全代理
CDM	Continuous Diagnostics & Mitigation	持续诊断和缓解

续表

缩写	英文全称	中文全称
CDMA	Code Division Multiple Access	码分多址
CI/CD	Continuous Integration/Continuous Delivery/Deployment	持续集成、持续交付和持续部署
CIO	Chief Information Officer	首席信息官
CIFS	Common Internet File System	通用互联网文件系统
CISA	Cybersecurity & Infrastructure Security Agency	网络安全和基础设施安全局
CISO	Chief Information Security Officer	首席信息安全官
CNAME	Canonical Name	别名记录
COOP	Continuity of Operations Plan	运营连续性计划
CSA	Cloud Security Alliance	云安全联盟
CSO	Chief Security Officer	首席安全官
CSRF	Cross-Site Request Forgery	跨站请求伪造
CTAP	Client-to-Authenticator Protocol	客户端到验证器协议
DCS	Distributed Control System	分布式控制系统
DDoS	Distributed Denial of Service	分布式拒绝服务
DevOps	Development and Operations	开发运维一体化
DHS	Department of Homeland Security	美国国土安全部
DLP	Data Leakage Prevention	数据泄露防护
DMZ	Demilitarized Zone	隔离区
DNS	Domain Name System	域名系统
DoD	Department of Defense	美国国防部
DoS	Denial of Service	拒绝服务攻击
DRAC	Dell Remote Access Controller	戴尔远程访问控制器
DSL	Domain-Specific Language	领域特定语言
EMM	Enterprise Mobility Management	企业移动管理
FIDO	Fast Identity Online	线上快速身份验证联盟
FISMA	The Federal Information Security Management Act	联邦信息安全管理法案
FTP	File Transfer Protocol	文件传输协议

续表

缩写	英文全称	中文全称
FW	Firewall	防火墙
G2B	Government to Business	政府与企业之间的电子政务
G2G	Government to Government	政府对政府的电子政务
GFE	Google Front End	Google 前端
GIG	Global Information Grid	全球信息网络
GRC	Governance, Risk and Compliance	治理、风险及合规
GSM	Global System for Mobile Communications	全球移动通信系统
HIPAA	Health Insurance Portability and Accountability Act	健康保险流通与责任法案
HMAC	Keyed-Hash Message Authentication Code	密钥相关的哈希运算消息验证码
HOTP	HMAC based One Time Password	基于 HMAC 的动态口令的算法
HSM	Hardware Security Module	硬件安全模块
HTTPS	Hypertext Transport Protocol Secure	超文本传输安全协议
HVA	High Value Asset	高价值资产
IaaS	Infrastructure as a Service	基础设施即服务
IAM	Identity and Access Management	身份识别和访问管理
IBN	Intent-Based Networking	基于意图的网络
ICAM	Identity, Credential, and Access Management	身份、凭证和访问管理
ICMP	Internet Control Message Protocol	互联网控制消息协议
ID	Identity	标识
IDC	Internet Data Center	互联网数据中心
IDFV	Identifier for Vendor	供应商标识符
IdP	Identity Provider	身份提供服务
IDS	Intrusion Detection System	入侵检测系统
IETF	The Internet Engineering Task Force	互联网工程任务组
IKE	Internet Key Exchange	互联网密钥交换

续表

缩写	英文全称	中文全称
IoT	Internet of Things	物联网
IPMI	Intelligent Platform Management Interface	智能平台管理接口
IPS	Intrusion Prevention System	入侵防御系统
IPSec	Internet Protocol Security	互联网安全协议
ISO	International Standard Organization	国际标准化组织
ISP	Internet Service Provider	互联网服务供应商
JSON	JavaScript Object Notation	JS对象符号
LDAP	Lightweight Directory Access Protocol	轻型目录访问协议
LOAS	Low Overhead Authentication System	低开销验证系统
MAM	Mobile Application Management	移动应用管控
MDM	Mobile Device Management	移动设备管理
MFA	Multi-Factor Authentication	多因子身份验证
MID	MUX ID	复用标识
MITM	Man-in-the-Middle	中间人
MNP	Managing Non-Privileged	受控的无特权网络
MPLS	Multiprotocol Label Switching	多协议标签交换
MSSP	Managed Security Service Provider	安全托管服务供应商
mTLS	mutual Transport Layer Security	双向传输层安全
NAC	Network Access Control	网络访问控制
NAT	Network Address Translation	网络地址转换
NCCoE	National Cybersecurity Center of Excellence	美国国家网络安全卓越中心
NCPS	National Cybersecurity Protection System	国家网络安全保护系统
NFS	Network File System	网络文件系统
NGFW	Next Generation Firewall	下一代防火墙
NIST	National Institute of Standards and Technology	美国国家标准与技术研究院
NPE	Non-Practicing Entities	非专利实施主体

附录 A 缩写

续表

缩写	英文全称	中文全称
NTP	Network Time Protocol	网络时间协议
OAuth	Open Authorization	开放授权
OCSP	Online Certificate Status Protocol	在线证书状态协议
OMB	Office of Management & Budget	美国公共与预算管理办公室
OS	Operating System	操作系统
OSI	Open System Interconnection	开放式系统互联
OTP	One Time Password	动态口令
OWASP	Open Web Application Security Project	开放式 Web 应用程序安全项目
PA	Policy Administrator	策略管理器
PaaS	Platform as a Service	平台即服务
PAC	Proxy Auto-Config	代理自动配置
PCI DSS	Payment Card Industry Data Security Standard	第三方支付行业数据安全标准
PDH	Plesiochronous Digital Hierarchy	准同步数字体系
PDP	Policy Decision Point	策略决策点
PE	Policy Enforcement	策略引擎
PEP	Policy Enforcement Point	策略执行点
PKI	Public Key Infrastructure	公钥基础设施
PLC	Programmable Logic Controller	可编程逻辑控制器
PoC	Proof of Concept	概念验证
POP3	Post Office Protocol - Version 3	邮局协议版本 3
PPS	Packets Per Second	数据包速率
QA	Quality Assurance	质量保证
QoS	Quality of Service	服务质量
RADIUS	Remote Authentication Dial in User Service	远程用户拨号验证
RBAC	Role Based Access Control	基于角色的访问控制
RDP	Remote Desktop Protocol	远程桌面协议
REST	Representational State Transfer	表述性状态传递

续表

缩写	英文全称	中文全称
RFID	Radio Frequency Identification	射频识别
RFC	Request For Comment	互联网工程任务组（IETF）发布的一系列备忘录
RMI	Remote Method Invocation	远程方法调用
RPC	Remote Procedure Call	远程过程调用
RSA	RSA（Rivest, Shamir, Adleman）Public Key System	一种非对称加密算法
SaaS	Software as a Service	软件即服务
SAML	Security Assertion Markup Language	安全断言标记语言
SCADA	Supervisory Control and Data Acquisition	数据采集与监控系统
SDH	Synchronous Digital Hierarchy	同步数字体系
SDK	Software Development Kit	软件开发工具包
SDN	Software Defined Network	软件定义网络
SDO	Standards Developing Organization	标准开发组织
SDP	Software Defined Perimeter	软件定义边界
SDWAN	Software Defined WAN	软件定义的广域网
SFTP	Secure File Transfer Protocol	安全文件传输协议
SHA	Secure Hash Algorithm	安全散列算法
SIEM	Security Information and Event Management	安全信息与事件管理
SMTP	Simple Mail Transfer Protocol	简单邮件传输协议
SNMP	Simple Network Management Protocol	简单网络管理协议
SOAP	Simple Object Access Protocol	简单对象访问协议
SOAR	Security Orchestration, Automation and Response	安全编排和自动化响应
SOX	Sarbanes-Oxley Act	萨班斯法案
SPA	Single Packet Authorization	单包授权
SQL	Structured Query Language	结构化查询语言
SRE	Site Reliability Engineering	网站可靠性工程
SSH	Secure Shell	安全壳协议
SSID	Service Set Identifier	服务集标识

续表

缩写	英文全称	中文全称
SSL	Secure Sockets Layer	安全套接字层
SSO	Single Sign On	单点登录
TA	Trust Algorithms	信任算法
TCP/IP	Transmission Control Protocol/ Internet Protocol	传输控制协议/网际协议
TIC	Trusted Internet Connections	可信互联网连接
TLS	Transport Layer Security	传输层安全
TPM	Trusted Platform Module	可信平台模块
U2F	Universal 2nd Factor	通用第二因子
UAF	Universal Authentication Framework	通用验证框架
UDP	User Datagram Protocol	用户数据报文协议
UEM	Unified Endpoint Management	统一端点管理
UI	User Interface	用户界面
URL	Uniform Resource Locator	统一资源定位系统
UTM	User Threat Management	用户威胁管理
VDI	Virtual Desktop Infrastructure	虚拟桌面基础设施
VLAN	Virtual Local Area Network	虚拟局域网
VM	Virtual Machine	虚拟机
VPN	Virtual Private Network	虚拟专用网
W3C	World Wide Web Consortium	万维网联盟
WAF	Web Application Firewall	Wed 应用防火墙
WEP	Wired Equivalent Protocol	有线等效保密协议
XSS	Cross-Site Scripting	跨站脚本（攻击）
ZTN	Zero Trust Network	零信任网络
ZTNA	Zero Trust Network Access	零信任网络访问
ZTX	Zero Trust eXtended	零信任扩展

附录 B 术语

术语	解释
0day	在官方发布相关补丁前,已掌握或公开的漏洞信息
802.1x	802.1x 是 IEEE 标准中基于端口的网络访问控制标准,为连接到局域网的设备提供了一种验证机制,其易于使用且具有较高的安全性,不基于预共享密钥(预共享密钥可能丢失或被盗)。VPN 访问控制通常启用 802.1x。SDP 架构定义了许多连接类型,包括客户端到网关、客户端到服务器、服务器到服务器、私有云到公有云。这些连接都依赖从第 2 层或第 3 层到第 7 层的强身份验证,802.1x 可以满足要求
CC 攻击	Challenge Collapsar,又称 HTTP-FLOOD,属于 DDoS 攻击。攻击者借助代理服务器生成指向受害主机的合法请求,通过控制某些主机不停的向对方服务器发送大量数据包,造成服务器资源耗尽,直至宕机崩溃。CC 攻击模拟多个用户(多少线程就是多少用户)访问需要进行大量数据操作(占用大量 CPU 资源)的页面,造成服务器资源浪费,CPU 的使用率长时间处于 100%,将持续处理连接直至网络拥塞,导致正常访问中止
Chef	自动化服务器配置管理工具,可以对所管理的对象进行自动化配置,如系统管理、安装软件等。由三大组件组成:Chef Server、Chef Workstation 和 Chef Node
IP 地址欺骗	在创建 IP 数据包时使用假的源 IP 地址,隐藏攻击者的身份
Puppet	IT 基础设施自动化管理工具,能够帮助系统管理员管理基础设施的全生命周期,包括供应(provisioning)、配置(configuration)、联动(orchestration)、报告(reporting)。基于 Puppet,可以实现自动化重复任务、快速部署关键应用及在本地或云端完成主动管理变更和快速扩展架构规模等
SAML 断言	一个断言是一个信息包,它提供了一个或多个由 SAML 做出的声明。SAML 定义了 3 种断言:验证、属性和授权决定。SDP 可以使用 SAML 断言进行验证和授权
SDP 连接接受主机会话	SDP 连接接受主机与控制器连接的特定时间段
SDP 连接接受主机会话 ID	由控制器管理的 256 位临时随机数,用于特定的 SDP 连接接受主机会话
TCP/IP 端口	在计算机网络中,端口是通信终端;在软件中,它是一种逻辑上的识别特定进程或网络服务类型的构造。端口总是与主机的 IP 地址和协议类型的 IP 地址相关,用于设置目的地或发起端的网络地址。客户端、控制器和网关之间的 SDP 通信使用 TCP/IP 端口

续表

术语	解释
安全断言标记语言（SAML）	SAML 是一个开放的标准，用于在各方之间（特别是身份和服务供应商之间）提供身份验证和授权信息。SDP 通常支持通过 SAML 与身份供应商进行验证，其支持连接到现有企业身份管理系统的 SDP 模式
安全壳协议（SSH）	SSH 提供了从一台计算机到另一台计算机的安全远程登录方法，其提供了几种可供选择的强身份验证方式，并通过强加密来保护通信的安全性和完整性。它是不受保护的登录协议（如 telnet、rlogin）和不安全的文件传输方式（如 FTP）的安全替代方案
安全令牌（Security Token）	安全令牌是一种小型硬件设备，由所有者携带以授权访问网络服务
安全组（Security Group）	安全组是云计算中安全组规则的命名容器基础设施，如亚马逊网络服务中的云安全组或 Azure 中的网络安全组。云安全组可以与 SDP 一起使用，SDP 将作为访问控制的执行点，云安全组可用于引导外发流量通过 SDP 网关
边界网关协议（BGP）	BGP 是用于分发和计算组成互联网的成千上万个自治网络之间的路径的控制协议
编排（Orchestration）	用于描述复杂计算机系统、中间件和业务的自动安排、协调和管理
别名记录（CNAME）	DNS 记录的一种，CNAME 允许将多个名字映射到同一主机或地址
超文本传输安全协议	HTTPS 是超文本传输协议（HTTP）的改编，用于计算机网络的安全通信。在 HTTPS 中，通信协议通过 TLS 加密
传输层安全（TLS）	一种加密协议，为计算机或 IP 网络中的通信提供安全保障
代理标识（AID）	AID 是一个 32 位的待分配数值，用于在单包授权期间验证给定的 IH 和 AH
地理位置	识别或估计物体的真实地理位置，如雷达信号源、移动电话或与互联网连接的计算机终端等。其可以作为一个信息源，做出访问决策。例如，可以阻止位于某些国家的用户访问资源
多协议标签交换（MPLS）	多协议标签交换（MPLS）是一种数据传输技术，在高性能电信网络中应用。MPLS 可以封装各种网络协议的数据包
SDP 连接发起主机会话	SDP 连接发起主机与控制器连接的特定时间段

续表

术语	解释
SDP 连接发起主机会话 ID	由控制器管理的 256 位临时随机数，用于特定的 SDP 连接发起主机会活
防火墙（FW）	防火墙是一种网络安全系统，它根据预定的安全规则监控网络流量。防火墙通常在受信任的内部网络和不受信任的外部网络（如互联网）之间建立屏障。SDP 架构可以执行 Deny-All 防火墙策略，确保 SDP 不会响应来自任何客户的任何连接，直到他们提供真实的 SPA
服务标识（Service ID）	服务标识是控制器为每个远程服务分配的唯一 ID，是 MID 中最重要的 32 位
复用标识（MID）	在动态通道模式下，64 位 MID 用于在单个 IH-AH 通道中复用连接。其中最重要的 32 位构成了服务 ID，最不重要的 32 位构成了由 IH 和 AH 维护的值，用于区分特定远程服务的不同 TCP 连接，被称为 MID 的 Session ID
公钥基础设施（PKI）	PKI 是一套创建、管理、分发、使用、存储和撤销数字证书及管理加密、解密、散列和签名的私钥和公钥所需的角色、策略和程序。SDP 可以使用 PKI 生成 TLS 证书和安全连接。如果不存在 PKI 基础设施，SDP 可以提供 TLS 证书以进行安全连接
互联网安全协议（IPSec）	IPSec 为 IPv4 和 IPv6 提供可互操作、高质量、基于密码学的安全服务。提供的安全服务包括访问控制、无连接完整性、数据源验证、防止重播（部分序列完整性的一种形式）、保密（加密）和有限流量保密。这些服务在 IP 层提供，为 IP 和上层协议提供保护。SDP 为网络层提供了 IPSec 的双向安全连接
灰度发布	灰度发布指在黑与白之间平滑过渡的发布方式。灰度发布是增量发布的一种，其在原有版本可用的情况下，部署新版本，测试新版本的性能和表现，以保障在系统整体稳定的情况下，尽早发现问题并进行调整
基于角色的访问控制（RBAC）	RBAC 是一种围绕角色和权限定义的策略中立的访问控制机制。SDP 可以利用角色信息（通常存在身份管理系统中）控制服务器、设备、进程和数据等资源的连接
基于属性的访问控制（ABAC）	ABAC 基于用户或流程属性控制对资源的访问，这些属性可以从身份管理系统、用户设备或企业安全系统中获取
畸形数据包	不能被数据包协议解析器解析。该数据包不遵循对应的协议，如 TCP 或 UDP
僵尸网络	已经被攻击者攻陷以用于展开恶意攻击的计算机
可见性（Visibility）	在软件工程中指对象间的可见性，指一个对象能够看到或引用另一个对象的能力
客户端到验证器协议（CTAP）	CTAP 来自 FIDO 联盟，与 Web 验证协议一起使用，可使用户在移动和桌面环境中利用普通设备轻松验证在线服务

附录 B 术语

续表

术语	解释
控制平面（Control Plane）	控制平面包括能够对用户、设备进行审查的连接，并保障对授权服务的访问，只为那些用于传输数据的连接提供额外的安全性
控制器（SDP 控制器）	通过确保用户验证和授权、设备验证、通信建立、用户和管理流量分离来控制安全访问隔离服务的设备或流程
密钥相关的哈希运算消息验证码（HMAC）	HMAC 是一种计算得到的"签名"，通常与数据一起发送。HMAC 用于确定数据没有被更改或替换，是初始数据包中不可缺少的元素
蜜罐技术	蜜罐技术本质上是一种对攻击方进行欺骗的技术，通过布置一些作为诱饵的主机、网络服务或信息，诱使攻击方对其进行攻击，从而对攻击行为进行捕获和分析，了解攻击方使用的工具与方法，推测攻击动机，使防御方了解其面对的安全威胁，并通过技术和管理手段提高实际系统的安全防护能力
签名（攻击）	指攻击固有的数据、流量或事件。入侵检测系统（IDS）将这些信息用于识别攻击并发出警报
证书颁发机构（CA）	在密码学中，CA 是颁发数字证书的实体。数字证书证明了证书中指定的主体对公钥的所有权
入口过滤	确保标识为来自一个特定地址的数据包的确来自这一地址的方法
软件定义的广域网（SDWAN）	SDWAN 将网络硬件与控制机制解耦，简化了广域网的管理和操作
软件令牌（Software Token）	软件令牌是一种可用于授权使用计算机服务的双因子身份验证机制。软件令牌存储在通用电子设备上，可以复制（与硬件令牌不同，硬件令牌存储在专用硬件设备上，无法复制）
设备就位流程（Device Onboarding Process）	指将服务器、设备和物联网设备纳入 SDP 的过程
数据平面（Data Plane）	数据平面由双向加密连接组成，通常使用 TLS 等验证机制
特权访问管理（PAM）	SDP 经常用于控制特权用户的访问，通过即时提供用户的连接和从什么设备进行连接的信息，提高访问的安全性和可见性
通用验证框架（UAF）	用户可以通过选择一个本地验证机制，将设备注册到在线服务。注册后，用户需要进行身份验证时，只需重复进行本地验证。用户在从该设备进行身份验证时，不再需要输入密码。U2F 还允许结合多种身份验证机制。SDP 可以利用 U2F 或 UAF 进行用户或设备身份验证

续表

术语	解释
网段	网段是计算机网络的组成部分，每个网段可以包含一个或多个计算机或其他主机。SDP 使用网关提供网络分段策略，在客户端提供真实的 SDP 前，不响应来自客户端的任何请求
SDP 网关	SDP 网关是一种设备或进程，用户或设备获得授权后，可以访问受保护的进程或服务。SDP 网关可以用于监控、记录和报告受保护进程或服务的连接
网络访问控制（NAC）	NAC 是一种通过将网络资源的可用性限制在符合定义的安全策略的终端设备上来提高专用或内部网络安全的方法。NAC 解决了第 3 层访问控制和连接问题。SDP 通过确保第 2 层至第 7 层连接的安全，提高了专用或内部网络安全
网闸网络	网闸网络是与不可信网络隔离的可信网络，用于处理基于网络的攻击及未授权访问和滥用
五元组	五元组指源 IP 地址、源端口、目的 IP 地址、目的端口和传输层协议
下一代防火墙（NGFW）	NGFW 是第三代防火墙技术的组成部分，其将传统防火墙与其他网络设备过滤功能（如应用防火墙或入侵防御系统等）结合
用户数据报文协议（UDP）	UDP 仅提供最小限度的传输服务，使应用程序直接访问 IP 层的数据报文服务。UDP 用于不需要 TCP 服务级别的应用程序。用于发起连接的 SPA 数据包可以使用 UDP 确保 SDP 不响应来自任何客户端的任何连接，直至其提供真实的 SPA
用户威胁管理（UTM）	UTM 设备包括防火墙、入侵检测功能等。UTM 可以使用户免受混合型威胁，并降低复杂度。这些设备的缺点是它们可能代表单一故障点。为了解决该问题，可以将 UTM 与 SDP 结合
云访问安全代理（CASB）	CASB 位于云用户和云应用之间，可以监控所有活动并执行安全策略。SDP 通常依靠现有的身份和访问管理系统或外部联合身份服务进行身份验证